国家中等职业教育改革发展示范学校

建 设 成 果 系 列 教 材

电工电子技术基础

李秀英 主编 巨婷婷 马雪梅 副主编

DIANGONG DIANZI
JISHU JICHU

化学工业出版社
·北京·

本书主要内容包括认识实训室与安全用电、电工常用工具及仪器仪表的使用与维护，直流电路的分析与参数测试，交流电路的分析与参数测试，常用电子元件的结构、功能、特性分析、检测和应用，直流稳压电路的接线、调试及故障分析，放大电路的简单参数计算、测试、性能调试及应用等。

本书适用于中等职业学校机电等非电类专业学生使用。

图书在版编目（CIP）数据

电工电子技术基础/李秀英主编. —北京：化学工业出版社，2015.5（2023.9 重印）
ISBN 978-7-122-23702-6

Ⅰ.①电… Ⅱ.①李… Ⅲ.①电工技术-中等专业学校-教材②电子技术-中等专业学校-教材 Ⅳ.①TM②TN

中国版本图书馆 CIP 数据核字（2015）第 074926 号

责任编辑：潘新文　　装帧设计：张　辉
责任校对：吴　静

出版发行：化学工业出版社（北京市东城区青年湖南街 13 号　邮政编码 100011）
印　　装：北京虎彩文化传播有限公司
787mm×1092mm　1/16　印张 10¾　字数 265 千字　　2023 年 9 月北京第 1 版第 5 次印刷

购书咨询：010-64518888　　售后服务：010-64518899
网　　址：http://www.cip.com.cn
凡购买本书，如有缺损质量问题，本社销售中心负责调换。

定　　价：32.00 元

国家中等职业教育改革发展示范学校建设成果系列教材

编审委员会

《电工电子技术基础》

编写人员名单

主　编　李秀英

副主编　巨婷婷　马雪梅

编　者（按照姓名汉语拼音排序）

李　彪　李秀英　巨婷婷　马雪梅　孙　倩　王　蕾

吴振海　张海云

前言

FOREWORD

本书是在中等职业国家示范性学校建设经验的基础上，按照理实一体化的职教理念编写而成。在编写过程中，我们遵循教育部关于中等职业教育教学改革的指导思想，注重体现本课程的专业核心课性质。在内容的安排和深度的把握上，注重培养学生运用专业知识解决实际问题的能力，为学生后续的考证训练奠定基础。

本书按照项目任务模式编写，主要是为了强化对学生的技能培养和专业素质训练，每个任务大体上分为任务描述、任务目标、相关知识、任务实施、任务评价、任务小结、自我测评七个部分。全书主要内容包括常用电工仪表、交直流电路、常用电子元件、直流稳压电路、放大电路等。

本书由李秀英担任主编，巨婷婷、马雪梅担任副主编。具体的编写分工如下：项目一由李秀英、马雪梅编写；项目二由李秀英和李彪编写；项目三由马雪梅、吴振海和张海云编写；项目四由孙倩和王蕾编写；项目五、项目六、项目七由李秀英、巨婷婷编写。全书由中盐青海昆仑碱业有限公司李彪及海西州职业技术学校李秀英审稿。

本书在编写过程中，得到了青海省多个中职学校和企业的大力支持与帮助，在此表示衷心的感谢。

由于编写时间仓促，编者的水平和经验有限，书中难免存在不妥之处，恳请读者提出批评和修改意见。

编　者

目录
CONTENTS

项目一 认识实训室与安全用电 1

任务一 认识实训室 …… 1

任务二 电工安全知识 …… 5

项目二 常用电工材料的选用和工具、仪表的使用与维护 12

任务一 常用电工材料的选用 …… 12

任务二 常用电工工具的使用与导线的连接 …… 23

任务三 电工仪表的操作、使用、维护 …… 35

任务四 烙铁使用与钎焊 …… 44

项目三 直流电路的分析与参数测试 51

任务一 简单直流电路参数测试及分析 …… 51

任务二 直流电阻电路故障的检测 …… 61

任务三 复杂直流电路参数测试及分析 …… 66

项目四 交流电路的分析与参数测试 72

任务一 正确使用示波器分析交流电路的参数 …… 72

任务二 荧光灯电路的装接及照明电路配电板的安装 …… 78

任务三 LC 串、并联谐振电路参数分析 …… 89

任务四 提高功率因数 …… 94

任务五 三相交流负载的连接及参数分析 …… 99

项目五 常用电子元件的结构、功能、特性分析、检测和应用 108

任务一 二极管的结构、功能、特性分析及检测 …… 108

任务二 三极管的结构、功能、特性分析及检测 …… 116

项目六 直流稳压电路的接线、调试及故障分析 125

任务一 整流电路、滤波电路接线、调试及分析 …… 125

任务二 直流稳压电路的接线、调试及分析 …… 132

项目七 放大电路的简单参数计算、测试、性能调试及应用 140

任务一 共发射极放大电路的简单参数 …… 140

任务二 集成运算放大器简单运算电路的原理分析 …… 146

任务三 制作简易助听器 …… 154

参考文献 166

项目一 认识实训室与安全用电

任务一　认识实训室

任务描述

通过现场观察与讲解，了解电工实训室的电源配置，认识交、直流电源、基本电工仪器仪表及常用电工工具；牢记实训室安全操作规程，对本课程形成初步认识，培养学习兴趣。

任务目标

一、知识目标

① 了解电工实训室的电源配置；
② 掌握实训室操作规程及安全用电的规定；
③ 认识常用电工仪器仪表和电工工具。

二、能力目标

牢记实训室操作规程及安全用电的规定。

三、职业素养目标

培养学生形成规范的操作习惯，养成良好的职业行为习惯。

任务实施

在教师的带领下组织学生现场参观电工电子实训室。图 1-1 所示为某学校电工电子实训室。

1. 电源配置

电源是为电路提供电能的装置，一般的电工电子实训室都配有多功能操作台，见图 1-2，可提供多组电源，以满足不同的实验实训需要。电源通常有直流和交流两大类，直流用字母“DC”或符号“——”表示；交流用字母“AC”或符号“～”表示。电工电子实训室电源配置通常有以下几种。

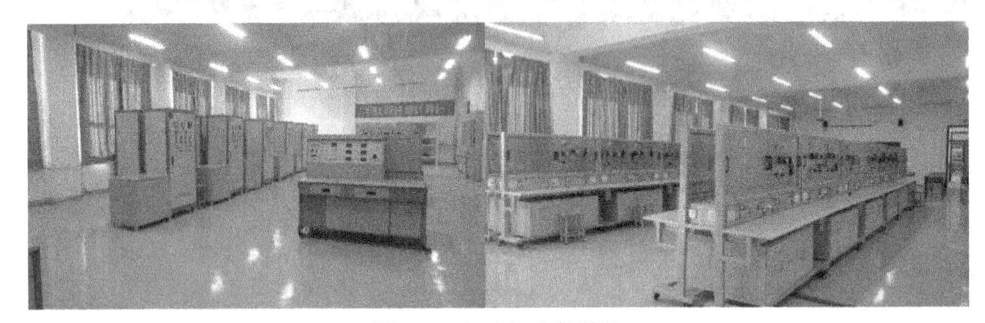

图 1-1　电工电子实训室

（1）可调直流稳压电源

通过调节面板上的电压调节开关和电流调节开关，可输出电压在 0～24V、电流在 0～2A 的直流电。

（2）多挡低压交流电源

通过调节转换开关，可输出 3V、6V、9V、12V、15V、18V、24V 共 7 个挡位的频率为 50Hz 的交流电。

（3）单相交流电源

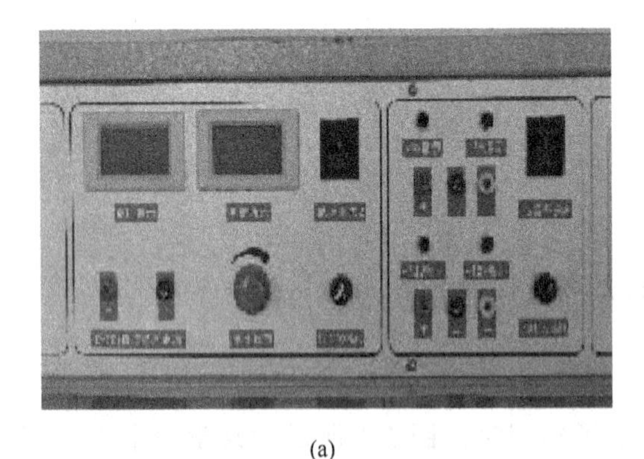

(a)

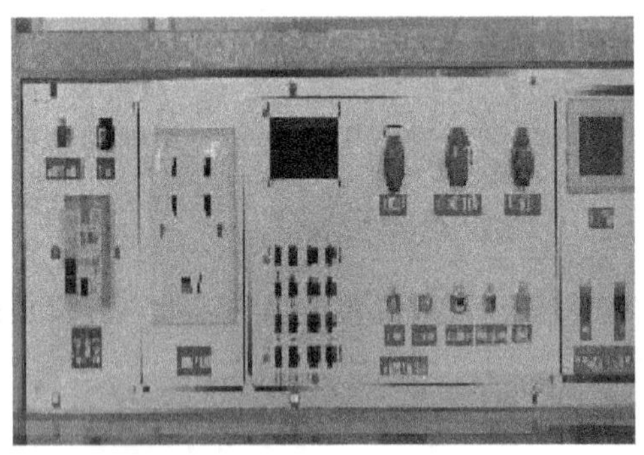

(b)

图 1-2　电工电子实训多功能操作台

单相交流电源可输出 220V、50Hz 的交流电。

（4）TTL 电源

可输出电压为 5V、最大电流为 0.5A 的直流电，是 TTL 集成电路的专用电源。

（5）三相交流电源

三相交流电源的 U、V、W 线为相线（火线），N 线为中性线（零线），E 线为地线。

三相交流电源提供两种电压：①线电压：380V；②相电压：220V。线电压是每两根相线之间的电压，相电压是任一相线与中性线之间的电压。

2. 常用电工仪器仪表和电工工具

（1）常用电工仪器仪表　常用电工仪器仪表有电流表、电压表、万用表、示波器、毫伏表、频率计、兆欧表、钳形电流表、函数信号发生器、单相调压器等，见图 1-3。

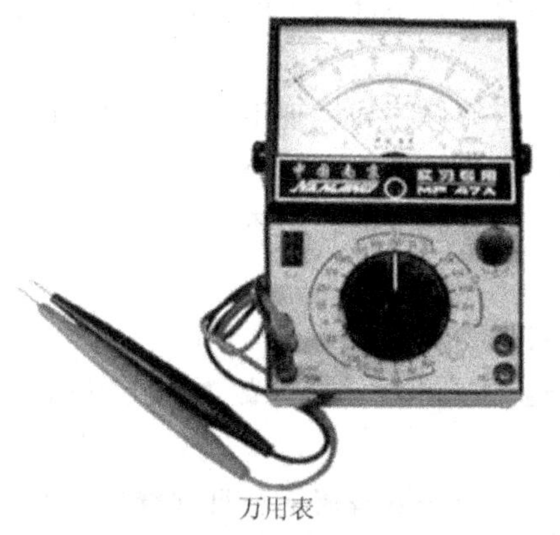

万用表

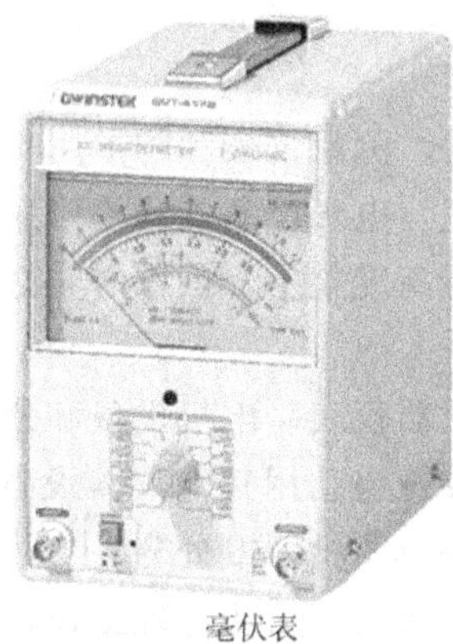

毫伏表

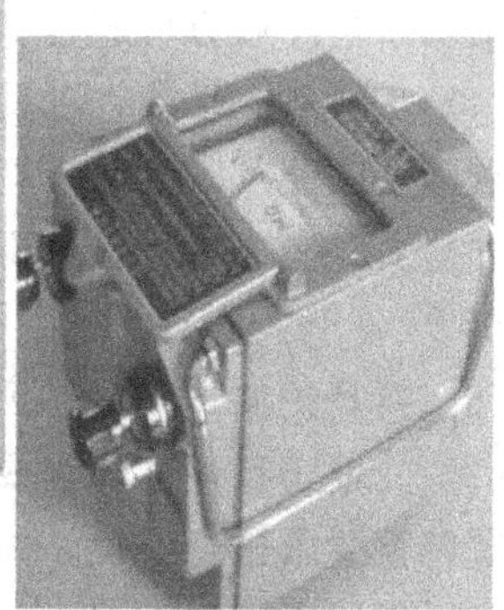

兆欧表

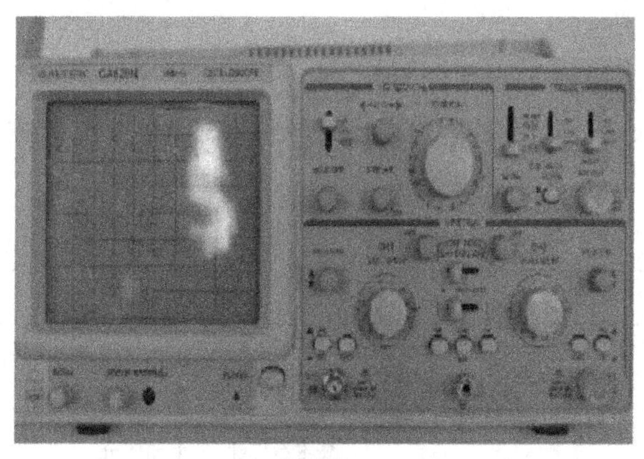

示波器

钳形电流表

图 1-3　部分电工仪器仪表

（2）常用电工工具　常用电工工具有钢丝钳、尖嘴钳、斜口钳、剥线钳、螺丝刀、镊子、电工刀、试电笔等，见图 1-4。

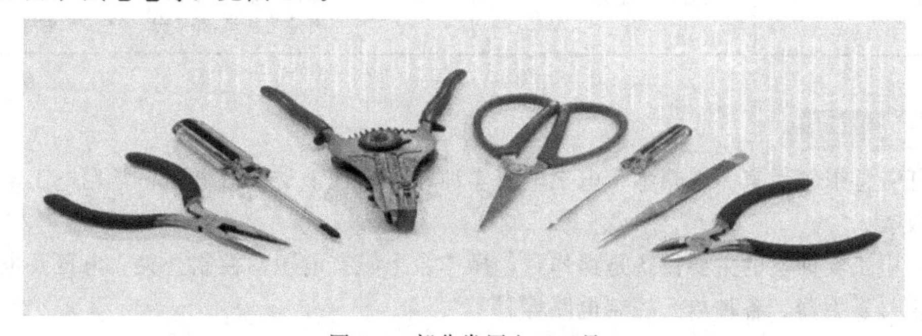

图 1-4　部分常用电工工具

3. 电工电子实训室操作规程

每一位进入电工电子实训室的学员，都应严格遵守实训室的各项操作规程，学会安全操作、文明操作。具体要求如下。

(1) 实训前必须做好准备工作，按规定的时间进入实训室，到达指定的工位，未经同意，不得私自调换。

(2) 不得穿拖鞋进入实训室，不得携带食物进入实训室，不得让无关人员进入实训室，不得在实训室内喧哗、打闹、随意走动，不得乱摸乱动有关电气设备。

(3) 任何电气设备内部未经确认无电时，一律视为有电，不准用手触及，任何接、拆线都必须切断电源后方可进行。

(4) 实训前必须检查工具、测量仪表和防护用具是否完好，如发现不安全情况，应立即报告老师，以便及时采取措施。电气设备安装检修后，需检验后方可使用。

(5) 实训操作时，思想要高度集中，操作内容必须符合教学内容，不准做任何与实训无关的事。

(6) 要爱护实训工具、仪器仪表、电气设备和公共财物。

(7) 凡因违反操作规程或擅自动用其他仪器设备造成损坏者，由事故人作出书面检查，视情节轻重要求进行赔偿，并给予批评或处分。

(8) 保持实训室整洁，每次实训后要清理工作场所，做好设备清洁和日常维护工作，经教师同意后方可离开。

任务评价

要求每位同学必须按上述方法进行。考核标准为百分制。每部分考核标准如表 1-1 所示。

表 1-1 考核标准表

考核项目	考核要求	配分	评分标准	实际得分
实训室的配电装置	掌握配电装置的正确使用方法	40	使用方法不正确，扣 10 分	
实训室常用工具	叙述实训室常用电工工具和仪器仪表	20	叙述不正确，一个扣 1 分	
实训室操作规则	记住实训室安全操作规则	30	口述安全操作规则，记错一条扣 2 分	
安全文明	符合有关规定	10	损坏工具，扣 3 分 场地不整洁，扣 2 分 有危险动作，扣 3 分	

任务小结

本任务是带领大家一起熟悉了电工电子实训环境，认识交直流电源、常用电工电子工具和仪器仪表。

(1) 电工实训室的主要设备是操作台，操作台上配有电源、控制开关、电压及电流指示仪表、信号发生器、各种单元控制电路等。

(2) 电源分为直流和交流两种，直流用符号“—”或字母“DC”表示；交流用符号“～”

或字母“AC”表示。为了满足不同电工实验实训的工作电压要求，电工实训室通常配有多组电源。

（3）实训室常用的电工工具有螺丝刀、钢丝钳、尖嘴钳、斜口钳、剥线钳、试电笔、电烙铁、电工刀、镊子等。常用的电工仪表有电流表、电压表、万用表、兆欧表、示波器、函数信号发生器、电能表等。

（4）进入电工实训室以后，要严格遵守实训室的各项操作规程。

自我测评

一、是非题

1. 任何电气设备内部未经验明有无电时，一律视为有电，不准用手触及。
2. 电源通常有直流和交流两大类，直流用字母“AC”表示，交流用字母“DC”表示。
3. 任何接、拆线都必须切断电源后才可进行。
4. 电气设备安装检修后，可立即使用。
5. 若家中没有三孔插座，可把电气设备的三孔插脚改成两孔插脚使用。

二、简答题

1. 电工实验实训室通常有哪些电源配置？
2. 电工仪器仪表和常用电工工具有哪些？
3. 请简述电工实验实训室安全操作规程。

任务二　电工安全知识

任务描述

作为电气操作人员，掌握安全用电常识是必需的，而且还要掌握防止触电的保护措施，了解触电现场的紧急处理措施，了解电气火灾的防范及扑救常识，能正确选择处理方法，能处理触电现场的紧急情况，学会电气火灾的防范与扑救，对模拟复苏人进行口对口人工呼吸法及胸外挤压法的模拟训练。

任务目标

一、知识目标

① 掌握防止触电的保护措施；
②了解触电现场的紧急处理措施；
③了解电气火灾的防范及扑救常识，能正确选择处理方法。

二、能力目标

① 能处理触电现场的紧急情况；
② 学会防止触电的保护措施和电气火灾的防范与扑救；
③ 掌握触电急救口对口人工呼吸法及胸外挤压法技术。

三、职业素养目标

培养学生形成规范的操作习惯、养成良好的职业行为习惯。

一、安全电压

当人体的某一部位接触到带电的导体（裸导体、开关、插座的铜片等）或触及绝缘损坏的用电设备时，电流通过人体并造成伤害，这就是触电。决定人体伤害程度的主要因素是通过人体电流的大小。当少量电流通过人体时，如0.6～1.5mA的电流，触电者会感到微麻和刺痛。当通过人体的电流超过50mA时，便会引起心力衰竭、血液循环终止、大脑缺氧而导致死亡。因此，电工操作时，应特别注意安全用电、安全操作。

通过人体的电流大小与作用到人体上的电压及人体电阻有关。通常人体的电阻为800欧姆至几万欧姆不等：当皮肤出汗，有导电液或导电尘埃时，人体电阻将下降。若人体电阻以800欧姆计算，当触及36V电压时，通过人体的电流为45mA，对人体安全不构成威胁，所以规定36V及以下电压为安全电压。

二、触电类型与防护措施

1. 常见的触电类型

常见的触电类型有单相触电、两相触电和跨步电压触电。

（1）单相触电

当人体的某一部位碰到相线或绝缘性能不好的电气设备外壳时，电流由相线经人体流入大地导致的触电现象称为单相触电，如图1-5所示。

单相触电常见的情况有：当人体触碰到某一根相线时；当人体触碰到掉落在地上的某根带电导线时；当人体触碰到由于漏电而带电的电气设备的金属外壳时等。

（2）两相触电

当人体的不同部位分别接触到同一电源的两根不同电位的相线时，电流由一根相线经人体流到另一根相线导致的触电现象称为两相触电，亦称为双相触电，如图1-6所示。

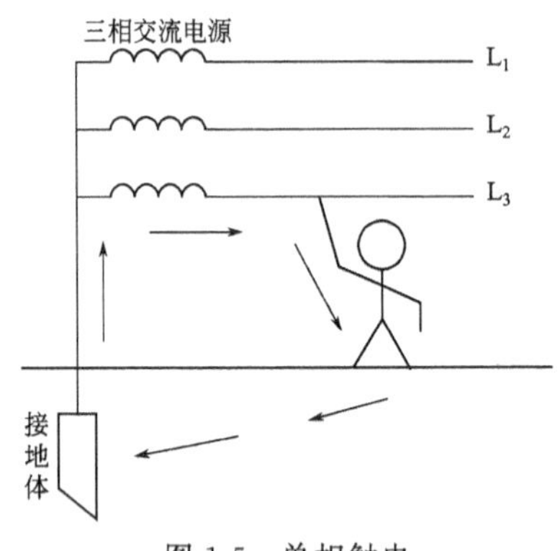

图1-5 单相触电

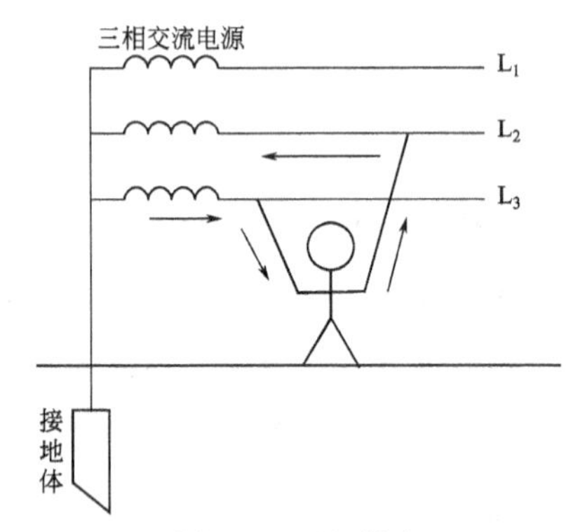

图1-6 两相触电

两相触电时，作用于人体上的电压为线电压，电流将从一相导线经人体流入另一相导线，两相触电对人体的伤害要比单相触电严重得多。

（3）跨步电压触电

当高压带电体直接接地或电气设备相线碰壳短路接地时，人体虽没有接触带电电线或带电设备外壳，但当电流流入地下时，电流在接地点周围土壤中产生电压降，人跨步行走在电位分布曲线所在的地面时造成的触电称为跨步电压触电，如图 1-7 所示。

2. 防止触电的保护措施

为防止发生触电事故，除遵守电工安全操作规程外，还必须采取一定的防范措施以确保安全。常见的触电防范措施主要有正确安装用电设备、安装漏电保护装置、电气设备的保护接地和电气设备的保护接零等。

图 1-7 跨步电压触电

3. 触电现场的处理与急救

当发现有人触电，必须用最快的方法使触电者脱离电源。然后根据触电者的具体情况，进行相应的现场救护。

(1) 脱离电源

脱离电源的具体方法可用“拉”、“切”、“挑”、“拽”、“垫”五个字来概括。拉：指就近拉开电源开关、拔出插头或瓷插熔断器，如图 1-8(a)所示。切：当电源开关、插座或瓷插熔断器距离触电现场较远时，可用带有绝缘柄的利器切断电源线。切断时应防止带电导线断落触及周围的人，如图 1-8(b)所示。挑：如果导线落在触电者身上或压在身下，这时可用干燥的木棒、竹竿等挑开导线，或用干燥的绝缘绳套拉导线或触电者，使触电者脱离电源，如图 1-8(c)所示。拽：救护人可戴上手套或在手上包缠干燥的衣服等绝缘物品拖拽触电者，使之脱离电源。如果触电者的衣裤是干燥的，又没有紧缠在身上，救护人可直接用一只手抓住触电者不贴身的衣裤，将其拉脱电源，但要注意拖拽时切勿触及触电者的皮肤。也可站在干燥的木板、橡胶垫等绝缘物品上，用一只手将触电者拖拽开来，如图 1-8(d)所示。垫：如果触电者由于痉挛，手指紧握导线或导线缠绕在身上，可先用干燥的木板塞进触电者身下，使其与地绝缘，然后再采取其他办法把电源切断，如图 1-8(e)所示。

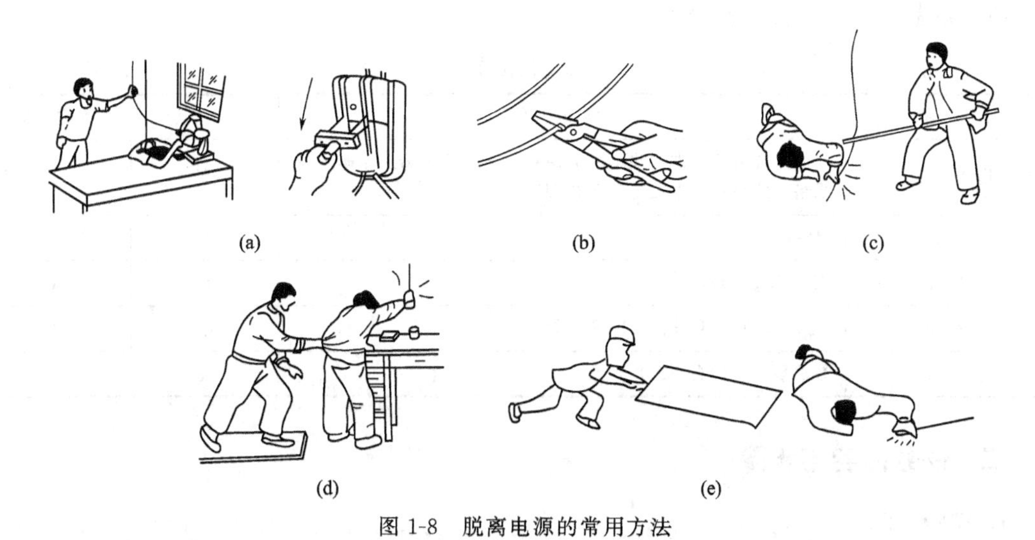

图 1-8 脱离电源的常用方法

(2) 现场急救

触电者脱离电源后，应立即进行现场紧急救护，不可盲目给触电者注射强心针。当触电者出现心脏停跳、无呼吸等假死现象时，可采用胸外心脏按压法和口对口人工呼吸法进行救护。

胸外心脏按压法：适用于有呼吸但无心跳的触电者。救护方法的口诀是：病人仰卧硬地上，松开领口解衣裳；当胸放掌不鲁莽，中指应该对凹膛；掌根用力向下按，压下一寸至半寸；压力轻重要适当，过分用力会压伤；慢慢压下突然放，一秒一次最恰当。

口对口人工呼吸法：适用于有心跳但无呼吸的触电者。救护方法的口诀是：病人仰卧平地上，鼻孔朝天颈后仰；首先清理口鼻腔，然后松扣解衣裳；捏鼻吹气要适量，排气应让口鼻畅；吹二秒来停三秒，五秒一次最恰当。当触电者既无呼吸又无心跳时，可以同时采用口对口人工呼吸法和胸外心脏按压法进行。应先口对口（鼻）吹气两次（约 5s 内完成），再作胸外挤压 15 次（约 10s 内完成），以后交替进行。

三、电气火灾的防范与扑救

电气火灾是由输配线路漏电、短路、设备过热、电气设备运行中产生的明火、静电火花等引起的火警。为了防范电气火灾的发生，在制造和安装电气设备、电气线路时，应减少易燃物，选用具有一定阻燃能力的材料。一定要按防火要求设计和选用电气产品，严格按照额定值规定条件使用电气产品，按防火要求提高电气安装和维修水平，主要从减少明火、降低温度、减少易燃物三个方面入手，另外还要配备灭火器具。

电气设备发生火灾有两个特点：一是着火后用电设备可能带电，如不注意可能引起触电事故；二是有的用电设备本身有大量油，可能发生喷油或爆炸，会造成更大的事故。因此，电气火灾一旦发生，首先要切断电源，进行扑救，并及时报警。带电灭火时，切忌用水和泡沫灭火剂，应使用干黄砂、二氧化碳、1211（二氟一氯一溴甲烷）、四氯化碳或干粉等灭火器。

一、所需设备、工具、材料

所需设备、工具、材料见表 1-2。

表 1-2 设备工具表

名　　称	种类或型号	单　　位	数　　量
集体工具	低压验电器、带绝缘柄的老虎钳、干燥的木棒、木凳、绝缘垫、绝缘杆、未通电的三相四线制线路	套	1
万用表	MF-47	块	1
兆欧表	ZC25 型、500V	台	1
灭火器	CO_2、CCl_4、干粉、1211 灭火器	组	1
触电急救设备	海绵垫子、枕头、医用纱布	套	1

二、任务内容与步骤

1. 切断电源

(1) 模拟触电者站在凳子、桌子或梯子上，两手同时触及裸导线的两根火线或一地线一火线. 模拟触电的现场。

(2) 让同学们根据现场实际情况选择使触电者脱离电源的办法，讲解应注意的问题。可以敷设专门的实训线路，两人一组，一人模拟触电者，一人根据安全操作技术，使其脱离电源获救。

2. 触电急救

（1）若触电者神志清醒，只是感觉心慌、四肢麻木、乏力，或虽一度昏迷，但未失去知觉，此时只需将触电者安放在通风处安静平躺休息，让其慢慢恢复正常即可。但在恢复过程中，要注意观察其呼吸和脉搏的变化，切不可让触电者站立或行走，以减轻心脏负担。

（2）若触电者神志不清，首先应将其就地平躺，确保呼吸通畅，呼叫其名字并轻拍肩部，观察反应，以判定触电者是否丧失意识。但要注意，切勿用摇动其头部的办法呼叫。

（3）若触电者神志丧失，应及时采取看、听、试等方法来判断触电者的呼吸及心跳情况。看，即看胸腹有无起伏动作；听，即用耳朵贴近其口鼻处，听其有无呼气声；试，即用手指轻试一侧喉结旁凹陷处的颈动脉有无搏动，以判断心跳情况。

（4）若触电者已丧失意识，且呼吸停止，但心脏或脉搏仍在跳动，应采用口对口的人工呼吸法予以抢救。

（5）若触电者尚有呼吸，但心脏和脉动均已停止跳动，应采取胸外心脏挤压法抢救。

（6）若触电者呼吸和心跳均已停止，应视为假死，应立即采取心肺复苏法的 3 项基本措施（通畅气道、口对口人工呼吸、胸外心脏按压）就地进行抢救，以支持生命。

还应注意，在进行抢救的同时，应尽快通知医务人员赶至现场抢救，同时做好送往医院的准备工作。

3. 口对口（或鼻）人工呼吸法触电急救

（1）使模拟复苏人仰卧，宽松衣服，颈部伸直，头部尽量后仰，然后撬开其口腔。

（2）施救者位于触电者头部一侧，用其近头部的一只手捏住触电者的鼻子，并用这只手的外缘压住触电者额部，将颈上抬，使其头部自然后仰。

（3）施救者深呼吸以后，用嘴紧贴触电者的嘴（中间可用医用纱布隔开）吹气。

（4）吹气至触电者要换气时，应迅速离开触电者的嘴，同时放开捏紧的鼻子，让其自动向外呼气。

（5）按上述步骤反复进行，对触电者每分钟吹气 15 次左右。注意，训练时应规范操作，听从教师的现场指导，以防操作不当损坏模拟复苏人。

4. 人工胸外心脏挤压法触电急救

急救者跪跨在触电者臀部位置，右手掌放在触电者的胸上，左手掌压在右手掌上，向下挤压 3 至 4 厘米后，突然放松。挤压和放松动作要有节奏，每秒钟 1 次（儿童 2 秒钟 3 次）为宜，挤压力度要适当，用力过猛会造成触电者内伤，用力过小则无效，必须连续进行到触电者苏醒为止。对心跳与呼吸都停止的触电者的急救，同时采用“口对口人工呼吸法”和“胸外心脏挤压法”。如急救者只有一人，应先对触电者吹气 3～4 次，然后再挤压 7～8 次，如此交替重复进行至触电者苏醒为止。

如果是两人合作抢救，一人吹气，一人挤压，吹气时应保持触电者胸部放松，只可在换气时进行挤压。

任务评价

要求每位同学必须按上述方法进行。考核标准为百分制。每部分考核标准见表 1-3。

表 1-3 考核标准表

项　　目	配分	评 分 标 准	扣分	得分
触电急救	80	(1) 没有切断电源扣 20 分		
		(2) 切断电源的方法不正确扣 20 分		
		(3) 急救之前没有进行诊断扣 20 分		
		(4) 选择的急救方法不正确扣 20 分		
		(5) 急救技术不正确,每一步扣 5 分		
实训报告	5	没按照报告要求完成、内容不正确扣 5 分		
团结协作精神	5	小组成员分工协作不明确、不能积极参与扣 5 分		
安全文明生产	10	违反安全文明生产规程　　扣 5～10 分		
备注	各项目的最高扣分不应超过配分		成绩	
开始时间		结束时间	实际时间	

任务小结

电作为一种重要的能源，在人们的生产生活中发挥着巨大的作用，但同时也给人们的生命和财产安全带来了威胁。掌握安全用电常识，树立规范操作的意识是非常必要的。

(1) 人体安全电压通常是指 36V 及以下的电压，特殊环境下规定为 24V 或 12V 及其以下电压。

(2) 人体触电分为单相触电、两相触电、高压电弧触电、跨步电压触电等，大部分的人体触电事故都是单相触电。

(3) 引发人体触电的常见原因有违规操作、安全意识淡薄、电气设备绝缘受损、天灾等外力破坏 4 种。

(4) 发生人体触电事故时，首先要触电者脱离电源，然后根据触电者的具体情况，进行相应的现场急救，必要时进行胸外心脏按压和口对口人工呼吸。胸外心脏按压的按压深度为 3 至 5cm，频率为 80 至 100 次/分钟；口对口人工呼吸每分钟 12 次。

(5) 电气火灾一般是指由于电力线路和电气设备过热或产生电火花，在具备燃烧条件的情况下引燃本体或其他的可燃烧物而造成的火灾，产生原因主要有短路、过载和漏电等。

(6) 发生电气火灾时，首先应切断电源，以防火势蔓延和灭火时引发人体触电事故，然后选用干黄沙，二氧化碳灭火器或干粉灭火器灭火。

自我测评

一、是非题

1. 对电火灾，可采用二氧化碳灭火器、泡沫灭火器、干粉灭火器灭火。(　　)
2. 对有心跳无呼吸者，可采用“口对口人工呼吸法”进行抢救。(　　)
3. 对呼吸及心跳都已停止的触电者，可采用任何一种抢救方法。(　　)
4. 用二氧化碳灭火器灭火时，应离火点 3 米远。(　　)
5. 通常规定 36V 及以下电压为安全电压。(　　)
6. 遇到雷雨天，可在大树底下避雨。(　　)
7. 两相触电要比单相触电危险得多。(　　)

8. 电气设备的金属外壳必须接地，不准断开带电设备的外壳接地线。(   )

9. 对于临时装设的电气设备，可以使金属外壳不接地。(   )

二、选择题

1. 当通过人体的电流超过（   ）时，便会引起死亡。

A. 30mA　　B. 50mA　　C. 80mA　　D. 100mA

2. 当皮肤出汗，有导电液或导电尘埃时，人体电阻将（   ）。

A. 下降　　B. 不变　　C. 增大　　D. 不确定

3. 当人体触碰到掉落在地上的某根带电导线时，会发生（   ）。

A. 单相触电　　B. 两相触电　　C. 跨步电压触电　　D. 以上都不对.

4. 当发现有人触电，必须尽快（   ）。

A. 拨打 120 电话　　B. 人工呼吸

C. 使触电者脱离电源　　D. 以上都不对

5. 关于电气火灾的防范与扑救，以下说法不正确的是（   ）。

A. 在制造和安装电气设备时，应减少易燃物。

B. 电气火灾一旦发生，首先要切断电源，进行扑救，并及时报警。

C. 带电灭火时，可使用泡沫灭火剂。

D. 一定要按防火要求设计和选用电气产品。

6. 电线接地时，人体距离接地点越近，跨步电压越高，距离越远，跨步电压越低，一般情况下距离接地体（   ），跨步电压可看成是零。

A. 10m 以内　　B. 20m 以外　　C. 30m 以外

7. 施工现场照明设施的接电应采取的防触电措施为（   ）。

A. 戴绝缘手套　　B. 切断电源　　C. 站在绝缘板上

8. 被电击的人能否获救，关键在于（   ）。

A. 触电的方式　　B. 人体电阻的大小

C. 触电电压的高低　　D. 能否尽快脱离电源和施行紧急救护

三、简答题

1. 常见的触电类型有哪些?

2. 当有人触电以后，作为一名维修电工应如何进行正确的抢救?

3. 影响电流对人体伤害程度的主要因素有哪些?

四、思考题

1. 遇到雷雨天，一般不能在大树下躲雨，你知道这是为什么吗?

2. 家庭中为防止触电事故的发生，通常采用哪几种触电防范措施?

项目二

常用电工材料的选用和工具、仪表的使用与维护

任务一　常用电工材料的选用

任务描述

作为电气操作人员，必须要了解各种绝缘导线的名称、规格及用途，并能进行识别和选择。要学会用千分尺或游标卡尺测量单股及多股铜芯导线的直径，并计算出导线的截面积。

任务目标

一、知识目标

① 了解常用导电材料、磁性材料、绝缘材料；
② 认识和了解各种导线的分类、名称、规格、物理性质及额定电压下的允许载流量；
③ 掌握各类导线的应用范围，会根据负载的具体要求来正确选择导线。

二、能力目标

① 能根据所给的导线说出名称、规格、用途；
② 会选用常用导电材料、磁性材料、绝缘材料；
③ 能使用游标卡尺和千分尺测出各类单股和多股导线的直径；
④ 能根据测量出的直径计算单股和多股导线的截面积。

三、职业素养目标

培养学生形成规范的操作习惯，养成良好的职业行为习惯。

一、常用导电材料

常用电工材料分为导电材料、导磁材料和绝缘材料。

在电工领域，导电材料通常指电阻率为 $(1.5\sim10)\times10^{-8}\Omega\cdot m$ 的金属。其主要功能是传输电能和电信号，除了用于导电，导电材料还广泛用于电磁屏蔽、电极、电热器材、仪器外壳等（当有电磁屏蔽和安全接地要求时）。导电材料大部分是金属，但不是所有金属都可以作为导电材料。电工领域使用的导电材料应具有良好的机械性能、加工性能、耐腐蚀性，同时还应该具有资源丰富，价格便宜等特点。

1. 常见的导电材料

(1) 铜（Cu）

铜的电阻率很小，并且有很高的可锻性和延展性，以及良好的耐蚀性。用作导电材料的铜是纯铜（又称紫铜）。

铜分硬铜和软铜两种。硬铜机械强度较高，常用于电车触滑线、架空电力线、配电装置用的母线和电机整流子片等。软铜的机械强度比硬铜低，常用作电线、电缆的线芯。

(2) 铝（Al）

铝的导电率仅次于银、铜与金，居第四位。由于铝的储藏量较为丰富，价格便宜，密度低，故应用极为广泛。铝的导热性好，因此也广泛应用在散热器与热交换器上。用作导电材料的铝是杂质含量不大于0.5%的电解铝，具有较高的延展性和耐蚀性，常用作电缆的铝芯、电线和母线。铝也可用作电缆包皮，以代替铅包皮，如图 2-1 所示。

(3) 金（Pt）

导电率仅次于银与铜，高居第三位。能抗强酸、强碱与化学药品腐蚀，延展性非常好，可拉成金线，或展成金箔，常用于电路接点，或是集成电路中的接线，此外也常用做表面镀金膜。

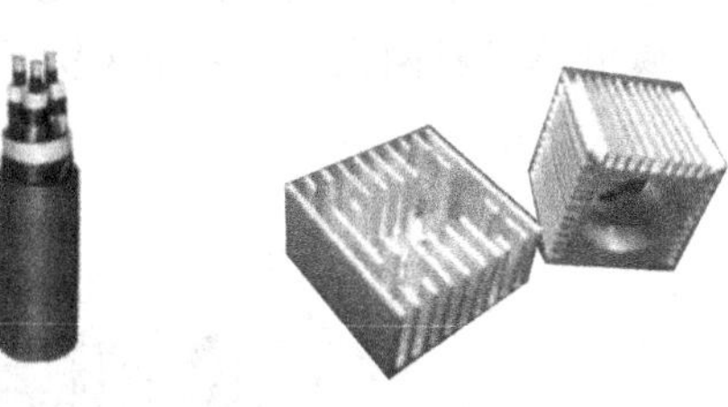

铜芯电缆　铝散热器　高压铝芯电缆

图 2-1　常用导电材料

(4) 银（Ag）

银的导电率最高，且易于加工，耐蚀性与抗氧化性佳。由于价格昂贵，银一般用在特殊场合，例如仪表的电刷，电容器的电极，小型整流片等，如图 2-2 所示。

(5) 铂（Au）

又称白金，导电率在纯金属中排名中等，延展性好，耐蚀性与抗氧化性皆佳。其熔点高达 1765℃，故可用于高温环境中的电路接点。例如电子点火系统中的接点。

(6) 纯铁（Fe）

将电解的纯铁再次真空熔炼，可得到电工用纯铁可应用于磁心材料，如变压器、马达、

银电刷　　纯铁铁芯　　石墨电刷

图 2-2

继电器、发电机、电子仪表的铁芯。

（7）钢

钢的价格便宜，产量也比较大，并且有很高的机械强度。但是钢的导电性能不如铜和铝，钢的电阻大，在潮湿和热的作用下极易氧化而生锈。钢常用于输送小功率架空电力线路的导线，接地装置中的接地线以及制作钢芯铝线电缆等。

（8）高电阻合金

高电阻合金主要包括镍铬、铬镍铁、锰铜、康铜等，可用作加热元件，将电能转化为热能，或用于制造电阻器。

（9）石墨

石墨是一种特殊的导体，虽然导电率低，但由于它的高化学惰性和高熔点，以及较低的摩擦系数、较好的机械强度，因此被广泛地用来制作电刷、电极等。

2. 特殊导电材料

（1）电热材料

电热材料用于制造加热设备中的发热元件，可作为电阻接到电路中，把电能转变为热能。对电热材料的基本要求是电阻系数高，加工性能好，特别是能长期处于高温状态下工作，因此要求电热材料在高温时具有足够的机械强度和良好的抗氧化性能。目前工业上常用的电热材料可分为金属电热材料和非金属电热材料两大类。图 2-3 所示为电热材料制成的电热器件。

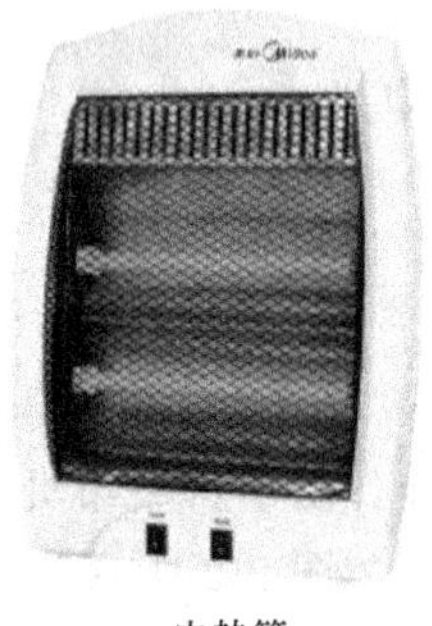

电热管

电热带

图 2-3　电热器件

电热器件一般由导线、电热丝节、绝缘层、防护层、保护层组成，通过专用温控器、电源盒、分线盒与终端链接。

（2）熔体材料

熔体材料（见图 2-4）装在熔断器内，当设备短路、过载，电流超过熔断值时，熔体材料经过一定时间后自动熔断，保护设备。短路电流越大，熔断时间越短。常用熔体材料有银、铅、锡、铋、镉及其合金。

图 2-4　熔体材料

（3）电阻合金

电阻合金是制造电阻元件的主要材料之一，广泛用于电机、电器、仪器及电子设备中。电阻合金的温度系数低，阻值稳定，抗氧化性好，焊接性能好。按其主要用途可分为调节元件用、电位器用、精密元件用及传感元件用四种。

3. 导线

导线可分为裸线、绝缘电线、电磁线、通信电缆线等，如图 2-5 所示。

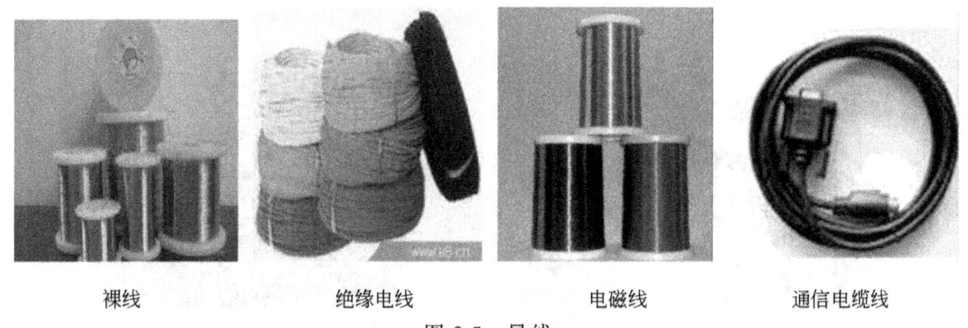

裸线　　绝缘电线　　电磁线　　通信电缆线

图 2-5　导线

（1）裸线

裸线的基本特点是只有导线部分，没有绝缘层和保护层。裸线可分为单线、绞合线、特殊导线等几种。单线主要作为各种电线电缆的线芯，绞合线主要用于电气设备的连接等。

（2）绝缘电线

绝缘电线不仅有导线部分，而且还有绝缘层。按其线芯使用要求，分为硬型、软型、特软型和移动型等几种。绝缘电线主要用于各电力电缆、控制信号电缆、电气设备安装连线或照明敷设等。

（3）电磁线

电磁线是一种涂有绝缘漆或包缠纤维的导线，主要用于制作电动机、变压器、电器设备及电工仪表等的绕组或线圈。

（4）通信电缆线

通信电缆线包括电信系统的各种电缆，电话线和广播线。

二、常用磁性材料

磁性材料是用途十分广泛的功能材料，物质的磁性早在3000年以前就被人们认识和利用，例如在中国古代，人们用天然磁铁制成指南针，如图2-6(a)所示。现在磁性材料已经广泛应用在我们的生活之中，例如将永磁材料用于马达、磁盘、变压器铁芯等，如图2-6(b)所示。磁性材料按其特性不同，一般分为软磁材料和硬磁材料两大类。

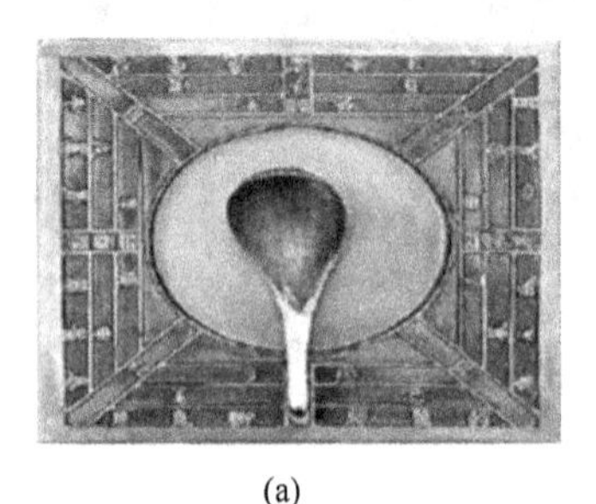
(a)

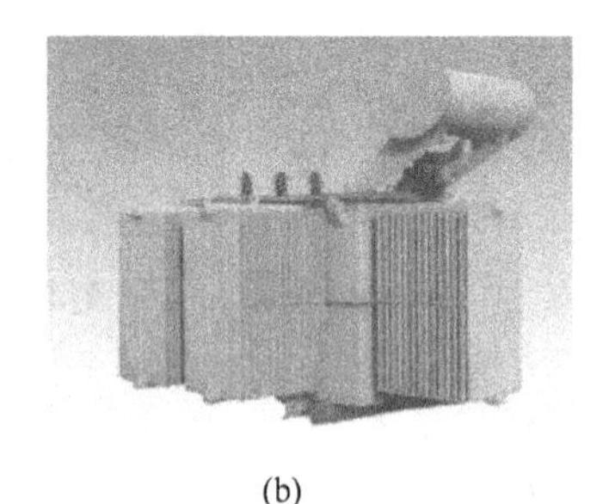
(b)

图2-6 磁性材料的应用

1. 软磁材料

软磁材料又称导磁材料，其功能主要是导磁、电磁能量的转换与传输。其主要特点是磁导率高，剩磁弱，矫顽力低，极易磁化，也易消磁，磁滞损耗小。软磁材料一般指电工用纯铁，硅钢板等，主要用于变压器、扼流圈、继电器和电动机中作为铁芯导磁体，如图2-7所示。

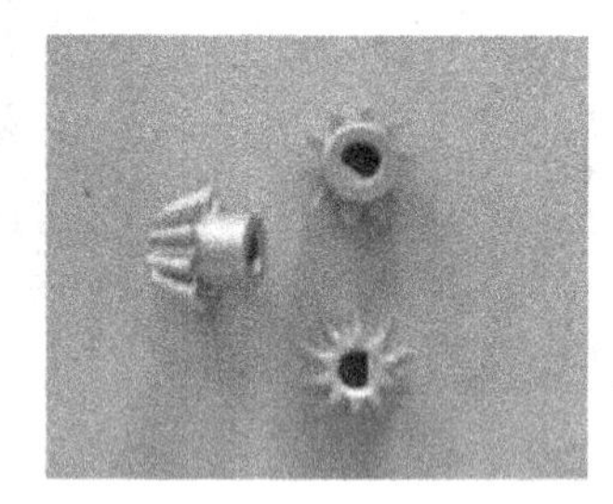

图2-7 软磁材料的应用

(1) 电工用纯铁

电工用纯铁指含碳量在0.04%以下的铁。电工纯铁的电阻率很低，它的纯度愈高，导磁性能愈好。

(2) 硅钢片

硅钢片是在铁中加入0.8%～4.5%的硅形成的铁硅固溶体合金。硅钢片的主要特性是电阻率高，磁导率较高，矫顽力和铁损较小，同时硬度和脆性高，导热系数小。硅钢片适用于各种交变磁场，广泛应用于变压器、交流异步电动机与电器产品中。

(3) 铁镍合金

铁镍合金又称坡莫合金，是在铁中加入36%～81%的镍而成的高级软磁材料。其主要特点是在弱磁场下有很高的磁导率和低的矫顽力，电阻率不高，频率较高时铁损增大，主要用来制造家用电器中的小电机、小变压器、扼流圈、电器的电磁机构和计算机的记忆元件等。

（4）铁铝合金

铁中加入6%～15%的铝形成铁铝合金。其主要特点是电阻率高、重量轻，硬度高，涡流损耗小，广泛用于微电机、电磁阀、脉冲变压器、继电器、磁放大器、互感器等。

（5）软磁性铁氧体

软磁性铁氧体是金属氧化物烧结而成的非金属磁性材料。其主要特点是电阻率高，在高频磁场作用下涡流损耗小，温度稳定性较差，主要用于制造高频的电磁元件。

2. 硬磁材料

硬磁材料又称永磁材料，其主要特点是剩磁强，即在磁场作用下达到磁饱和状态后，即使去掉磁场还能较长时间地保持强而稳定的磁性。我国最早发明的指南器（称为司南）便是利用天然永磁材料——磁铁矿石制成的。硬磁材料主要用于制造磁电式仪表的磁钢、永磁电动机的磁极铁芯等，如图2-8所示。在电学中硬磁材料的主要作用是产生磁力线，然后让运动的导线切割磁力线，从而产生电流。

铝镍钴磁铁

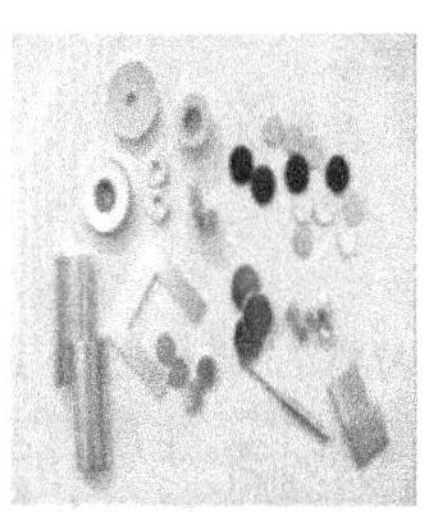

铁铬钴磁铁

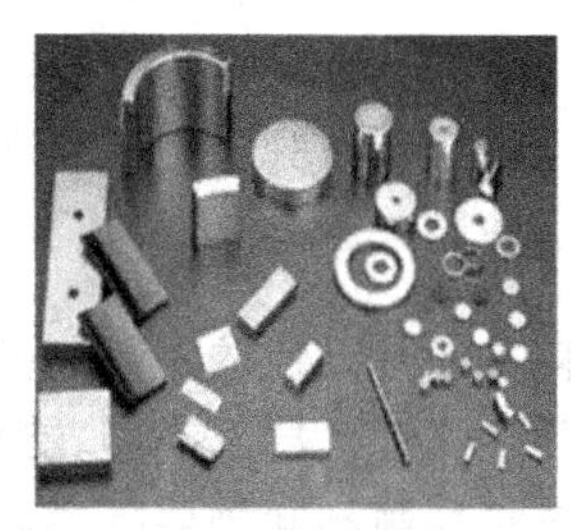

铁氧体永磁

稀土磁钢

图2-8　硬磁材料

（1）金属永磁材料

金属永磁材料主要有铝镍钴系和铁铬钴系两大类永磁合金。铝镍钴系合金发展较早，组织结构稳定，具有优良的磁性能、良好的稳定性和较低的温度系数，性能随化学成分和制造工艺而变化的范围较宽，故应用范围也较广。铁铬钴系永磁合金的特点是永磁性能中等，但可进行各种机械加工，可以制成管状、片状或线状永磁材料，提供多种特殊应用。

（2）铁氧体永磁材料

铁氧体永磁材料以氧化铁为主，不含镍、钴等贵重金属，价格低廉，材料的电阻率高，特别适合在高频和微波领域应用，是目前产量最多的一种永磁材料。

（3）稀土永磁材料

稀土永磁材料是以稀土族元素和铁族元素为主要成分的金属互化物（又称金属间化合物）。其中稀土钴化物的磁性最高，剩磁大，矫顽力高，动态特性优良，结构性能稳定，不易受外磁场影响，价格昂贵，不适于200度以上工作场合，主要用于制作传感器、精密仪表、拾音器等的永磁体。

3. 其他磁性材料

除了常见的软磁材料和永磁材料，还有一些磁性和应用性、各有特点的磁性材料，它们在特殊领域发挥着重要作用。

（1）稀土超磁致伸缩材料

当外磁场发生变化时，磁性材料的长度和体积都要发生微小变化，这种现象称为磁致伸缩。其中长度的变化称为线性磁致伸缩，体积的变化称为体积磁致伸缩。体积磁致伸缩比线性磁致伸缩要弱得多，一般提到磁致伸缩均指线性磁致伸缩。

近年来发现某些稀土做成的材料具有极大的磁致伸缩系数，被称为大磁致伸缩材料或超磁致伸缩材料。利用这种大磁致伸缩材料可以制造多种能量变换器件，如图 2-9 所示。例如声纳、传感器、表面声波器件等。

超声传感器

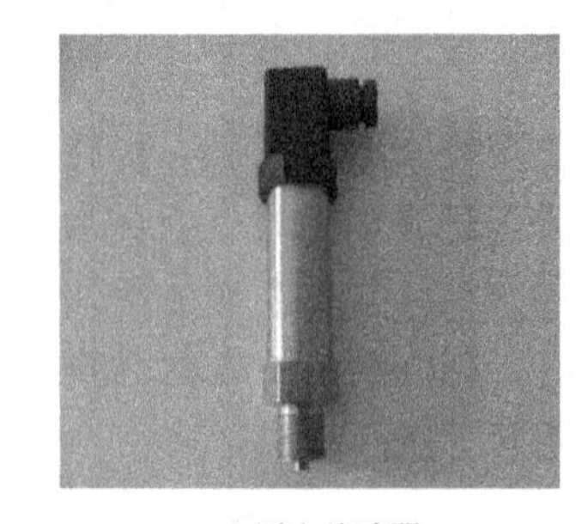

压力传感器

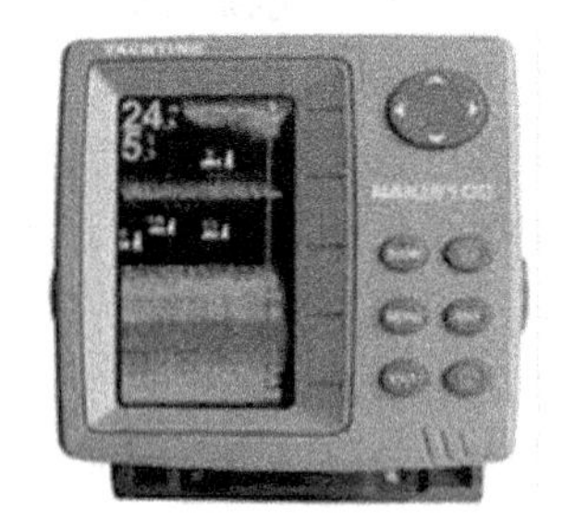

深水声纳探鱼器

图 2-9　稀土超磁致伸缩材料

(2) 磁性塑料

顾名思义，磁性塑料是带有磁性的塑料制品。磁性塑料的主要优点是密度小、耐冲击强度大，可进行切割、钻孔、焊接、层压和压花纹等加工，使用时不会发生碎裂，可加工成尺寸精度高、薄壁、复杂形状的制品和带嵌件制品，实现电磁设备的小型化、轻量化、精密化和高性能化。如图 2-10 所示。

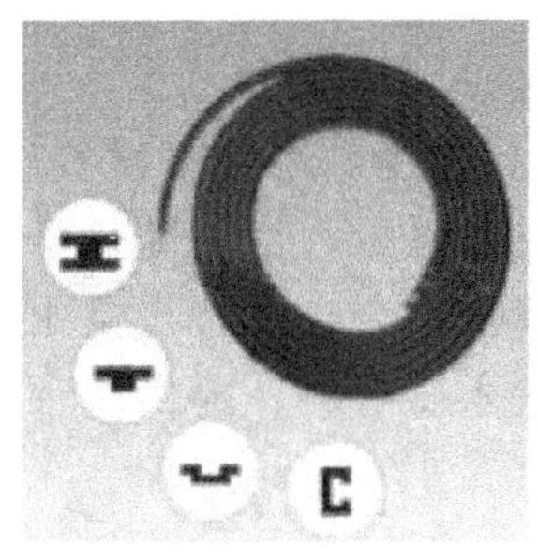

各种门封磁条

磁疗床垫

传真机中的磁辊

图 2-10　磁性塑料器件

磁性塑料的应用比较广泛，可用于音像器材、家电、工业零部件、医疗保健器材等。

(3) 磁性液体

通常我们见到的磁性物质都是固体。但是利用人工的方法可以制造出磁性液体。所谓磁性液体（也叫做磁流体）是把磁性的粉末和某种液体采用特殊方法混合成的液体。由于它们是铁磁性的，是可以流动的液体，可用于某些特殊的场合，例如，磁流体可以用于运动机械零件的密封、润滑以及阻尼等，利用磁流体发电也是人们研究较多的课题之一。

三、常用绝缘材料

常用绝缘材料如图 2-11 所示。

绝缘纸

热缩保护套管

玻璃纤维套管

绝缘胶带

图 2-11　绝缘材料

1. 气体绝缘材料

常用的气体绝缘材料有空气、氮气、六氟化硫等。作为气体绝缘材料，应具有高的电离场强和介电强度，有良好的化学稳定性，不燃，不爆，无腐蚀性，不易被放电所分解，比热容大，导热性、流动性好，并容易制取。

常态下的空气来源丰富，性能稳定，击穿后能自行恢复，广泛用作架空导线间、架空导线对地间和低压电器的绝缘。六氟化硫化学稳定性好，介电强度高，其灭弧能力约为空气的 100 倍，兼有绝缘和灭弧双重性能，在压缩断路器中应用日益广泛，已逐步取代少油断路器和压缩空气断路器。六氟化硫绝缘变压器具有防火防爆的优点，适用于高层建筑场合。

2. 液体绝缘材料

液体绝缘材料又称绝缘油，具有优良的电气、物理和化学性能，汽化温度高，闪点高，难燃，凝固点低，热导率大，比热容大，热稳定性好，耐氧化；液体绝缘材料在电场作用下吸气性小，和与之接触的固体材料之间的相容性好，毒性低，易生物降解。

液体绝缘材料主要有矿物绝缘油、合成绝缘油两类，它主要取代气体，填充固体材料内部或极间的空隙，以提高其介电性能，并改进设备的散热能力。

3. 固体绝缘材料

固体绝缘材料分有机、无机和混合绝缘材料等几种。有机固体绝缘材料包括绝缘漆、绝缘胶、绝缘纸、绝缘纤维制品、塑料、橡胶、漆布、漆管及绝缘浸渍纤维制品、电工用薄膜、复合制品和粘带、电工用层压制品等。

① 绝缘漆：有浸渍漆、漆包线漆、覆盖漆、硅钢片漆、防电晕漆等。

② 绝缘胶：用于浇注电缆接头，套管，20kV 以下电流互感器，10kV 以下电压互感器。

③ 绝缘油：分为矿物油和合成油，主要用于电力变压器，高压电缆，油浸纸电容器，以提高这些设备的绝缘能力。

④ 绝缘制品：有绝缘纤维制品，浸渍纤维制品，电工层压制品，绝缘薄膜及其制品等。

无机固体绝缘材料有云母、石棉、大理石、瓷器、玻璃、硫黄等，主要用于电机、电器的绕组绝缘、开关的底板和绝缘子等。

混合绝缘材料为由以上两种材料经过加工制成的各种成型绝缘材料，用作电器的底座、外壳等。

四、导电材料的选用

选用导线材料时应考虑以下因素：

① 导电性能好，即电阻率小。

② 不容易氧化和耐腐蚀。

③ 有较好的机械强度，能承受一定的拉力。

④ 延展性好，容易拉制成线材，方便焊接。

⑤ 资源丰富，价格便宜。

各种导电材料的相关性能如表 2-1 所示。

表 2-1　各种导电材料的相关性能

材料	电阻率 /Ω·m	密　度 /kg/m³	机械强度	氧化腐蚀	焊接性能与延展性能	资源、价格
铜	1.724×10^{-8}	黄铜 8.5×10^{3} 紫铜 8.9×10^{3}	比铝好	好	好	资源丰富、价格比较高
铝	2.864×10^{-8}	2.7×10^{3}	比铜稍差	稍逊于铜	焊接工艺复杂、质硬、可塑性差	资源丰富、价格低廉
铁	10.0×10^{-8}	7.8×10^{3}	最好	差	好	资源丰富、价格比铝低

选择电线和电缆的型号、规格时应考虑下列条件。

① 电线和电缆的绝缘电压应大于或等于所使用线路电压的额定值。

② 选择电线、电缆截面和安装方式应考虑电压损失不超过规定值。

③ 根据计算出的线路电流，按导线的安全载流量来选择导线。

五、常用测量量具

1. 游标卡尺

游标卡尺是一种中等精度的量具，如图 2-12 所示。它可以直接测量出工件的内外尺寸和深度尺寸。

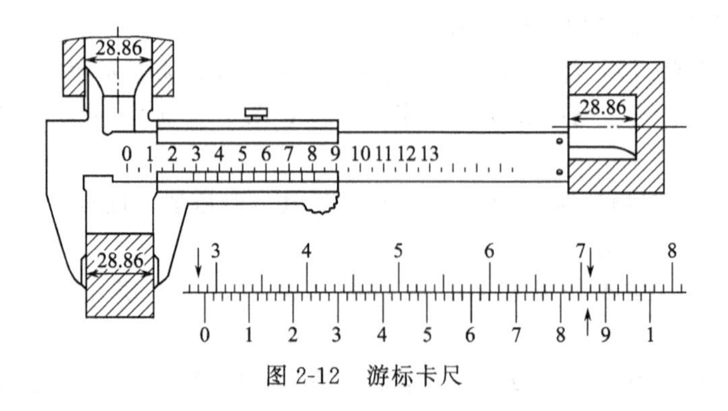

图 2-12　游标卡尺

2. 千分尺

千分尺是一种精度较高的量具，如图 2-13 所示。

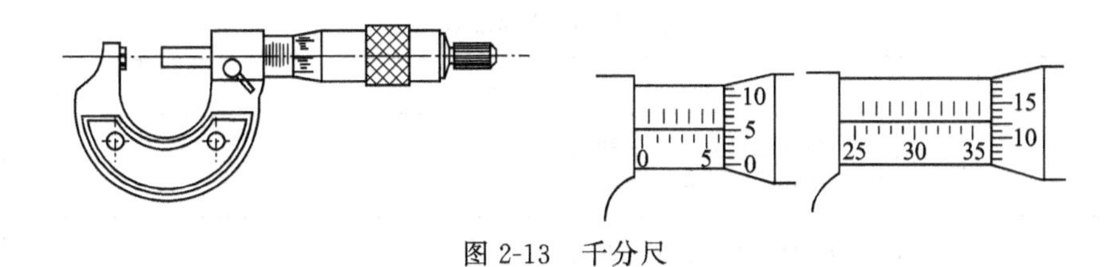

图 2-13　千分尺

任务实施

一、设备、工具、材料

任务所需工具、材料见表 2-2。

表 2-2　工具材料表

名　　称	型号或规格	单　　位	数　　量
导线	BV1.5mm^2	m	1
导线	BV2.5mm^2	m	1
导线	BVR0.75mm^2	m	1
千分尺	自定	把	1
游标卡尺	自定	把	1

二、任务内容与实施步骤

1. 导线的识别

（1）填表

查阅资料，根据绝缘导线的结构、型号，说出其对应的名称、用途。

（2）根据教师所给的各种导线，读出导线的名称、规格和用途。

2. 导线的测量及计算

（1）测量一根单股导线的直径，计算出其导线的截面积，填入表 2-3 中。

表 2-3　导线的测量与计算表

名　　称	规　　格	测量的直径	导线截面积

（2）测量一根多股导线的直径，计算出导线的截面积填入表 2-3 中。

任务评价

要求每位同学必须按上述方法进行，考核标准为百分制，每部分考核标准如表 2-4 所示。

表 2-4 评分标准表

项目	配分	评分标准	扣分	得分
填写表格	40	(1) 写错导线名称，每一种扣 5 分 (2) 导线用途不正确，每一种扣 5 分		
读出导线	40	(1) 说错导线名称，每一种扣 5 分 (2) 导线规格叙述不正确，每一种扣 5 分 (3) 导线用途叙述不正确，每一种扣 5 分		
实训报告	10	没按照报告要求完成，内容不正确，扣 10 分		
安全文明生产	10	(1) 材料摆放零乱，扣 5 分 (2) 违反安全文明生产规程，扣 5～10 分		
考核时间：10 分钟		每超 1 分钟扣 5 分	成　绩	
开始时间		结束时间	实际时间	

任务小结

常用电工材料有导电材料、磁性材料、绝缘材料，导电材料主要指导线，导线又有裸线、绝缘电线、电磁线、通讯电缆线等。导线型号选择应结合导线用途，确定合适的导线种类和型号。导线规格习惯用导线的横截面积（简称导线截面）S 表示。导线截面的确定一般应包括按发热条件选择导线截面、按电源损失校验、按力学强度校验三步骤。

自我测评

一、是非题

1. 绝缘材料的电导率越大，绝缘性能越好（　　）。

2. 绝缘漆为液状，所以属于液体绝缘材料（　　）。

3. 由于纯金属中导电性能最佳的是银，所以一般将银用作主要的导电金属材料（　　）。

4. 磁性材料是指能够直接或间接产生磁性的物质（　　）。

二、填空题

1. 导电材料可分为________、________、________以及不以导电为主要功能的其他特殊用途的导电材料四大类。

2. 磁性材料按磁化后去磁的难易和应用可分为软磁材料和硬磁材料。其中________材料主要用于变压器、扼流圈、继电器和电动机中作为铁芯导磁体；________材料主要用于制造磁电仪表的磁钢，永磁电动机的磁极铁芯等。

三、选择题

1. 制造电机、电器的线圈应选用的导线类型是（　　）。

A. 电气设备用电电线电缆　　B. 裸铜软编织线

C. 电磁线　　D. 橡套电缆

2. 移动式电动工具用的电源线，应选用的导线类型是（　　）。

A. 绝缘软线　　B. 裸铜软纺织线

C. 绝缘电线　　D. 地埋线

四、问答题

1. 铜为什么是较理想的导电材料？
2. 游标卡尺和千分尺在使用完毕以后要做哪些善后工作？
3. 在用游标卡尺和千分尺测量导线时要注意哪些问题？

任务二 常用电工工具的使用与导线的连接

任务描述

电工基本操作工艺是电工的基本功。主要包括常用电工工具的使用、导线的连接方法、常用焊接工艺、电气设备紧固件的埋设和电工识图等内容。它是培养电工动手能力和解决实际问题的实践基础。电工工具是电气操作的基本工具，电气操作人员必须掌握电工常用工具的结构、性能和正确的使用方法。电气装修工程中，导线的连接是电工基本工艺之一。导线连接的质量关系着线路和设备运行的可靠性和安全程度。对导线连接的基本要求是：电接触良好，机械强度足够，接头美观，且绝缘恢复正常。

任务目标

一、知识目标

① 电工工具的种类及正确使用方法。
② 导线绝缘层的去除及恢复，导线的连接方法。

二、能力目标

① 熟练掌握电工常用工具和防护工具的使用操作技术。
② 会利用电工工具进行剥线 、接线操作。

三、职业素养目标

培养学生养成良好的妥善保养和维护电工常用工具的习惯。

相关知识

常用电工工具基本分为三类，一是通用电工工具，指电工随时都可以使用的常备工具，主要有验电器、螺钉旋具、钢丝钳、活络扳手、电工刀等。二是线路装修工具，指电力内外线路装修必备的工具，包括用于打孔、紧线、钳夹、切割、剥线、弯管、登高的工具及设备。主要有各类电工用凿、冲击电钻、管子钳、剥线钳、紧线器、弯管器、切割工具、套丝器具等。三是设备装修工具，指设备安装、拆卸、紧固及管线焊接加热的工具。主要有各类用于拆卸轴承、联轴器、皮带轮等紧固件的拉具，安装设备用的各类套筒扳手及加热用的喷灯等。

1. 验电器

验电器是用于检测线路和设备是否带电的工具，有笔式和螺丝刀式两种，其结构如图 2-14 所示。

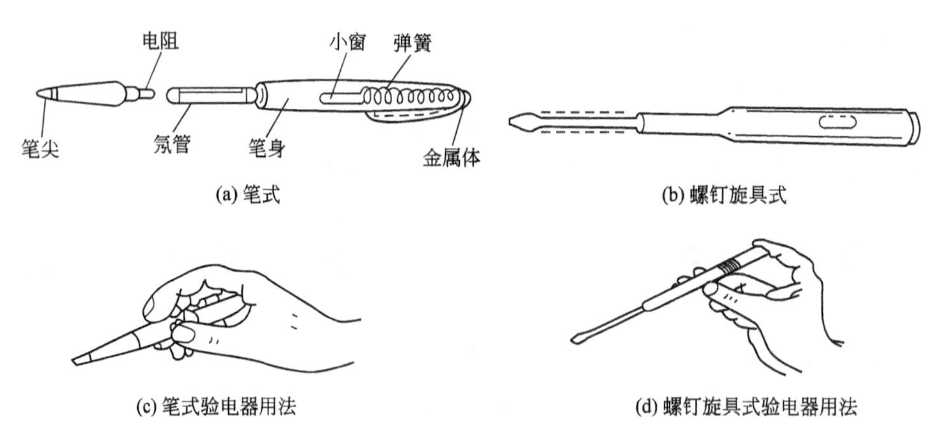

(a) 笔式　(b) 螺钉旋具式

(c) 笔式验电器用法　(d) 螺钉旋具式验电器用法

图 2-14　验电器及用法

使用时手指必须接触金属体（笔式）或金属螺钉部（螺丝刀式）。使电流由被测带电体经过验电器和人体与大地构成回路。只要被测带电体与大地之间电压超过 60V 时，验电器内的氖管就会起辉发光。操作方式如图 2-14 所示。由于验电器内氖管及所串联的电阻较大，形成的回路电流很小，不会对人体造成伤害。

应注意，验电器在使用前，应先在有电的带电体上试验，确认验电器工作正常后，再进行正常验电，以免氖管损坏造成误判，危及人身或设备安全。要防止验电器受潮或强烈震动，平时不得随便拆卸。手指不可接触笔尖金属部分或螺杆裸露部分，以免触电造成伤害。

2. 螺钉旋具

螺钉旋具又名改锥、旋凿或起子。按照其功能不同，其头部可分为一字形和十字形，如图 2-15 所示。其握柄材料又分为木柄和塑料柄两类。

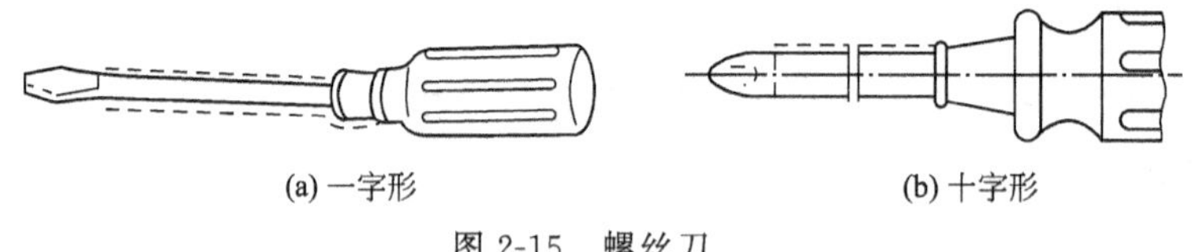
(a) 一字形　(b) 十字形

图 2-15　螺丝刀

使用螺钉旋具时，应按螺钉的规格选用合适的刀口，以小代大或以大代小均会损坏螺钉或电气元件。螺钉旋具的正确使用方法如图 2-16 所示。

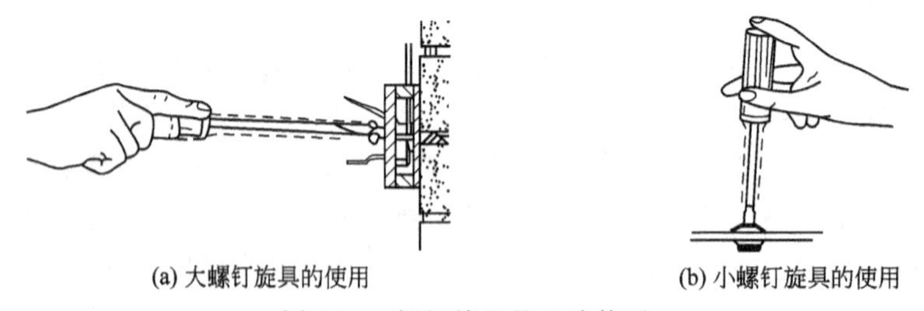
(a) 大螺钉旋具的使用　(b) 小螺钉旋具的使用

图 2-16　螺钉旋具的正确使用

3. 钢丝钳

钢丝钳是电工用于剪切或夹持导线、金属丝、工件的常用钳类工具，其结构和用法如图 2-17所示。

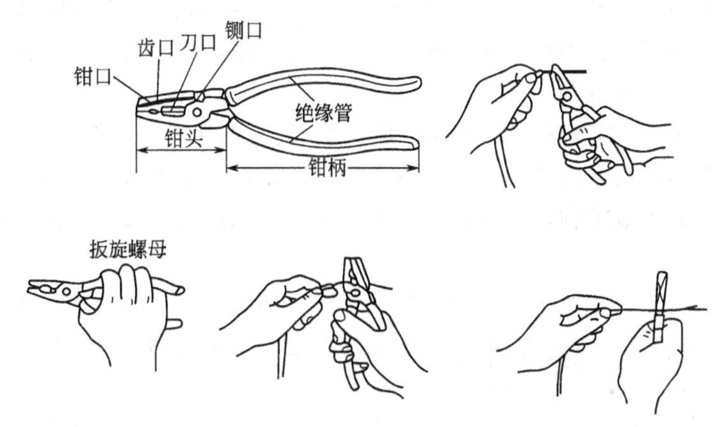

图 2-17　钢丝钳的构造和使用

其中钳口用于弯绞和夹持线头或其他金属、非金属物体；齿口用于旋动螺钉螺母；刀口用于切断电线、起拔铁钉、削剥导线绝缘层等。铡口用于铡断硬度较大的金属丝，如钢丝、铁丝等。

钢丝钳规格较多，电工常用的有 175mm、200mm 两种。电工用钢丝钳柄部加有耐压 500V 以上的塑料绝缘套。作用前应检查绝缘套是否完好，绝缘套破损的钢丝钳不能使用。在切断导线时，不得将不同相位的相线同时在一个钳口处切断，以免发生短路。

属于钢丝钳类的常用工具还有尖嘴钳、断线钳等。尖嘴钳头部尖细，适用于在狭小空间操作，主要用于切断较小的导线、金属丝，夹持小螺钉、垫圈，并可将导线端头弯曲成型。断线钳又名斜口钳、偏嘴钳，专门用于剪断较粗的电线或其他金属丝，其柄部带有绝缘管套。如图 2-18 所示。

图 2-18　钢丝钳

4. 活络扳手

活络扳手的钳口可在规格范围内任意调整大小，用于旋动螺杆螺母，其结构如图 2-19 蜗轮所示。

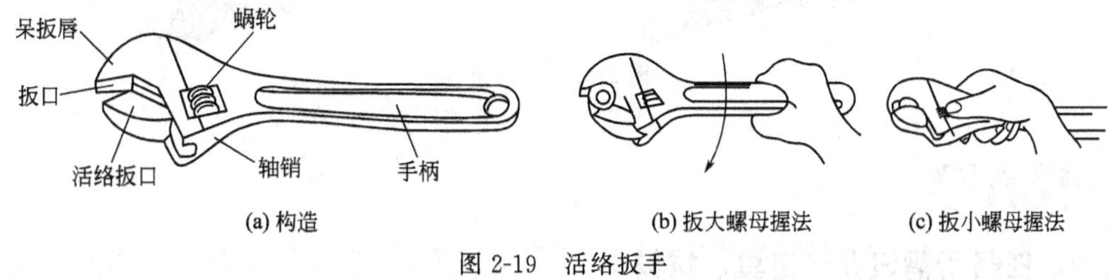

图 2-19　活络扳手

活络扳手规格较多，电工常用的有 150mm×19mm、200mm×24mm、250mm×30mm

等几种，前一个数表示体长，后一个数表示扳口宽度。扳动较大螺杆螺母时，所用力矩较大，手应握在手柄尾部。扳动较小螺杆螺母时，为防止钳口处打滑，手可握在接近头部的位置，且用拇指调节和稳定螺杆。

使用活络扳手旋动螺杆螺母时，必须把工件的两侧平面夹牢，以免损坏螺杆螺母的棱角。

使用活络扳手不能反方向用力，否则容易扳裂活络扳唇，不准用钢管套在手柄上作加力杆使用，不准用作撬棍撬重物，不准把扳手当手锤，否则将会对扳手造成损坏。

5. 电工刀

电工刀在电气操作中主要用于剖削导线绝缘层、削制木榫、切割木台缺口等。由于其刀柄处没有绝缘，不能用于带电操作。割削时刀口应朝外，以免伤手。剖削导线绝缘层时，刀面与导线成45°角倾斜切入，以免削伤线芯。电工刀的外形如图2-20所示。

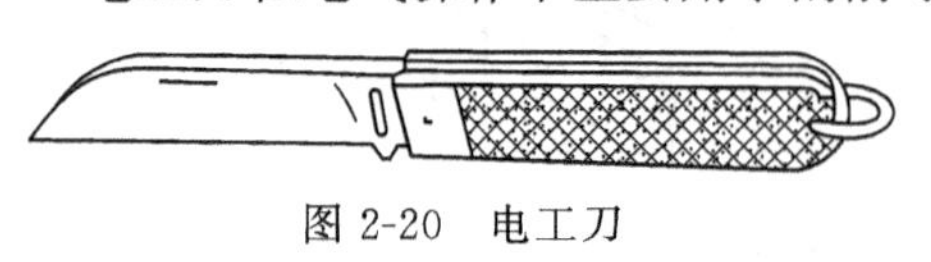

图 2-20 电工刀

6. 镊子

镊子主要用于夹持导线线头、元器件、螺钉等小型工件或物品，多用不锈钢材料制成，弹性较强。常用类型有尖头镊子和宽口镊子，如图2-21所示。其中尖头镊子主要用于夹持较小物件，宽口镊子可夹持较大物件。

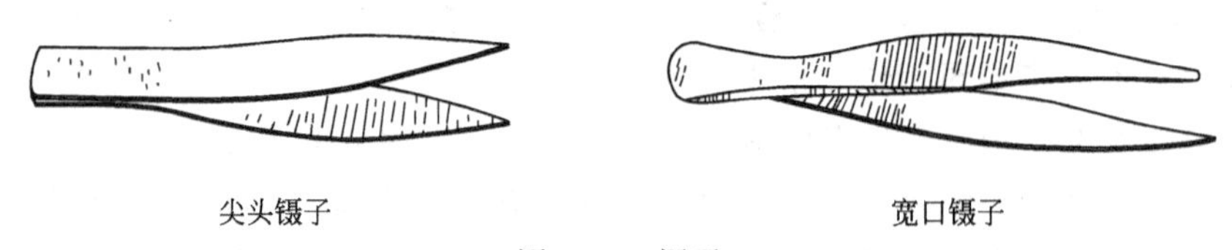

图 2-21 镊子

7. 剥线钳

剥线钳主要用于剥削直径在6mm以下的塑料或橡胶绝缘导线的绝缘层，由钳头和手柄两部分组成，它的钳口工作部分有0.5～3mm多个不同孔径的切口，以便剥削不同规格的芯线绝缘层。剥线时，为了不损伤线芯，线头应放在大于线芯的切口上，用手将钳柄握一下，导线绝缘层即可剥离。剥线钳外形如图2-22所示。

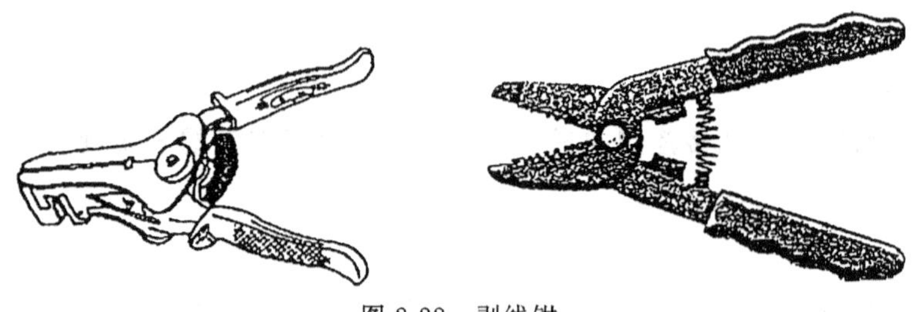

图 2-22 剥线钳

一、任务所需设备、工具、材料

所需设备、工具、材料见表2-5。

表 2-5　任务所需设备、工具、材料表

名　　称	型号或规格
电工常用工具	验电笔、旋具、钢丝钳、断线钳、电工刀、斜口钳、剥线钳等
万用表	MF-47
防护工具	绝缘手套、靴、垫等
导线	BV1.5mm^2
导线	BV2.5mm^2
导线	BVR0.75mm^2

二、任务内容与实施步骤

1. 导线连接

(1) 导线连接的步骤

导线连接的步骤为：

①剖削绝缘；②导线连接；③导线的封端；④绝缘的恢复。

(2) 导线连接的基本要求

导线连接的基本要求如下。

① 连接牢固可靠。

② 接触紧密，接头电阻尽可能小，与同长度、同截面导线的电阻比值不应大于 1。

③ 要有足够的机械强度，接头的机械强度不应小于导线机械强度的 80%。

④ 连接处的绝缘强度不低于导线本身的绝缘强度。

⑤ 接头处应耐腐蚀耐氧化。

2. 线头绝缘层的剖削

(1) 塑料硬线绝缘层的剖削

有条件时，去除塑料硬线的绝缘层用剥线钳甚为方便，这里要求用钢丝钳和电工刀剖削。

线芯截面在 2.5 平方厘米及以下的塑料硬线，可用钢丝钳剖削：先在线头所需长度交界处用钢丝钳口轻轻切破绝缘层表皮，然后左手拉紧导线，右手适当用力捏住钢丝钳头部，向外用力勒去绝缘层。如图 2-23 所示。在勒去绝缘层时，不可在钳口处加剪切力，这样会伤及线芯，甚至将导线剪断。

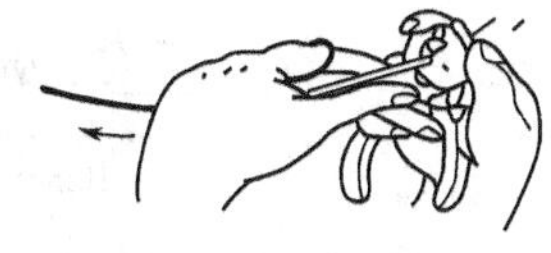

图 2-23　用钢丝钳勒去导线绝缘层

对规格大于 4 平方厘米的塑料硬线的绝缘层，直接用钢丝钳剖削较为困难，可用电工刀剖削，如图 2-24 所示。先根据线头所需长度，用电工刀刀口与导线成 45°角切入塑料绝缘层，注意掌握刀口刚好削透绝缘层而不伤及线芯。然后调整刀口与导线间的角度以 15 度角向前推进，将绝缘层削出一个缺口，接着将未削去的绝缘层向后扳翻，再用电工刀切齐。

(2) 塑料软线绝缘层的剖削

塑料软线绝缘层的剖削除用剥线钳外，还可用钢丝钳按直接剖剥 2.5 平方毫米及以下的塑料硬线的方法进行，但不能用电工刀剖剥。因塑料线太软，线芯又由多股钢丝组成，用电工刀很容易伤及线芯。

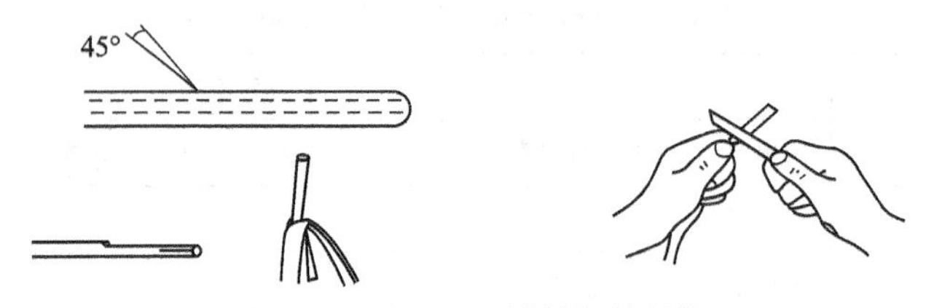

图 2-24　用电工刀剖削塑料硬线

（3）塑料护套线绝缘层的剖削

塑料护套线绝缘层分为外层的公共护套层和内部每根芯线的绝缘层。公共护套层一般用电工刀剖削，先按线头所需长度，将刀尖对准两股芯线的中缝划开护套层，并将护套层向后扳翻，然后用电工刀齐根切去，如图 2-25 所示。

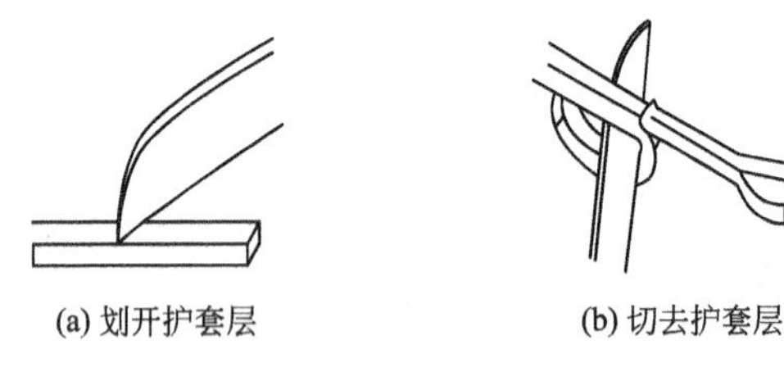

图 2-25　塑料护套线的剖削

切去护套后，露出的每根芯线绝缘层可用钢丝钳或电工刀按照剖削塑料硬线绝缘层的方法分别除去。钢丝钳或电工刀在切时切口应离护套层 5～10mm。

（4）橡皮线绝缘层的剖削

橡皮线绝缘层外面有一层柔韧的纤维编织保护层，先用剖削护套线护套层的办法，用电工刀尖划开纤维编织层，并将其扳翻后齐根切去，再用剖削塑料硬线绝缘层的方法，除去橡皮绝缘层。如橡皮绝缘层内的芯线上包缠着棉纱，可将该棉纱层松开，齐根切去。

（5）花线绝缘层的剖削

花线绝缘层分外层和内层，外层是一层柔韧的棉纱编织层。剖削时选用电工刀在线头所需长度处切割一圈拉去，然后在距离棉纱编织层 10mm 左右处用钢丝钳按照剖削塑料软线的方法将内层的橡皮绝缘层勒去。有的花线在紧贴线芯处还包缠有棉纱层，在勒去橡皮绝缘层后，再将棉纱层松开扳翻，齐根切去，如图 2-26 所示。

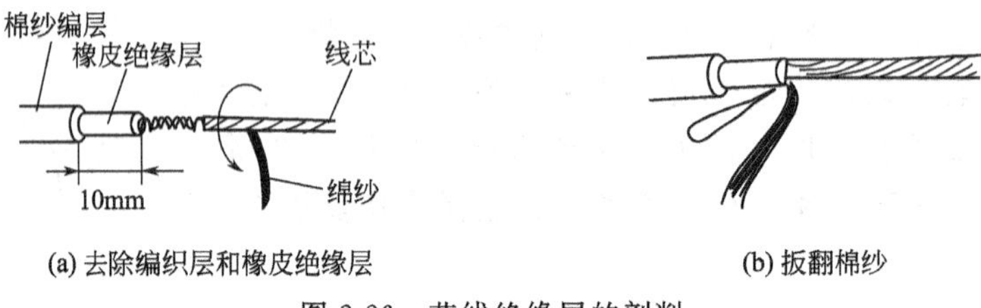

图 2-26　花线绝缘层的剖削

（6）橡套软线（橡套电缆）绝缘层的剖削

橡套软线外包护套层，内部每根线芯上又有各自的橡皮绝缘层。外护套层较厚，按切除塑料护套层的方法切除，露出的多股芯线绝缘层，可用钢丝钳勒去。

（7）铅包线护套层和绝缘层的剖削

铅包线绝缘层分为外部铅包层和内部芯线绝缘层，剖削时选用电工刀在铅包层切下一个刀痕，然后上下左右扳动折弯这个刀痕，使铅包层从切口处折断，并将它从线头上拉掉。内部芯线绝缘层的剖除方法与塑料硬线绝缘层的剖削方法相同。剖削铅包层的过程如图 2-27

所示。

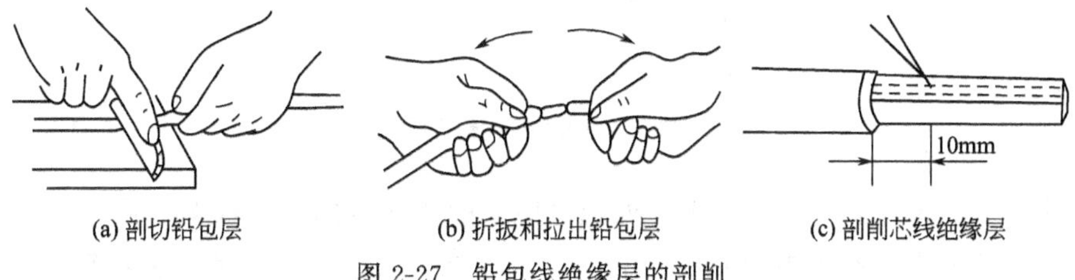

(a) 剖切铅包层　(b) 折扳和拉出铅包层　(c) 剖削芯线绝缘层

图 2-27　铅包线绝缘层的剖削

（8）漆包线绝缘层的去除

漆包线绝缘层是喷涂在芯线上的绝缘漆层。由于线径的不同，去除绝缘层的方法也不一样。直径在 1mm 以上的，可用细砂纸或细纱布擦去；直径在 0.6mm 以上的，可用薄刀片刮去；直径在 0.1mm 及以下的也可用细砂纸或细纱布擦除，但易于折断，需要小心操作。有时为了保证漆包线的芯线直径准确以便于测量，也可用微火烤焦其线头绝缘层，再轻轻刮去。

3. 导线线头的连接

常用的导线按芯线股数不同，有单股、7 股和 19 股等多种规格，其连接方法也各不相同。

（1）铜芯导线的连接

单股铜芯线有绞接和缠绕两种方法：绞接法用于截面较小的导线，缠绕法用于截面较大的导线。

绞接法是先将已剖除绝缘层并去掉氧化层的两根线头呈“×”形相交，如图 2-28(a) 所示，互相绞合 2～3 圈，如图 2-28(b) 所示，接着扳直两个线头的自由端，将每根线自由端在对边的线芯上紧密缠绕到线芯直径的 6～8 倍长，如图 2-28(c) 所示，将多余的线头剪去，修理好切口毛刺即可。

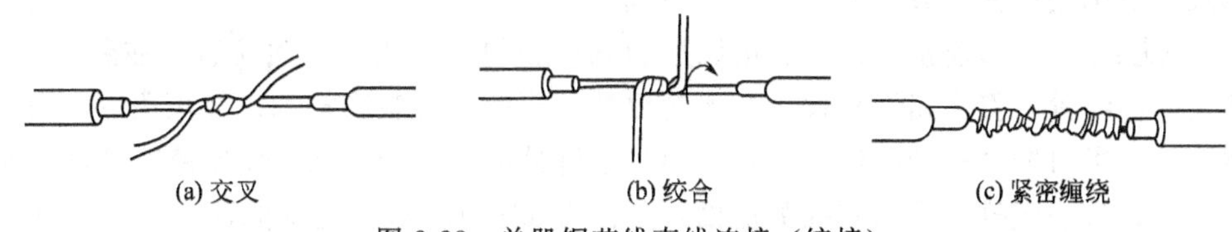

(a) 交叉　(b) 绞合　(c) 紧密缠绕

图 2-28　单股铜芯线直线连接（绞接）

缠绕法是将已去除绝缘层和氧化层的线头相对交叠，再用直径为 1.6mm 的裸铜线做缠绕线在其上进行缠绕，如图 2-29 所示，其中线头直径在 5mm 及以下的缠绕长度为 60mm，直径大于 5mm 的，缠绕长度为 90mm。

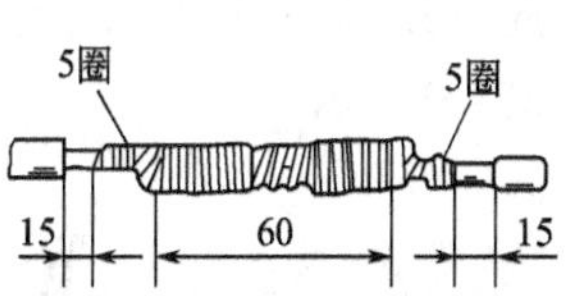

图 2-29　用缠绕法直线连接单股铜芯线

单股芯线 T 形连接时可用绞接法和缠绕法。绞接法是先将除去绝缘层和氧化层的线头与干线剖削处的芯线十字相交，注意在支路芯线根部留出 3～5mm 裸线，按顺时针方向将支路芯线在干线芯线上紧密缠绕 6～8 圈，如图 2-30 所示。剪去多余线头，修整好毛刺。

对于连接截面较大的导线，可用缠绕法，其具体方法与单股芯线直连的缠绕法相同。

7 股铜芯线的直接连接方法是：将剖去绝缘层和氧化层的芯线线头分成单股散开并拉

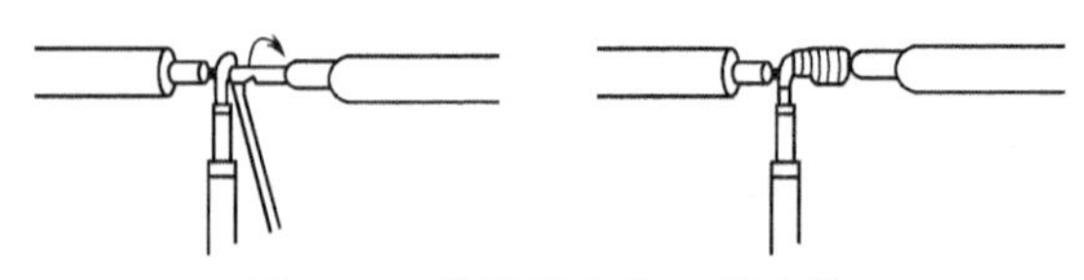

图 2-30 单股铜芯线 T 形连接

直，在线头总长（离根部距离的）1/3 处顺着原来的扭转方向将其绞紧，余下的三分之二长度的线头分散成伞形。将两股伞形线头相对，隔股交叉直至伞形根部相接，然后捏平两边散开的线头。将 7 股铜芯线按根数 2、2、3 分成三组，先将第一组的两根线芯扳到垂直于线头的方向，按顺时针方向缠绕两圈，再弯下扳成直角使其紧贴芯线。第二组、第三组线头仍按第一组的缠绕办法紧密缠绕在芯线上，如图 2-31 所示。

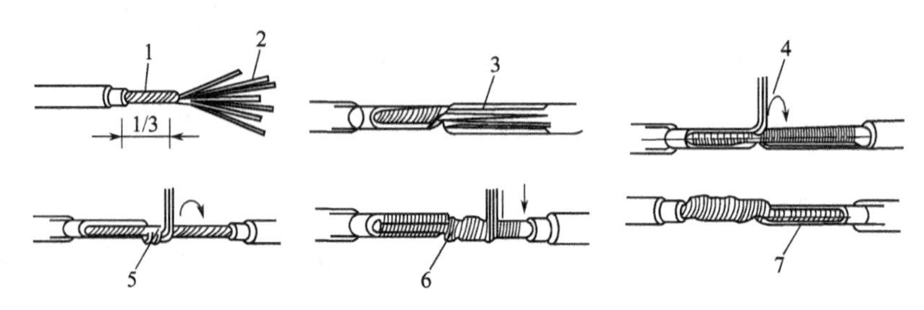

图 2-31 7 股铜芯导线的直接连接

1—绞紧；2—分散成伞状；3—对叉拉平；4—扳起第一组 2 根芯线顺时针方向缠绕；5—扳起第二组 2 根芯线顺时针方向缠绕；6—扳起第三组 3 根芯线顺时针方向缠绕；7—剪去每组多余的芯线

为保证电接触良好，如果铜线较粗较硬，可用钢丝钳将其绕紧。缠绕时注意使后一组线头压在前一组线头已折成直角的根部。最后一组线头应在芯线上缠绕三圈，在缠到第三圈时，把前两组多余的线端剪除，使该两组线头断面能被最后一组第三圈缠绕完的线匝遮住、最后一组线头绕到两圈半时，就剪去多余部分，使其刚好能缠满三圈，最后用钢丝钳钳平线头，修理好毛刺用同样的方法缠绕另一边芯线。

7 股铜芯线的 T 形连接：把除去绝缘层和氧化层的支路线端分散拉直，在距绝缘层 1/8 处将其进一步绞紧，将支路线头按 3 和 4 的根数分成两组并整齐排列。接用用一字形螺丝刀把干线也分成尽可能对等的两组，并在分出的中缝处撬开一定距离，将支路芯线的一组穿过干线的中缝，另一组排于干路芯线的前面，如图 2-32(a)所示。先将前面一组在干线上按顺时针方向缠绕 3～4 圈，剪除多余线头，修整好毛刺，如图 2-32(b)所示。接着将支路芯线穿越干线的一组在干线上按反时针方向缠绕 3～4 圈，剪去多余线头，钳平毛刺即可，如图 2-32(c)所示。

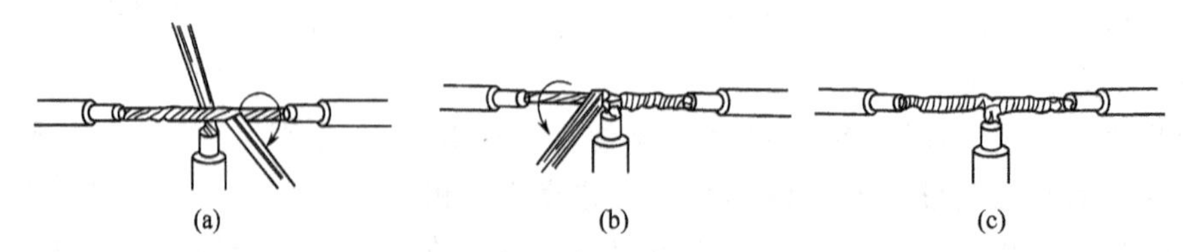

图 2-32 7 股铜芯线 T 形连接

(2) 铝芯导线线头的连接

铝的表面极易氧化，而且这类氧化铝膜电阻率又高，除小截面铝芯线外，铝导线都不采用铜芯线的连接方法。在电气线路施工中，铝线线头的连接常用螺钉压接法、压接管压接法和沟线夹螺钉压接法三种。

① 螺钉压接法。将剖除绝缘层的铝芯线头用钢丝刷或电工刀去除氧化层，涂上中性凡士林后，将线头伸入接头的线孔内，再旋转压线螺钉压接。线路上导线与开关、灯头、熔断器、仪表、瓷接头和端子板的连接多用螺钉压接，如图 2-33 所示。单股小截面铜导线在电器和端子板上的连接亦可采用此法。

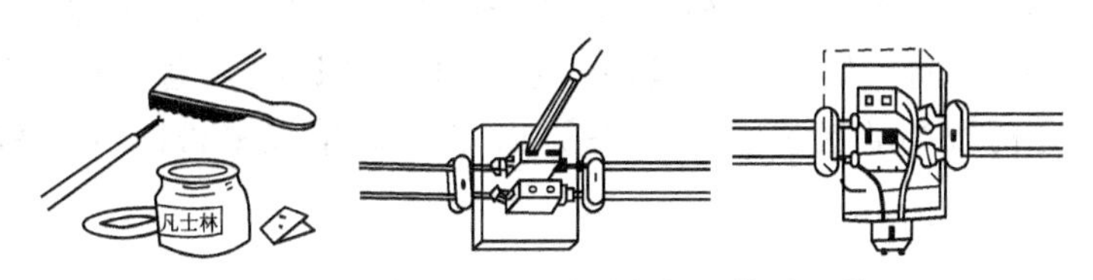

图 2-33 单股铝芯导线的螺钉压接法连接

如果有两个（或两个以上）线头要接在一个接线板上时，应事先将这几根线头扭作一股，再进行压接，如果直接扭绞的强度不够，还可在扭绞的线头处用小股导线缠绕后再插入接线孔压接。

② 压接管压接法。此方法又叫套管压接法，它适用于室内、外负荷较大的铝芯线头的连接。接线前，先选好合适的压接管，如图 2-34(a)所示，清除线头表面和压接管内壁上的氧化层及污物，再将两根线头相对插入并穿出压接管，使两线端各自伸出压接管 25～30mm，如图 2-34(b)所示，然后用压接钳进行压接，如图 2-34(c)所示，压接完工的铝线接头如图 2-34(d)所示。如果压接的是钢芯铝绞线，应在两根芯线之间垫上一层铝质垫片。压接钳在压接管上的压坑数目要视不同情况而定，室内线头通常为 4 个；对于室外铝绞线，截面为16～35mm^{2}的压坑数目为 6 个，50～70mm^{2}的为 10 个；对于钢芯铝绞线，16mm^{2}的为 12 个，25～35mm^{2}的为 14 个，50～60mm^{2}的为 16 个，95mm^{2}的为 20 个，125～150mm^{2}的为 24 个。

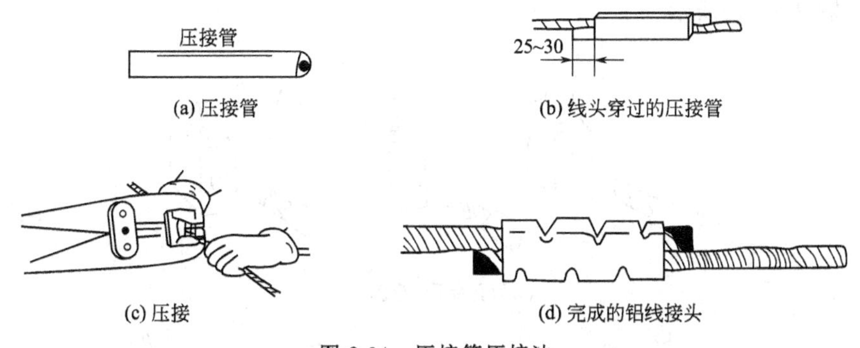

(a) 压接管 (b) 线头穿过的压接管

(c) 压接 (d) 完成的铝线接头

图 2-34 压接管压接法

③ 沟线夹螺钉压接法。此法适用于室内外截面较大的架空线路的直线和分支连接。连接前先用钢丝刷除去导线线头和沟线夹线槽内壁上的氧化层及污物，并涂上中性凡士林，然后将导线卡入线槽，旋紧螺钉，使沟线夹紧线头而完成连接，如图 2-35 所示。为预防螺钉松动，压接螺钉上必须套以弹簧垫圈。

沟线夹的规格和使用数量与导线截面有关。通常，导线截面 70mm^{2}以下的用一副小型沟线夹；截面在 70mm² 以上的，用两副较大的沟线夹，两副沟线夹之间相距 300～400mm。

(3) 线头与接线桩的连接

① 线头与针孔接线桩的连接。端子板、某些熔断器、电工仪表等的接线部位多是利用针孔附有压接螺钉压住线头完成连接的。若线路容量小，可用一只螺钉压接；若线路容量较大，或接头要求较高时，应用两只螺钉压接。

单股芯线与接线桩连接时，最好按要求的长度将线头折成双股并排插入针孔，使压接螺钉位于双股芯线的中间。如果线头较粗，双股插不进针孔，也可直接用单股，但芯线在插入针孔前，应稍微朝着针孔上方弯曲，以防压紧螺钉稍松时线头脱出，如图 2-36 所示。

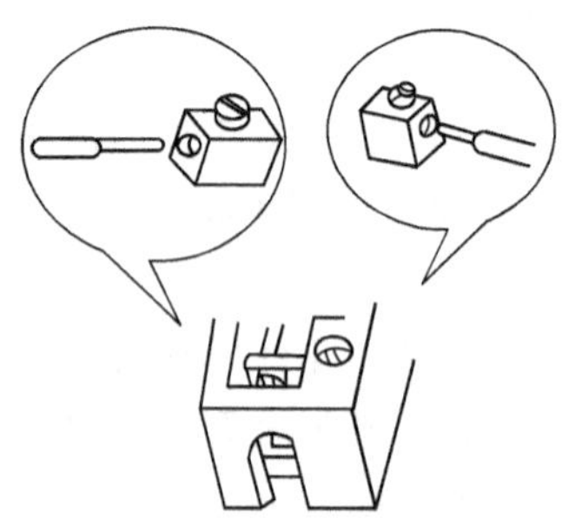

图 2-35 沟线夹螺钉压接法

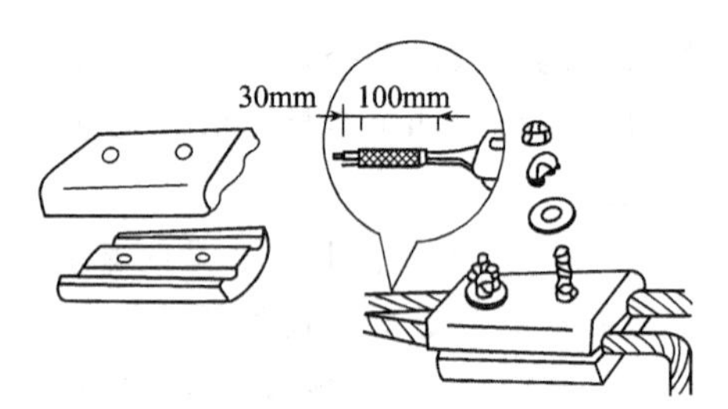

图 2-36 单股芯线与针孔接线压接法

在针孔接线桩上连接多股芯线时，先用钢丝钳将多股芯线进一步绞紧，以保证压接螺钉顶压时不致松散。注意针孔和线头的大小应尽可能配合。如图 2-37(a)所示。如果针孔过大，可选一根直径大小相宜的铝导线作绑扎线，在已绞紧的线头上紧密缠绕一层，使线头大小与针孔合适后再进行压接，如图 2-37(b)所示。如线头过大，插不进针孔时，可将线头散开，适量减去中间几股，通常 7 股可剪去 1～2 股，19 股可剪去 1～7 股，然后将线头绞紧，进行压接。如图 2-37(c)所示。

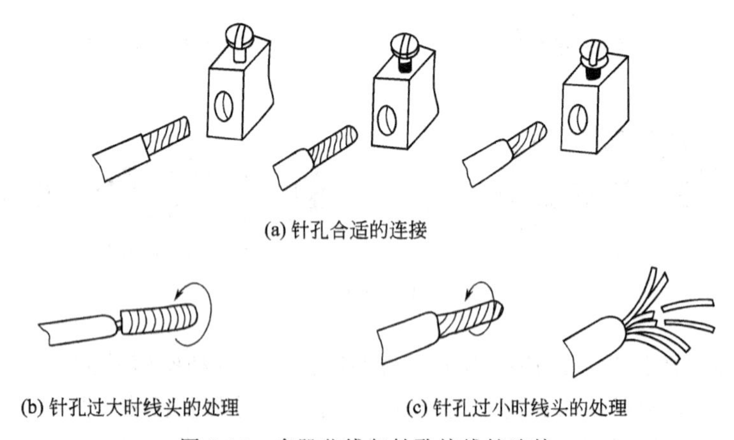

(a) 针孔合适的连接

(b) 针孔过大时线头的处理

(c) 针孔过小时线头的处理

图 2-37 多股芯线与针孔接线桩连接

无论是单股或多股芯线的线头，在插入针孔时，一是注意插到底；二是不得使绝缘层进行针孔，针孔外的裸线头的长度不得超过 3mm。

② 线头与平压式接线桩的连接。平压式接线桩是利用半圆头、圆柱头或六角头螺钉加垫圈将线头压紧，完成电连接。对载流量小的单股芯线，先将线头弯成接线圈，如图 2-38 所示，再用螺钉压接。对于横截面不超过 $10mm^2$、股数为 7 股及以下的多股芯线，应按图 2-39 所示的步骤制作压接圈。对于载流量较大，横截面积超过 $10mm^2$、股数多于 7 股的导线端头，应安装接线耳。

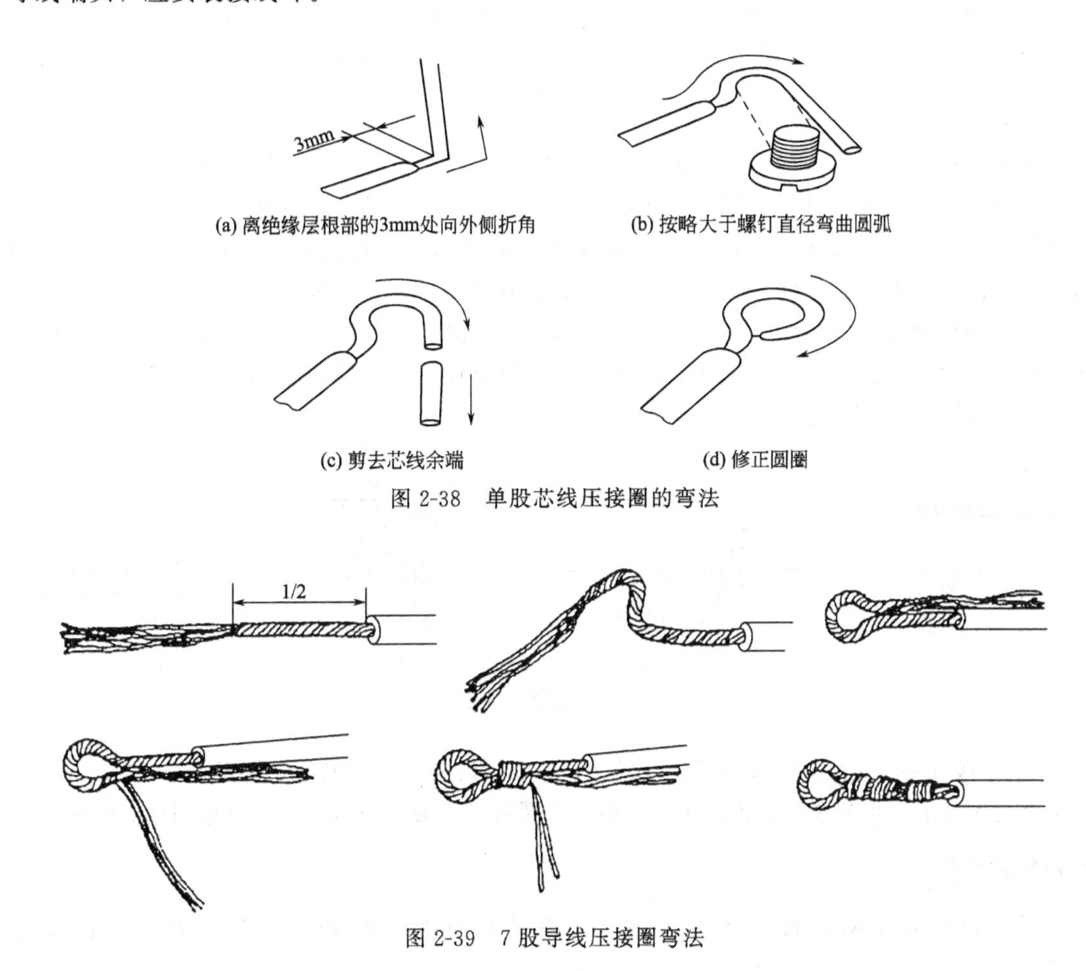

(a) 离绝缘层根部的3mm处向外侧折角　(b) 按略大于螺钉直径弯曲圆弧

(c) 剪去芯线余端　(d) 修正圆圈

图 2-38　单股芯线压接圈的弯法

图 2-39　7 股导线压接圈弯法

连接这类线头的工艺要求是：压接圈和接线耳的弯曲方向应与螺钉拧紧方向一致，连接前应清除压接圈、接线耳和垫圈上的氧化层及污物，再将压接圈或接线耳在垫圈下面，用适当的力矩将螺钉拧紧，以保证良好的电接触。压接时注意不得将导线绝缘层压入垫圈内。

软线线头的连接也可用平压式接线桩。导线线头与压接螺钉之间的绕结方法如图 2-40 所示，其要求与上述多芯线的压接相同。

③ 线头与瓦形接线桩的连接。瓦形接线桩的垫圈为瓦形。压接时为了不致使线头从瓦形接线桩内滑出，压接前应先将去除氧化层和污物的线头弯曲成 U 形。如图 2-41(a)所示，再卡入瓦形接线桩压接。如果在接线桩上有两个线头连接，应将弯成 U 形的两个线头相重合，再卡入接线桩瓦形垫圈下方压紧。如图 2-41(b)所示。

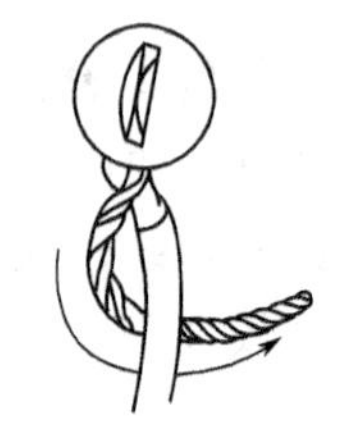
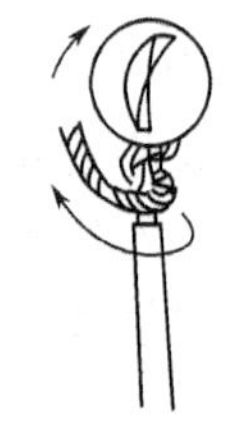
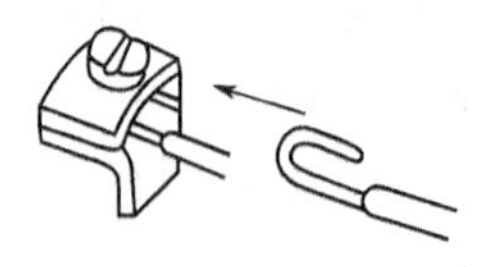
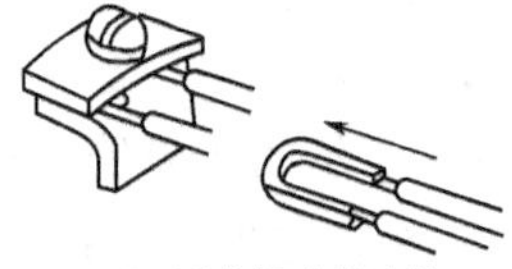

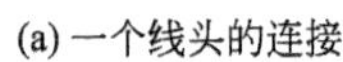
(a) 一个线头的连接　(b) 两个线头的连接

图 2-40　软导线线头连接

(a) 一个线头的连接　(b) 两个线头的连接

图 2-41　单股芯线与瓦形接线桩的连接

(4) 线头绝缘层的恢复

在线头连接完工后，导线连接前所破坏的绝缘层必须恢复，且恢复后的绝缘强度一般不应低于剖削前的绝缘强度，方能保证用电安全。电力线上恢复线头绝缘层常用黄蜡带、涤纶薄膜带和黑胶带（黑胶布）三种材料。绝缘带宽度选 20mm 比较适宜。包缠时，先将黄蜡带从线头的一边在完整绝缘层上离切口 40mm 处开始包缠，使黄蜡带与导线保持 55°的倾斜角，后一圈压叠在前一圈 1/2 的宽度上，常称为半迭包，如图 2-42(a)、(b)所示。黄蜡带包缠完以后将黑胶带接在黄蜡带尾端，朝相反方向斜叠包缠，仍倾斜 55°，后一圈仍压叠前一圈 1/2，如图 2-42(c)、(d)所示。

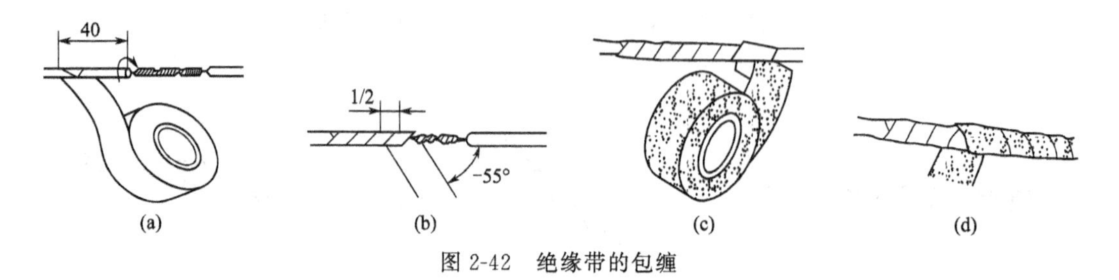

图 2-42　绝缘带的包缠

在 380V 的线路上恢复绝缘层时，先包缠 1～2 层黄蜡带，再包缠一层黑胶带。在 220V 线路上恢复绝缘层，可先包一层黄蜡带，再包一层黑胶带。或不包黄蜡带，只包两层黑胶带。

任务评价

要求每位同学必须按上述方法进行。考核标准为百分制。每部分考核标准分数见表 2-6。

表 2-6　考核标准表

项目	配分	评 分 标 准	扣分	得分
绝缘导线剖削	15 分	(1)导线剖削方法不正确，扣 5 分； (2)导线损伤，刀伤，每根扣 5 分； (3)钳伤，每根扣 3 分。		
导线直线连接	50 分；	(1)导线缠绕方法不正确，扣 20 分； (2)导线缠绕不整齐，扣 10 分； (3)导线连接不紧，不平直，不圆，最大处直径>14 毫米，扣 10 分； 再每超 0.5 毫米，加扣 5 分； 导线不平>2 毫米，扣 5 分； 同一断面二次测量直径差>2 毫米，扣 5 分。		

续表

<table>
<tr><th>项目</th><th>配分</th><th colspan="4">评　分　标　准</th><th>扣分</th><th>得分</th></tr>
<tr><td>恢复绝缘层</td><td>20 分</td><td colspan="4">(1)包缠方法不正确，扣 10 分；
(2)渗水渗入内层绝缘，扣 15 分；
(3)渗水渗入铜线，扣 20 分。</td><td></td><td></td></tr>
<tr><td>实训报告</td><td>5 分</td><td colspan="4">没按照报告要求完成，内容不正确，扣 5 分。</td><td></td><td></td></tr>
<tr><td>安全文明生产</td><td>10 分</td><td colspan="4">违反安全文明生产规程，扣 5～10 分。</td><td></td><td></td></tr>
<tr><td>考核时间</td><td>15 分钟</td><td colspan="4">每超过 5 分钟扣 5 分，不足 5 分钟以 5 分钟计。</td><td>成绩</td><td></td></tr>
<tr><td>开始时间</td><td></td><td>结束时间</td><td></td><td>实际时间</td><td></td><td></td><td></td></tr>
</table>

任务小结

常用电工工具基本分为三类。

(1) 通用电工工具：指电工随时都可以使用的常备工具。主要有验电器、螺丝刀、钢丝钳、活络扳手、电工刀、剥线钳等。

(2) 线路装修工具：指电力内外线路装修必备的工具。它包括用于打孔、紧线、钳夹、切割、剥线、弯管、登高的工具及设备。主要有各类电工用凿、冲击电钻、管子钳、剥线钳、紧线器、弯管器、切割工具、套丝器具等。

(3) 设备装修工具：指设备安装、拆卸、紧固及管线焊接加热的工具。主要有各类用于拆卸轴承、联轴器、皮带轮等紧固件的拉具，安装用的各类套筒扳手及加热用的喷灯等。

自我测评

1. 电工钳、电工刀、旋具属于（　　）。

A. 电工基本安全用具　　B. 电工辅助安全用具

C. 电工基本工具　　D. 一般防护安全用具

2. 常用电工工具有哪些？

3. 对于在潮湿环境中的单股铜芯线接头与单股铝芯线接头，应采取哪些措施来预防接触端氧化，应如何防止其接触不良？

4. 如何识别三相四线制交流电路中有一根对地轻微短路（或严重短路）的相线？

5. 有一照明电路，打开电源开关后，灯泡不亮，怎样用低压验电笔来确定故障的具体位置？

6. 能否将单股线芯按逆时针方向绕缠接线柱，为什么？

7. 使用电工刀剖削单股塑料铜芯线时，怎样操作才能做到既不损伤线芯，又不划伤手？

任务三　电工仪表的操作、使用、维护

任务描述

作为电气操作人员，必须会使用常用电工电子仪器仪表，进行电路参数测试、故障查找。常用的电工电子仪器仪表有万用表、摇表、钳形电流表、电度表等，通过简单电路的测量学会各仪表的正确使用方法。

任务目标

一、知识目标

① 掌握万用表、钳形电流表的使用方法；

② 掌握摇表和电度表的接线方法及使用方法。

二、能力目标

① 会使用万用表测量电压、电流、电阻及进行电路通断的检测等；

② 会使用钳形电流表测运行中线路的电流；

③ 会使用摇表测量绝缘电阻值，判断绝缘性能好坏；

④ 会使用电度表测量电能。

三、职业素养目标

培养学生认识电工电子仪表的种类、用途，掌握各类电工仪表使用方法等职业操作技能。

相关知识

一、钳形电流表

（一）结构及用途

钳形电流表俗称卡表，早期生产的只用来测量交流电流，它的优点是在不断开电路，即被测电路照常运行的情况下，能方便地测出电路中的工作电流，现在生产的钳形电流表已发展到可测电流、电压、电阻等，而且不但有指针式的，还有数字式的。图 2-43 是指针式钳形电流表的外形结构图。它由表头和一个二次缠绕在钳形铁芯上的电流互感器组成的。钳形铁芯像把钳子可以张开，测量时将被测导线夹在钳口内，就可以在不切断负荷的情况下测出运行中的线路电流。此外钳形电流表还可以测量零序电流，用以判断三相线路是否有断相现象或不平衡现象。

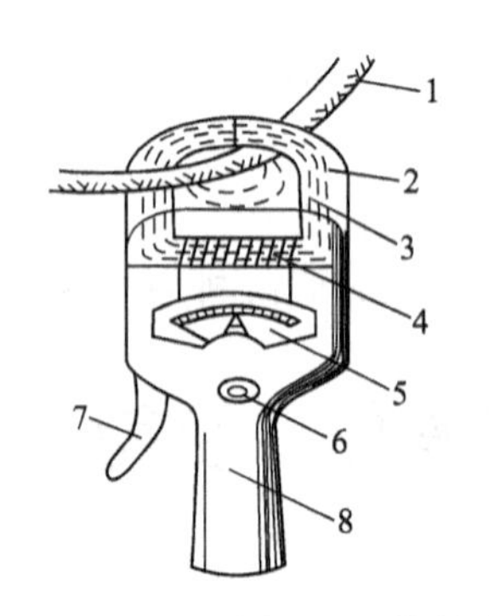

图 2-43　指针式钳形电流表结构图

1—被测导线；2—活动铁芯；3—磁通；4—线圈；

5—电流表；6—量程开关；7—手柄；8—表把

(二) 钳形电流表的使用方法

1. 测量前应先估计被测电流的大小，选择合适的量程（可将挡位先调到最大，然后逐步向低挡位调整）。

2. 测量时，被测导线应放在钳口中央，以减少误差。测量较小电流（如 5A 以下）时，为获得较准确的读数，在条件许可时（截面等）可把导线绕几圈放在钳口内进行测量。最终测量结果应为表头测出的数值除以放进钳口内的导线根数。

3. 为使读数准确，钳口两个面应保证很好的接触，如有杂音可将钳口重合一次，如仍有杂音，应对钳口进行除污物处理。

4. 测量完毕，须将量程开关放在最大挡位上，以防下次使用时损伤表。

二、万用表

万用表是一种具有多种用途和多种量程的直读式仪表，可用来测量直流电流和电压、交流电压和电流、电阻等，万用表使用简单，携带方便。万用表有指针式和数字式两种。

(一) 指针式万用表

1. 指针式万用表使用方法

图 2-44 所示为指针式万用表外形。指针式万用表的表头一般都采用磁电系测量机构。

(1) 测交流电压。将转换开关转到 $\tilde{V}$ 符号。测量交流电压不分正负极，量程根据被测电压高低来确定。若被测电压大小不知道，可采用从最高交流电压挡开始，逐级降挡进行测量。测量时，万用表两表笔与被测电路并联。

被测电压大小＝指针在交、直并用刻度尺上所在位置读数×选择开关所在挡位/所用刻度的最大值。

【例 2-1】 用万用表来测电压（交流），指针在刻度尺上指在 28（通过 0～50 刻度来读数），所选择挡位为 500V。则被测电压大小＝28×500/50＝280（V）。

(2) 测直流电压。将转换开关转到$\overline{V}$符号。测量直流电压时，正负极不能接错，否则指针会逆向偏转而被打弯，如无法弄清被测电压的正负极，可用两根表笔快速地碰触测量点，看表针的指向，找出被测电压的正负极。直流电压的读数方法同交流电压的读数方法。

(3) 测直流电流。将转换开关转到 mA、μA 位置，选择适当量程挡，按电流从正到负的方向，将万用表串联到被测电路中。若被测电流大小不详，可采用从最高直流电流挡开始，逐级降挡进行测量。测量时，万用表两表笔与被测电路串联。

被测直流电流大小＝指针在交、直并用刻度尺上所在位置的读数×选择开关所在挡位/所用的标尺刻度的最大刻度

【例 2-2】 指针在刻度尺上指在 15（通过 0～50 刻度来读），所选择的直流电流挡位是 500mA。则被测电流＝15×500/50＝150（mA）

(4) 测电阻。将转换开转到 Ω 位置，选择适当量程，先将两根表笔短接，旋转调零旋钮，使表针指在电阻刻度的 0 上，然后用表笔测量接被测电阻两端。被测电阻大小＝标尺读数×倍率

【例 2-3】 指针在欧姆刻度尺上指在 20 位置。选择的欧姆挡位是“×100”挡。则被测电阻＝20×100＝2000（Ω）

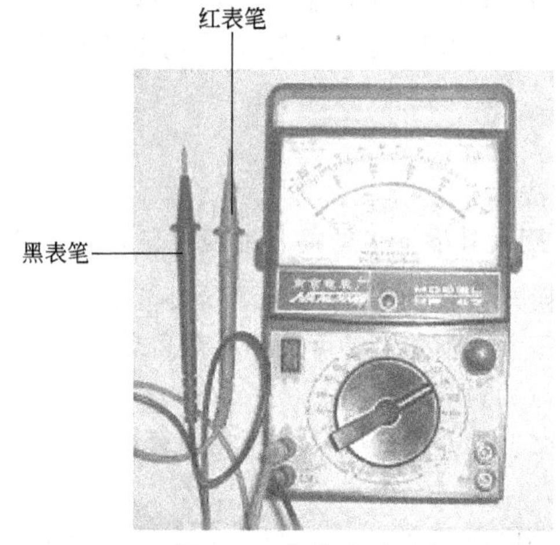

图 2-44 指针式万用表

2. 使用时注意事项

(1) 转换开关位置应选择正确。选择测量类型时，要特别细心，若误用电流挡或电阻挡测电压，轻则烧毁表内元件，重则撞弯表针，烧毁表头。选择量程时也要适当，测量时最好使表针在量程的 1/2～2/3 范围内，以保证读数较为准确。

(2) 不能在带电的情况下测量电阻值，否则烧坏万用表。

(3) 万用表使用前应进行机械调零，在测电阻时，每换一个量程，应进行欧姆调零。

(4) 测量结束，应将转换开关转到交流电压挡最大量程位置或 OFF 位置。

(二) 数字式万用表

图 2-45 所示为数字式万用表外形。数字式万用表可以测量直流电流、交流电流、直流电压、交流电压、电阻、电容、三极管放大倍数等。

1. 测交流电压。将黑表笔插入 COM 插孔，红表笔插入 V/Ω 插孔，根据被测电压大小，将转换开关转到合适的交流电压挡位，然后将数字式万用表两表笔与被测电路并联，读取数值。

2. 测直流电压。与测交流电压相似，只是将转换开关转到合适的直流电压挡位，若显示数值为正，则红表笔接的是高电位，若显示数值为负，则黑表笔接的是高电位。

3. 测交流电流。将黑表笔插入 COM 插孔，红表笔插入 20A 插孔，将转换开关转到交

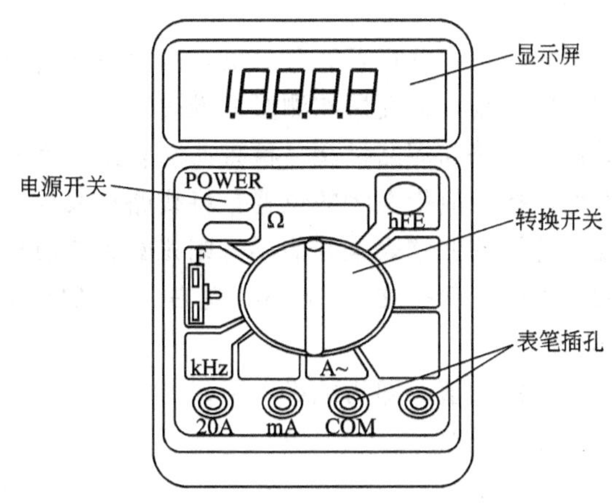

图 2-45　数字式万用表外形

流 20A 挡位，然后将数字式万用表两表笔与被测电路串联，读取数值。若测量值较小，将红表笔插入 mA 插孔，转换开关转到合适量程挡，读取数值。

4. 测直流电流。与测交流电流相似，只是将转换开关转到合适的直流电流挡位。

5. 测电阻。将黑表笔插入 COM 插孔，红表笔插入 V/Ω 插孔，将转换开关转到合适的 Ω 挡位上，转换开关在 Ω、kΩ、MΩ 挡时，读数分别以 Ω、kΩ、MΩ 为单位。

三、摇表

兆欧表又叫摇表，主要用来检查和测量绝缘电阻。兆欧表按其电压等级可分为 500V、1000V 和 2500V 等几种。测量各种电气设备的绝缘要选择相应等级的兆欧表，测量 1000V 及以上设备的绝缘电阻时应选用 2500V 的兆欧表，而对于 1000V 以下设备应选用 1000V 的兆欧表。

兆欧表有三个接线柱，有接地（E）和线路（L）接线柱，还有一个较小的接线柱标有保护环或屏蔽（G）。L 接到被测线路上，E 可靠接地，有时还接保护环。接好线路后，顺时针方向摇动兆欧表的摇把，转速由慢变快，约 1min 后转速稳定，表针也稳定下来，这时表针的指示数值就是所测的绝缘电阻值。测量电缆的绝缘电阻接线图如图 2-46 所示。

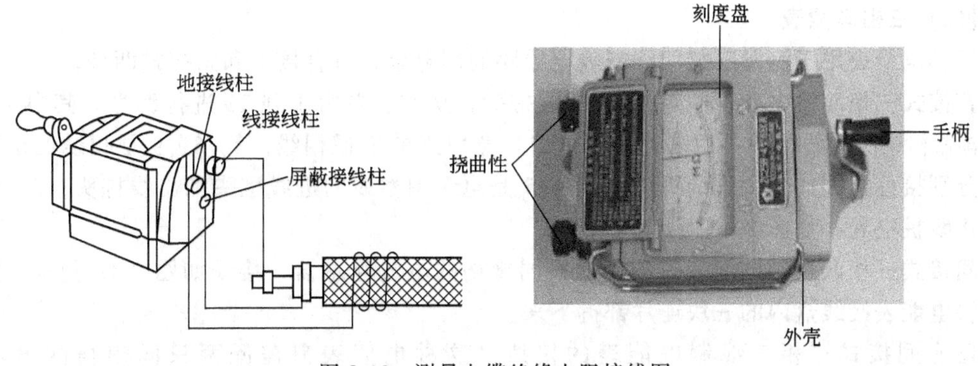

图 2-46　测量电缆绝缘电阻接线图

兆欧表使用及注意事项：

（1）测量前被测设备要先断电，并进行充分放电，以保障设备及人身安全。

（2）兆欧表使用时放置要平稳，以免影响测量的准确度。

（3）测量前兆欧表要进行开路和短路试验，检查兆欧表是否良好。将兆欧表线路接线柱和地接线柱开路，摇动手柄，指针应指在∞的位置；将线路接线柱和地接线柱短接，缓慢摇动手柄，指针应指在0处，这说明兆欧表是好的，否则兆欧表有故障。

（4）测量时摇动兆欧表手柄应保持在120r/min左右。若指针指零，就不能再继续摇动手柄，以防表内线圈损坏。

（5）测量时读取一分钟时的数值，即为绝缘电阻。

（6）读数后应立即断开测试线路。

四、电能表

日常生活中，电能的生产、消耗都由电能表进行测量。电度表是根据交变磁场在金属中产生感应电流，从而产生转矩进行工作的，是一种感应式仪表。

电能表有单相电能表和三相电能表两种。三相电能表又有三相三线和三相四线制电能表两种，并有直接式和间接式两种；直接式三相电能表一般用于电流较小的电路，间接式三相电能表与电流互感器连接后，用于测量电流较大的电路。

选用电能表时，负载电流应小于电能表额定电流。

（一）单相电能表

电能表主要由电磁机构、计数器、制动机构、校准机构、接线板等组成。

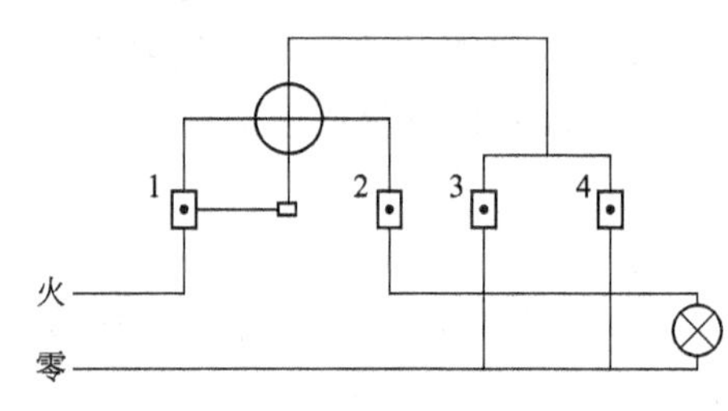

图 2-47　单相电能表接线

单相电能表共有四个接线桩，从左至右按1、2、3、4编号。接线方法一般按号码1、3接电源进线，2、4接电源出线，如图2-47所示。也有些电能表的接线方法按号码1、2接电源进线，3、4接电源出线，所以具体的接线方法应参照电能表接线桩盖子上的接线图。

负载等于零时，电能表仍出现缓慢转动的情况，称为潜动。规定无负载电流时，外加电压为电能表额定电压的110%时，铝盘的转动不应超过一周，超过一周，电能表不合格。

（二）三相电能表

三相电能表用于测量三相四线制输电线路的用电量，有直接式和间接式两种。

直接式三相四线电能表共有11个接线桩头，从左至右由1到11进行编号，其中1、4、7是电源相线的进线桩头，用来连接从总熔丝盒引来的三根相线；3、6、9是相线的出线桩头，分别接总开关的三个进线桩头；10、11是电源中性线的进线桩头和出线桩头；2、5、8三个接线桩空着，如图2-48所示。

间接式三相四线制电能表需配用三只同规格的电流互感器，接线如图2-49所示。接线时先将电能表接线盒内的三块连片都拆下来。

还有间接式三相三线制电能表的接线，这种电能表只需配两只同规格的电流互感器。

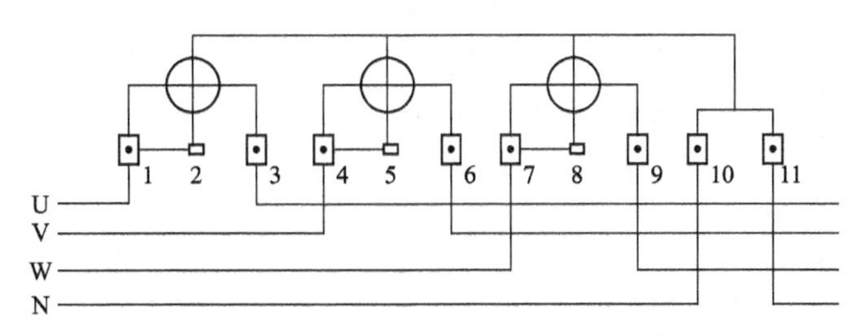

图 2-48 直接式三相四线电能表接线

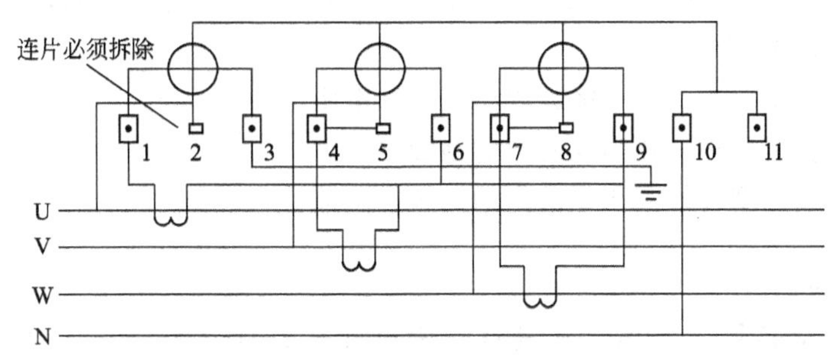

图 2-49 间接式三相四线电能表接线

一、任务所需设备、工具、材料表

所需设备工具见表 2-7。

表 2-7 工具材料表

名　称	型号或规格	单　位	数　量
电工常用工具	验电笔、钢丝钳、螺钉旋具（一字形和十字形）、电工刀、尖嘴钳、活动扳手、剥线钳等	套	1
模拟式万用表	MF-47 型	块	1
钳形电流表	MG24 型	只	1
兆欧表	500V	只	1

二、任务内容与实施步骤

1. 用钳形电流表测定三相异步电动机的电流并判断三相电流是否平衡。

2. 用 ZC25 型兆欧表测定线路间的绝缘电阻、线路对地间的绝缘电阻、电动机定子绕组与机壳间的绝缘电阻、电缆缆心对缆壳间的绝缘电阻及变压器的绝缘电阻。

3. 使用 MG24 钳形电流表分别测量三相电动机和电源变压器原边电流，将所测量的电流数据填入表 2-8 中。

表 2-8　测量数据

测 量 项 目	量　　程	所测量的数值（A）
电动机的 U 相		
电动机的 V 相		
电动机的 W 相		
变压器的原边		

4. 使用 500V 兆欧表分别测量三相电动机和电源变压器的绝缘电阻，测定变压器的绝缘电阻，具体操作步骤如下。

① 用兆欧表测定原边、副边线圈之间的绝缘电阻值。

② 用兆欧表测定原边线圈与铁芯间的绝缘电阻值。

③ 用兆欧表测定副边线圈与铁芯间的绝缘电阻值。

任务评价

要求每位同学必须按上述方法进行。考核标准为百分制。每部分考核标准分数见表 2-9。

表 2-9　考核标准表

<table>
<tr><td>项　　目</td><td>配分</td><td colspan="4">评分标准</td><td>扣分</td><td>得分</td></tr>
<tr><td>兆欧表的使用</td><td>20</td><td colspan="4">（1）兆欧表使用前未检查仪表，扣 10 分；
（2）兆欧表测量时未放平稳，扣 10 分；
（3）兆欧表手柄摇动得不均匀，扣 10 分。</td><td></td><td></td></tr>
<tr><td>兆欧表测量绝缘电阻</td><td>20</td><td colspan="4">（1）接线错误，扣 10 分；
（2）读数错误，扣 10 分；
（3）绝缘体表面未处理干净，扣 5 分；
（4）没有按规定完成测量，扣 10 分。</td><td></td><td></td></tr>
<tr><td>钳形表的使用</td><td>20</td><td colspan="4">（1）钳形表量限选择错误，扣 15 分；
（2）钳形表读数错误，扣 10 分。</td><td></td><td></td></tr>
<tr><td>钳形表测量电阻</td><td>20</td><td colspan="4">（1）指针出现明显振动，扣 15 分；
（2）测量结果错误，扣 15 分。</td><td></td><td></td></tr>
<tr><td>实训报告</td><td>10</td><td colspan="4">没按照报告要求完成、内容不正确，扣 10 分。</td><td></td><td></td></tr>
<tr><td>安全文明生产</td><td>10</td><td colspan="4">违反安全文明生产规程，扣 5～10 分。</td><td></td><td></td></tr>
<tr><td colspan="2">定额时间：45 分钟。</td><td colspan="4">每超时 1 分钟以内以扣 5 分计算。</td><td></td><td></td></tr>
<tr><td colspan="2">备注</td><td colspan="4">除定额时间外，各项目的最高扣分不应超过配分</td><td>成绩</td><td></td></tr>
<tr><td colspan="2">开始时间</td><td></td><td>结束时间</td><td></td><td>实际时间</td><td></td><td></td></tr>
</table>

任务小结

一、钳形电流表使用方法

1. 测量前应先估计被测电流的大小，选择合适的量程（可将挡位先调到最大，然后逐步向低挡位调整）。

2. 测量时，被测导线应放在钳口中央，以减少误差。测量较小电流（如 5A 以下）时，为获得较准确的读数，在条件许可时（截面等）可把导线绕几圈放在钳口内进行测量。最终测量结果应为表头测出的数值除以放进钳口内的导线根数。

3. 为使读数准确，钳口两个面应保证很好的接触，如有杂音可将钳口重合一次，如仍有杂音，应对钳口进行除污物处理。

4. 测量完毕，须将量程开关放在最大挡位上，以防下次使用时损伤表。

二、万用表是一种具有多种用途和多种量程的直读式仪表，可用来测量直流电流和电压、交流电压和电流、电阻等，万用表使用简单，携带方便。万用表有指针式和数字式两种。

三、兆欧表又叫摇表，主要用来检查和测量绝缘电阻。

四、电能表是根据交变磁场在金属中产生感应电流，从而产生转矩进行工作的，是一种感应式仪表。

电能表有单相电能表和三相电能表两种。三相电能表又有三相三线和三相四线制电能表两种，并有直接式和间接式两种；直接式三相电能一般用于电流较小的电路，间接式三相电能表与电流互感器连接后，用于电流较大的电路。

选用电能表时，负载电流应小于电能表额定电流。

自我测评

一、填空题

1. 常见的万用表有________万用表和________万用表两种。

2. 万用表有两支表笔，分别用________和________标识，测量时将其中的________插到________端；________插到________端。

3. 在测量电阻前，须对万用表进行________。

4. 兆欧表在结构上由________、________和________三个主要部分组成。

5. 用兆欧表测量电气设备的绝缘电阻前，必须先________电源，再将被测设备进行充分的________处理。

二、是非题

1. 钳形电流表是在不断开电路情况下进行测量，且测量的精度也很高。（　　）

2. 在未使用前，手摇发电机式兆欧表的指针可以指示在标度尺的任意位置。（　　）

3. 兆欧表的标尺刻度方向与电流表标尺刻度的方向相同。（　　）

三、简答题

1. 为什么在强磁场环境下模拟式万用表会出现较大的测量误差？

2. 为什么电阻挡测量电压会有烧表的危险？

3. 为什么不同挡位测量电阻都要进行 0Ω 校正？

4. 什么情况下可以通过测量电压值换算电流值？

5. 如何使用钳形电流表测量电动机的电流？

6. 使用钳形电流表有何注意事项？

7. 如何使用兆欧表测量电气设备的绝缘电阻？

8. 使用兆欧表应注意什么？

9. 功率表如何接线？

10. 什么是功率表量程？实际接线时电路中除了接功率表还接电流表、电压表，为什么？

11. 电能表如何正确接线？

任务四　烙铁使用与钎焊

任务描述

通过亲身体验制作的乐趣，在空心铆钉板与印刷电路板上完成导线及元器件的焊接。掌握正确的焊接方法。

任务目标

一、知识目标

① 了解电烙铁的种类及选用；
② 掌握电烙铁的使用方法；
③ 掌握电烙铁焊接的工艺。

二、能力目标

① 掌握导线及各种电子元器件的焊接技术；
② 掌握集成电路的焊接技术。

三、职业素养目标

① 掌握各类焊接工具的使用方法等职业操作性技能；
② 培养善于思考，富有创意的工作作风和素质。

相关知识

一、焊接基础知识

1. 焊接的定义

利用加热或其他方式，使焊料与被焊金属原子之间相互吸引，相互渗透，依靠原子之间的内聚力使两金属永久牢固结合，这种方法叫焊接。

2. 焊接的分类

焊接通常分为熔焊，钎焊，接触焊。

3. 钎焊

利用加热将作为焊料的金属熔化成液态，把被焊固态金属连接在一起，并在焊接部位发生化学变化的焊接方法。在钎焊中起连接作用的金属材料叫钎料，即焊料。一般采用锡铅焊料进行焊接，即锡钎焊，简称锡焊。

4. 良好焊接的条件

（1）被焊接的金属应具备良好的可焊性。可焊性是指在适当的温度和助焊剂的作用下，在焊接面上，焊料原子与被焊金属原子能相互渗透，牢固结合，生成良好的焊点。

（2）被焊金属表面和焊锡应保持清洁接触。

（3）应选用助焊性能适合的助焊剂。

（4）选择合适的焊锡。

（5）保证足够的焊接温度。

（6）要有适当的焊接时间。

二、焊接工具

1. 电烙铁的种类

（1）外热式电烙铁。常用的外热式电烙铁有25W、45W、75W和100W几种规格。为适应不同焊接物体的要求，烙铁头的形状也有所不同。图2-50所示为外热式电烙铁。

（2）内热式电烙铁。内热式电烙铁具有升温快、耗电省、体积小、热效率高的特点，应用非常普遍。

（3）吸锡电烙铁。吸锡电烙铁是将活塞式吸锡器与电烙铁融为一体的拆焊工具。它具有使用方便、灵活、适用范围宽等特点，但不足之处是每次只能对一个焊点进行拆焊。

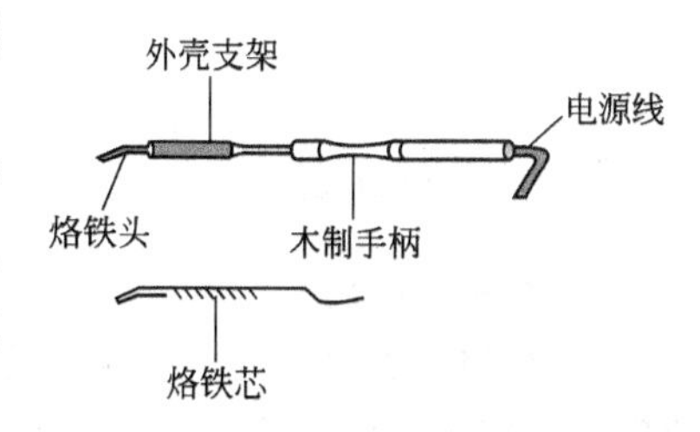

图2-50　外热式电烙铁

（4）恒温电烙铁。在焊接集成电路、晶体管元器件时，常用到恒温电烙铁，因为半导体器件的焊接温度不能太高，焊接时间不能过长，否则会因过热而损坏元器件。焊接较大元件时，如控制变压器、扼流圈等，因焊点较大，可选用60～100W的电烙铁。在金属框架上焊接，选用300W的电烙铁较合适。

2. 电烙铁的选用

选用电烙铁时，应考虑以下几个方面。

（1）焊接集成电路、晶体管及其他受热易损元器件时，应选用20W内热式或25W外热式电烙铁。

（2）焊接导线及同轴电缆时，应选用45～75W外热式电烙铁（或50W内热式电烙铁）。

（3）焊接较大的元器件时，如大电解电容器的引线脚、金属底盘接地焊片等，应选用100W或以上的电烙铁。

3. 使用电烙铁的注意事项

（1）使用前必须检查两股电源线和保护接地线的接头是否接对。否则会导致元器件损伤，严重时还会引起操作人员触电。

（2）新电烙铁初次使用，应先对烙铁头搪锡。

（3）焊接时，应使用松香或中性焊剂，因酸性焊接剂易腐蚀元器件、印刷线路板、烙铁头及发热器。

（4）烙铁头应经常保持清洁。

4. 其他辅助工具

其他辅助工具包括图2-51所示是烙铁的握法。尖嘴钳，平嘴钳，斜口钳，拨线钳，镊子，螺丝刀，通针等（锉）。

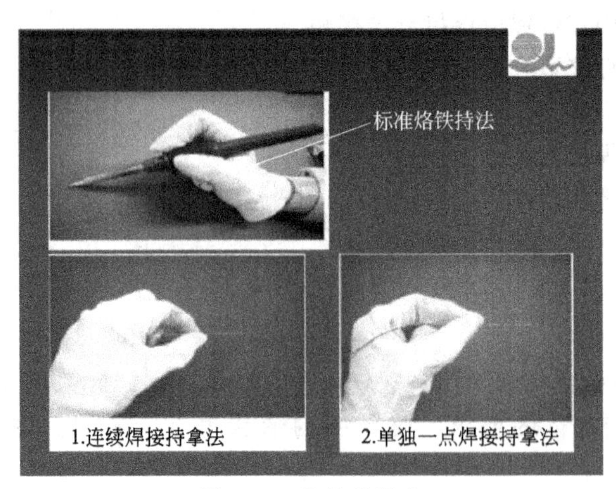

图 2-51　烙铁的握法

三、焊接工艺

1. 烙铁的使用

低温烙铁的握法：手执钢笔写字状；高温烙铁的握法：手指向下抓握。烙铁头与 PCB 的理想角度应 30～45°。在焊接时，先将烙铁头呈 45°角放在被焊物体上，再将锡丝放在烙铁上。直到锡完全自然覆盖焊接组件脚上（时间 3～5s）。焊接完成后，先抽出锡丝，再拿出烙铁，否则锡凝固后则无法抽出锡丝。

2. 在锡焊接时，必须做到以下几点

（1）焊点的机械强度要满足需要。为了保证足够的机械强度，一般采用把被焊元器件的引线端子打弯后再焊接的方法，但不能用过多的焊料堆积，以防止造成虚焊或焊点之间短路。

（2）焊接可靠，保证导电性能良好，必须防止虚焊。

（3）焊点表面要光滑，清洁。为使焊点美观、光滑、整齐，要有熟练的焊接技能，并要选择合适的焊料和焊剂，否则将出现表面粗糙、拉尖、棱角现象。

3. 焊接前的准备

（1）元器件引线加工成型。元器件在印制板上的排列和安装方式有两种：一种是立式；另一种是卧式。加工时，注意不要将引线齐根弯折，并用工具保护引线的根部，以免损坏元器件。

（2）搪锡（镀锡）。时间长了，元器件引线表面会产生一层氧化膜，影响焊接。除少数有银、金镀层的引线外，大部分元器件引脚在焊接前必须先搪锡。

（3）焊接小热容量焊件时，整个焊接过程不要超过 2～4 秒。另外，烙铁要保持适当的温度。

4. 焊接操作手法

焊接操作手法见图 2-52。

（1）准备

将被焊件、电烙铁、焊锡丝、烙铁架、焊剂等放在工作台上便于操作的地方，加热并清洁烙铁头工作面，搪上少量的焊锡。

（2）加热被焊件

将烙铁头放置在焊接点上，对焊点升温；烙铁头工作面搪有焊锡，可加快升温的速度，如果一个焊点上有两个以上元件，应尽量同时加热所有被焊件的焊接部位。

(3) 熔化焊料

焊点加热到工作温度时，立即将焊锡丝触到被焊件的焊接面上。焊锡丝应对着烙铁头方向加入，但不能直接触到烙铁头上。

(4) 移开焊锡丝

当焊锡丝熔化适量后，应迅速移开。

(5) 移开电烙铁

在焊点已经形成，但焊剂还没挥发完之前，迅速将电烙铁移开。

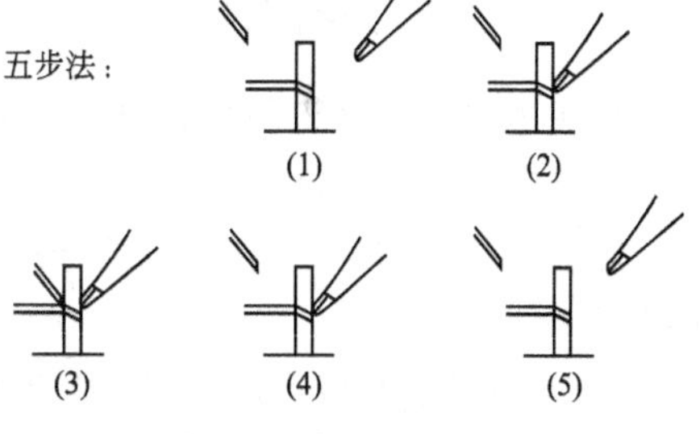

图 2-52　焊接操作手法

5. 焊接时注意事项

(1) 采用正确的加热方法。根据焊件形状选用不同的烙铁头，尽量要让烙铁头与焊件形成面接触而不是点接触或线接触，提高效率。不要用烙铁头对焊件加工，以免加速烙铁头的损耗和造成元件损坏。

(2) 加热要靠焊锡桥。焊锡桥是靠烙铁上保留少量焊锡作为加热时烙铁头与焊件之间传热的桥梁，但作为焊锡桥的锡保留量不可过多。

(3) 采用正确的撤离烙铁方式。烙铁撤离要及时，而且撤离时的角度和方向对焊点的成型有一定影响。如垂直向下撤离，烙铁头上吸除焊锡；垂直向上撤离，烙铁头上不挂锡；水平撤离，焊锡挂在烙铁上等。

(4) 焊锡量要合适。焊锡量过多容易造成焊点上焊锡堆积并容易造成短路，且浪费材料。焊锡量过少，容易焊接不牢，造成焊件脱落。

另外，在焊锡凝固之前不要使焊件移动或振动，不要使用过量的焊剂和用已热的烙铁头作为焊料的运载工具。

四、导线焊接技术

导线与接线端子、导线与导线之间的焊接有三种基本形式：绕焊、钩焊和搭焊。

1. 导线与接线端子的焊接

(1) 绕焊。把经过镀锡的导线端头在接线端子上缠一圈，用钳子拉紧缠牢后进行焊接，这种焊接可靠性最好。

(2) 钩焊。将导线端子弯成钩形，钩在接线端子上并用钳子夹紧后焊接，这种焊接操作简便，但强度低于绕焊。

(3) 搭焊。把镀锡的导线端搭到接线端子上施焊。这种焊接最简便，但强度可靠性最差，仅用于临时联接等。

2. 导线与导线的焊接

导线之间的焊接以绕焊为主，主要有以下几个步骤。

(1) 去掉一定长度的绝缘外层。

(2) 端头上锡，并套上合适的绝缘套管。

(3) 绞合导线，施焊。

(4) 趁热套上套管，冷却后套管固定在接头处。

此外，对调试或维修中的临时线，也可采用搭焊的办法。

五、集成电路的焊接

集成电路由于输入阻抗很高，稍有不慎可能使内部击穿而失效。同时，内部集成度高，焊接温度不能超过200℃。因此，焊接时必须注意以下事项。

1. 集成电路引线一般是经镀金或镀银处理的，不需要用刀刮，只需用酒精擦洗或用橡皮擦干净即可。

2. 如果引线有短路环，焊接前不要拿掉。

3. 最好用20W内热式电烙铁，并要有可靠接地措施，或者用余热进行焊接。

4. 焊接时间不宜过长，每个焊点的焊接时间在2秒以内，连续焊接时间不超过10秒。

5. 使用低熔点焊剂，一般不要超过150℃。

6. 工作台面上如果铺有橡皮、塑料等易于积累静电的材料，电路芯片及印制板不宜放在台面上。

7. 集成电路安全焊接顺序为：地端→输出端→电源端→输入端。

8. 引脚必须和电路板插孔一一对应，还要防止焊点之间的短路。焊接完毕，用棉纱蘸适量酒精擦净焊接处残留的焊剂。

一、任务实施需要的工具设备与材料

所需的工具设备与材料见表2-10。

表2-10 工具设备表

名　称	型号或规格	单位	数量
电工常用工具	验电笔、钢丝钳、螺钉旋具（一字形和十字形）、电工刀、尖嘴钳、剥线钳等	套	1
电烙铁	25W、内热式	把	1
斜口钳	150mm	把	1
镊子	医用	把	1
空心铆钉板	50个孔	块	1
印制电路板	100个孔	块	1
单、多股铜导线	BV0.5mm^2	根	各10
焊接片		个	20
绝缘套管		厘米	30

二、任务内容与实施步骤

1. 步骤及工艺要求

(1) 在空心铆钉板的铆钉上焊接圆点（50个铆钉），先清除空心铆钉表面的氧化层，然后在空心铆钉上焊上圆点。

(2) 在空心铆钉板上焊接铜丝（50个铆钉），先清除空心铆钉表面氧化层，清除铜丝表面氧化层，然后镀锡，并在空心铆钉上（直插、弯插）焊接。

（3）在印制电路板上焊接铜丝（100个孔），在保持印制板表面干净的情况下，清除铜丝表面氧化层，然后镀锡，并在印制电路板上焊接。

（4）用若干单股短导线，剥去导线端子绝缘层，练习导线与导线之间的焊接。

（5）用单股及多股导线和焊接片练习导线与端子之间的绕焊、钩焊与搭焊。

2. 注意事项

（1）焊点要圆润、光滑，焊锡适中，没有虚焊。

（2）剥导线绝缘层时，不要损伤铜芯。导线连接要正确、牢靠。

任务评价

要求每位同学必须按上述方法进行。考核标准为百分制。每部分考核标准分数见表2-11。

表2-11　考核标准表

项目内容	配分	评分标准	扣分	得分
铆钉板上焊接圆点	10	虚焊、焊点毛糙，每点扣1分		
铆钉板上焊接铜丝	10	虚焊、焊点毛糙，每点扣1分		
印制板上焊接铜丝	10	虚焊、焊点毛糙，每点扣1分		
导线与导线的焊接	25	虚焊、焊点毛糙，每点扣1分 导线连接不正确，每点扣1分		
导线与焊接片的焊接	25	虚焊、焊点毛糙，每点扣3分		
实训报告	10	没按照报告要求完成、内容不正确　扣10分		
安全文明生产	10	（1）材料摆放零乱　　扣5分 （2）违反安全文明生产规程　扣5～10分		
考核时间：2小时		每超过5分钟及以内扣5分	成绩	
开始时间		结束时间	实际时间	

任务小结

1. 焊接的定义：利用加热或其他方式，使焊料与被焊金属原子之间相互吸引，相互渗透，依靠原子之间的内聚力使两金属永久牢固结合，这种方法叫焊接。

2. 焊接的分类：通常分为熔焊，钎焊，接触焊，其中主要是钎焊。

3. 钎焊：利用加热将作为焊料的金属熔化成液态，把被焊固态金属连接在一起，并在焊接部位发生化学变化的焊接方法。

4. 在钎焊中起连接作用的金属材料叫钎料，即焊料。在电工电子技术中，大量采用锡铅焊料进行焊接，叫锡钎焊，简称锡焊。

5. 良好焊接所具备的条件：（1）被焊接的金属应具备良好的可焊性。可焊性是指在适当的温度和助焊剂的作用下，在焊接面上，焊料原子与被焊金属原子能相互渗透，牢固结合，生成良好的焊点。（2）被焊金属表面和焊锡应保持清洁接触。（3）应选用助焊性能适合的助焊剂。（4）选择合适的焊锡。（5）保证足够的焊接温度。（6）要有适当的焊接时间。

6. 对焊点的要求：（1）应具有可靠的导电连接，即焊点必须有良好的导电性能。（2）应有足够的机械强度。（3）焊料适量.（4）焊点不应有毛刺，空隙和其他缺陷。（5）焊点表面必须清洁。

7. 电烙铁的选用应遵循四个原则：

（1）烙铁头的形状要适应被焊面的要求和焊点及元器件密度。

（2）烙铁头顶端温度应能适应焊锡的熔点。

（3）电烙铁的热容量应能满足被焊件的要求。

（4）烙铁头的温度恢复时间能满足焊件的热要求。

8. 电烙铁的选择应注意：（1）焊接较精密的元器件和小型元器件，宜选用 20W 内热式电烙铁或 25～45W 外热式电烙铁。（2）对连续焊接，热敏元件焊接，应选用功率偏大的电烙铁。（3）对大型焊点及金属底板的接地焊片，宜选用 100W 及以上 的外热式电烙铁。

一、选择题

1. 焊接强电元件要用（　　）W 以上的电烙铁。

A. 25　　B. 45　　C. 75　　D. 100

2. 绕组接头焊接后要（　　）。

A. 清除残留焊剂　　B. 除毛刺　　C. 涂焊剂　　D. 恢复绝缘

3. 焊接电子元器件要用（　　）W 及以下的电烙铁。

A. 25　　B. 45　　C. 75　　D. 100

二、简答题

1. 何谓锡焊？常用的焊接工具及材料有哪些？如何选择焊接工具及材料？

2. 如何进行烙铁锡焊的操作？

3. 如何焊接电子元器件？

项目三

直流电路的分析与参数测试

任务一　简单直流电路参数测试及分析

任务描述

电路是由各种元器件（或电工设备）按一定方式连接起来的总体，为电流的流通提供了路径。电路的基本组成包括电源、负载、控制器件和导线等四个部分。电路有通路、开路、短路等三种状态。电路的基本物理量及欧姆定律理解起来比较抽象，因此先用万用表测量电路的各物理量再验证欧姆定律会加深理解，同时也能学会万用表的使用。

任务目标

一、知识目标

① 掌握电路的基本组成、电路的三种工作状态和额定电压、电流、功率等概念；
② 掌握电流、电压、电功率、电能等基本概念；
③ 掌握欧姆定律。

二、能力目标

会识别色环电阻，能使用万用表正确测量电阻。

三、职业素养目标

培养学生形成规范的操作习惯，养成良好的职业行为习惯。

一、电路及基本物理量

1. 电路的基本组成

电路的基本组成包括四个部分，如图 3-1 所示。

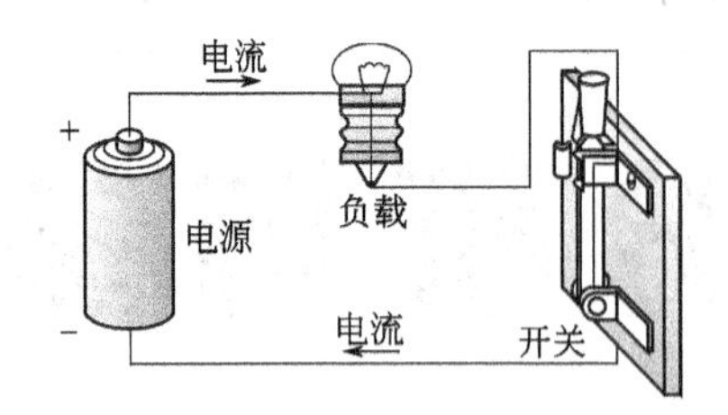

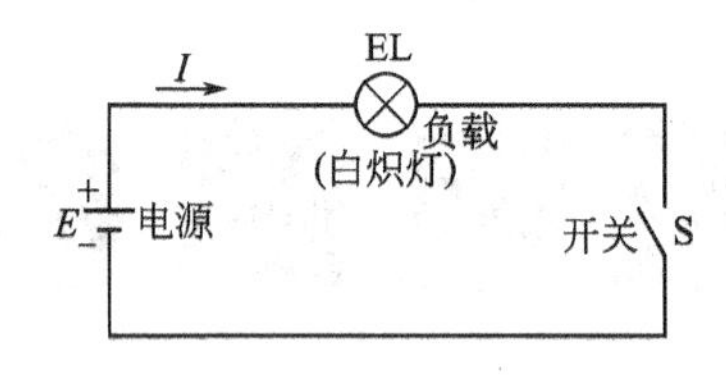

图 3-1 电路的基本结构

(1) 电源（供能元件）：为电路提供电能的设备和器件（如电池、发电机等）。

(2) 负载（耗能元件）：消耗电能的设备和器件（如灯泡等用电器）。

(3) 控制器件：控制电路工作状态的器件或设备（如开关等）。

(4) 连接导线：将电器设备和元器件按一定方式联接起来的导线，如各种铜、铝电缆线等。

2. 电路的状态

(1) 通路（闭路）：电源与负载接通，电路中有电流通过，电气设备或元器件获得一定的电压和电功率，进行能量转换。

(2) 开路（断路）：电路中没有电流通过，又称为空载状态。

(3) 短路（捷路）：电源两端的导线直接相连接，输出电流过大，对电源来说属于严重过载，如没有保护措施，电源或电器会被烧毁或发生火灾，所以通常要在电路或电气设备中安装熔断器、保险丝等保险装置，以避免发生短路时出现不良后果。

① 电源短路，指导线不经过用电器而直接接到了电源的两极上。导致电路中电流过大，从而烧坏电源。这种情况是绝对不允许的。

电源短路有两种情况，一种是开关闭合，导线直接接到电源两极上；另一种是开关闭合，电流表直接接到了电源两极上，如图 3-2 所示。

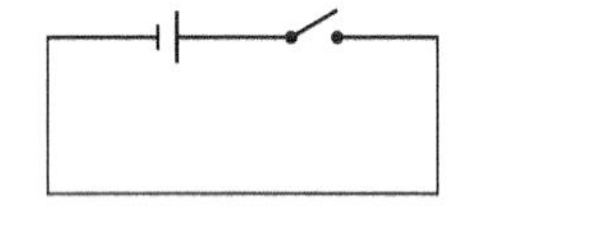

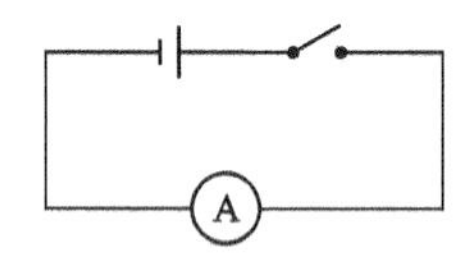

图 3-2 电源短路

② 用电器短路，指的是串联的多个用电器中的一个或多个（不是全部）在电路中不起作用，见图 3-3。这种情况是由于接线的原因或者电路发生故障引起的。这种情况一般不会造成较大的破坏。

3. 电路模型

由理想元件构成的电路图叫做实际电路的电路模型，也叫做实际电路的电路原理图，简称电路图。图 3-4 所示为手电筒的电路原理图。

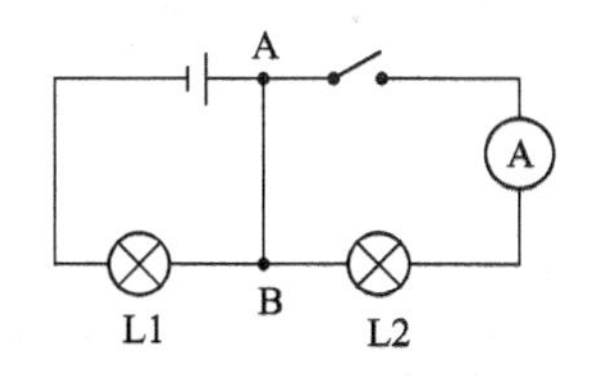

图 3-3　用电器短路

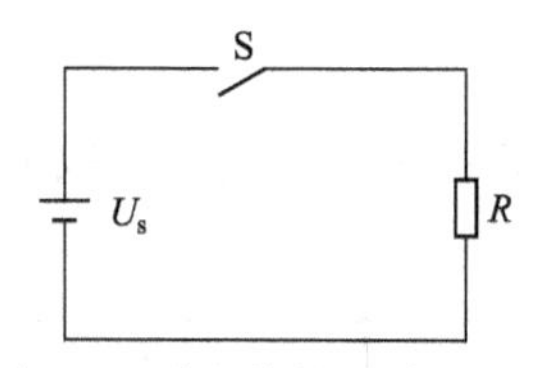

图 3-4　手电筒的电路原理图

电路是由电特性相当复杂的元器件组成的，为了便于使用数学方法对电路进行分析，可将电路实体中的各种电器设备和元器件用一些能够表征它们主要电磁特性的元件模型来代替，而对它的实际的结构、材料、形状等非电磁特性不予考虑，这种元件模型叫作理想元件。

表 3-1 所示为常用的电路元件符号图。

表 3-1　常用的电路元件符号图

名　称	符　号	名　称	符　号
电阻		电压表	
电池		接地	或
电灯		熔断器	
开关		电容	
电流表		电感	

4. 基本物理量

(1) 电流

电流是指电路中带电粒子在电源作用下有规则的移动（习惯上规定正电荷移动的方向为电流的实际方向）。

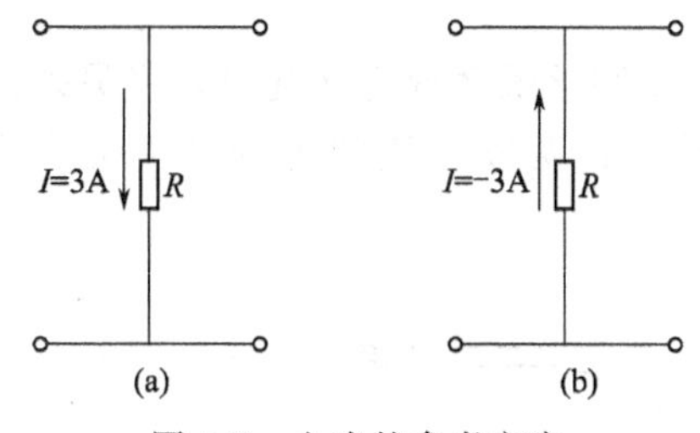

图 3-5　电流的参考方向

电流参考方向是指是预先假定的一个方向，参考方向也称为正方向，在电路中用箭头标出。

如图 3-5(a) 所示，$I=3\text{A}$，计算结果为正，表示电流实际方向与参考方向一致。

如图 3-5(b) 所示，$I=-3\text{A}$，计算结果为负，表示电流实际方向与参考方向相反。

注意

电流的正、负只有在选择了参考方向之后才有意义。

交流电的实际方向是随时间而变的。如果某一时刻电流为正值，即表示该时刻电流的实际方向与参考方向一致；如果是负值，则表示该时刻电流的实际方向与参考方向相反。

电流的大小为

$$I=\frac{Q}{t}$$

式中 Q 表示电量，t 表示时间。

电流的单位是安培（A）。常用的电流单位还有毫安（mA）、微安（μA）等。

$$1A=10^3 mA=10^6 \mu A$$

电流对负载有各种不同的作用效应，如表 3-2 所示。

表 3-2 电流对负载的作用效应

热 效 应	磁 效 应	光 效 应	化 学 效 应	对人体生命的效应
电熨斗、电烙铁、熔断器	继电器线圈、开关装置	白炽灯、发光二极管	蓄电池的充电过程	事故、动物麻醉

（2）电压与电动势

电压可以通过电荷的分离产生，如图 3-6 所示。要把不同极性的电荷分离开，就必须对电荷做功。在电荷分离过程中，这两种不同极性的电荷之间便产生了电压。

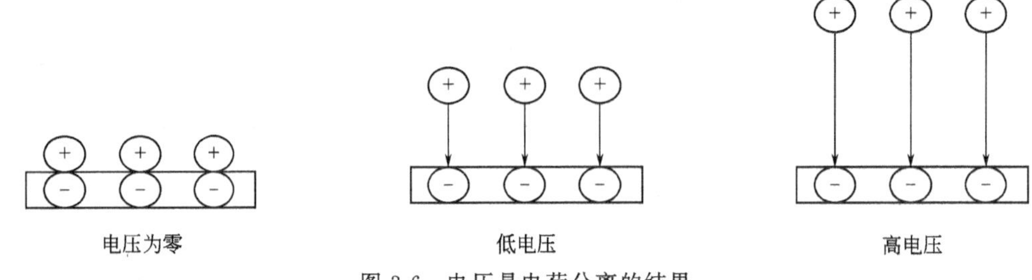

图 3-6 电压是电荷分离的结果

非静电力在电源内部搬运（分离）电荷，且分离电荷后产生的电压越高，对电荷所做的功也越大。

图 3-7 所示是通过感应来产生电压。将条形磁铁插入线圈再从线圈中拔出，电压表的指针摆动，这是利用磁来产生电压，称为电磁感应。

图 3-8 所示是通过热来产生电压。将一段铜丝和一段康铜丝绞合或焊接起来，将另外的导线端接在一个电压表上，并在两段导线的连接处加热，这两段导线的另外两端会产生电压。

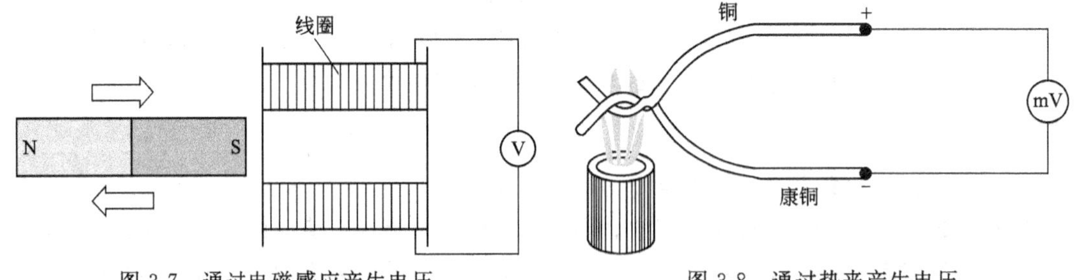

图 3-7 通过电磁感应产生电压　　图 3-8 通过热来产生电压

图 3-9 所示为通过光来产生电压。将一光敏器件接在电压表上，用光源来照射该光敏器件，光敏器件的两端就会产生电压。

图 3-10 所示为通过晶体的形变产生电压（压电效应）。将压电晶体与高内阻的电压表相

连接，并在其表面施加压力，当压力增大和减小时，电压表显示出电压。

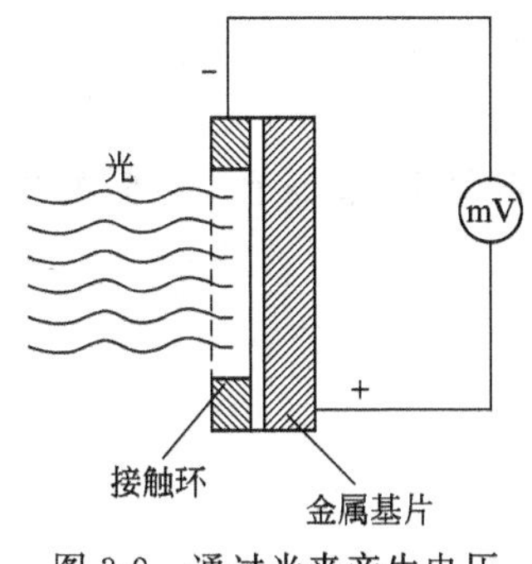

图 3-9 通过光来产生电压

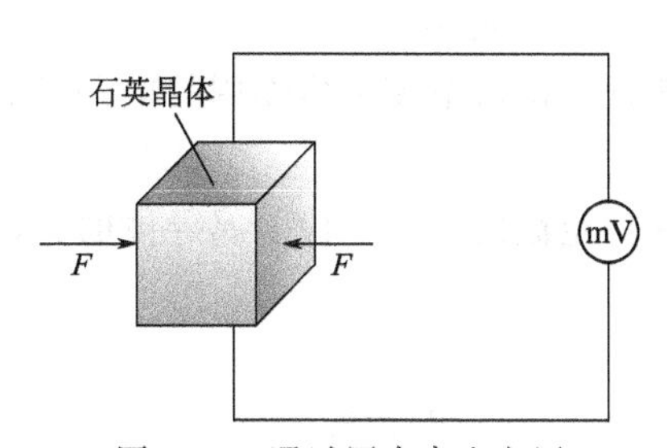

图 3-10 通过压力产生电压

通过绝缘材料摩擦也可以产生电压，摩擦起电的现象就是通过摩擦将电荷分离转移，从而形成电压。这种方式产生的电称为静电。

综上所述，电压产生的过程是非静电力搬运（分离）电荷做功的过程，非静电力做的功越大，电源把其他形式的能转化为电能的本领就越大。

电源电动势（简称电动势）：它表征非静电力在电源内部搬运电荷所做的功与被移送电荷量的比值。

电动势的大小为

$$E=\frac{W_s}{Q}$$

电动势的单位为伏特（V）。

电动势的方向规定由电源负极指向电源正极，如图 3-11 所示。

图 3-11 所示电路中，非静电力将电荷分离搬运到电源两端，当外电路闭合时，电荷会经外电路移动而形成外电路电流 I。

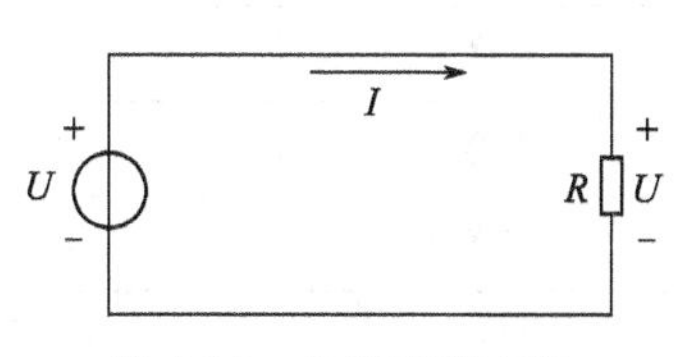

图 3-11 电动势的方向

电压表征静电力在电源外部搬运电荷所做的功（W）与被移送电荷量（Q）的比值，即

$$U=\frac{W}{Q}$$

电压的单位是伏特（V）。

电压的方向规定由电源正极（高电位端）指向电源负极（低电位端）。

（3）电位

就像空间的每一点都有一定的高度一样，电路中每一点都有一定的电位。由于空间高度的差，才会引起液体从高向低流动。电路中电流产生也必须有一定的电位差，在电源外部通路中，电流从高电位点流向低电位点。

电位用字母 V 表示，不同点的电位用字母 V 加下标表示。例如 V_A 表示 A 点的电位值。

零电位点：衡量电位高低的一个计算电位的起点，该点的电位值规定为 0V。习惯上规定大地的电位为零，零电位点又称为参考点。

电路中零电位点规定之后，电路中任何一点与零电位之间的电压，就是该点的电位。反之各点电位已知后，就能求出任意两点间的电压。例如，$V_A=5V$，$V_B=3V$，那么 A、B 之间的电压为

$$U_{AB}=V_A-V_B=5-3=2\ (V)$$

(4) 电阻元件

表征导体对电流阻碍作用的电路参数称为电阻，用符号 R 来表示。电阻的单位为欧姆（Ω）。

在一定温度下，一段金属导体的电阻为

$$R=\rho\frac{l}{S}$$

式中 l——导体的长度，m；

S——导体横截面积，mm^2；

ρ——导体材料的电阻率，Ω·m。

① 线性电阻

线性电阻参数直接用色环标注在电阻元件上；色环表示的意义如表 3-3 所示。

表 3-3 色环符号规定

颜 色	有效数字	乘 数	允许偏差/%	工作电压/V
银色		10^{-2}	±10	
金色		10^{-1}	±5	
黑色	0	10^0		4
棕色	1	10^1	±1	6.3
红色	2	10^2	±2	10
橙色	3	10^3		16
黄色	4	10^4		25
绿色	5	10^5	±0.5	32
蓝色	6	10^6	±0.25	40
紫色	7	10^7	±0.1	50
灰色	8	10^8		63
白色	9	10^9	±50	
无色			±20	

四色环电阻用四条色环表示阻值的电阻，如图 3-12 所示。从左向右数，第一、二环表

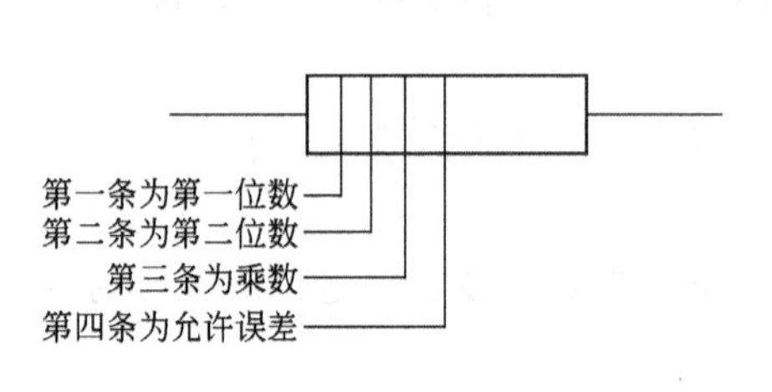

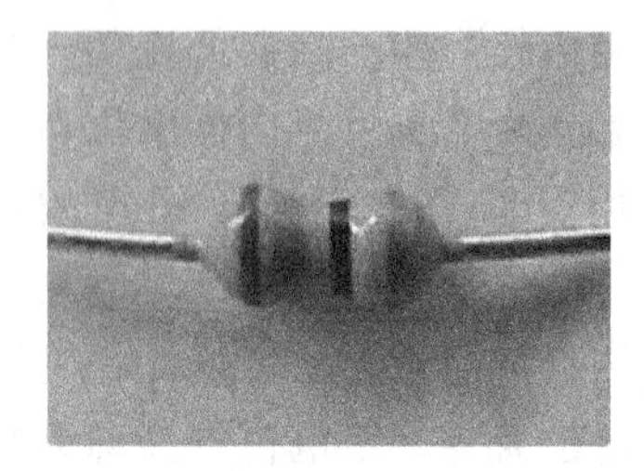

图 3-12 四色环电阻标示

示两位有效数字，第三环表示数字后面添加“0”的个数，第四环表示误差。对四色环而言，电阻的第四环，不是金色就是银色，而不会是其他颜色（这一点在五色环中不适用）；这样你就可以知道那一环该是第一环了。

如图 3-13 所示，对于五色环电阻，从左向右数，第一、二、三环表示有效数字，第四环表示数字后面添加“0”的个数，第五环表示误差。

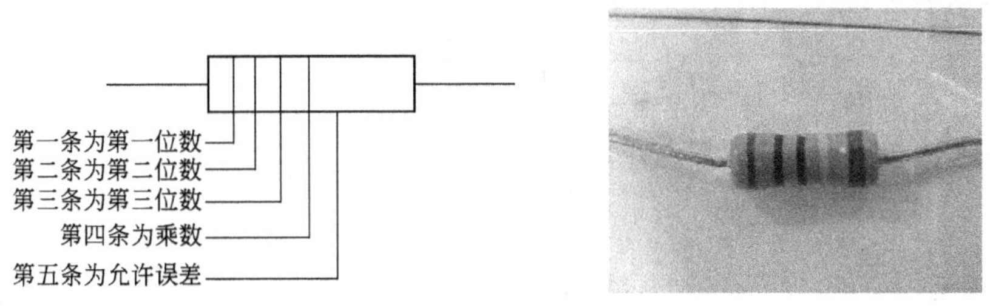

图 3-13　五色环电阻标示

② 非线性电阻

图 3-14 所示为热敏电阻。

负温度系数热敏电阻，简称 NTC(Negative Temperature Coefficient) 电阻，应用于温度测量和温度调节，还可以作为补偿电阻，对具有正温度系数特性的元件（例如晶体管）进行补偿，抑制小型电动机、电容器和白炽灯在通电瞬间所出现的大电流（冲击电流）。正温度系数热敏电阻，简称 PTC（Positive Temperature Coefficient）电阻。PTC 电阻可用于小范围的温度测量、过热保护和延时开关。

图 3-15 所示为压敏电阻。

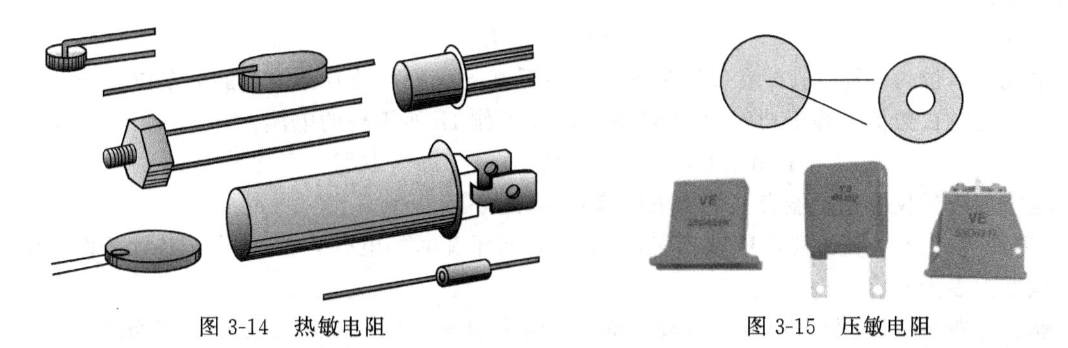

图 3-14　热敏电阻　　　　图 3-15　压敏电阻

压敏电阻可用于过压保护，将它并联在被保护元件两端，当出现过电压时，其电阻急剧减小，将电流分流以保护并联在一起的元件。

二、欧姆定律

欧姆定律：通过电阻 R 的电流与电阻两端的电压成正比，与电阻成反比，即

$$I=\frac{U}{R}$$

上式是在电压和电流为关联参考方向［两者的参考方向相同，见图 3-16(a)］时适用。当电压和电流为非关联参考方向［两者的参考方向相反，见图 3-16(b)］时，欧姆定律表示为：

$$I=-\frac{U}{R}$$

如果电阻阻值不随通过它的电流和其两端电压的变化而变化，这种电阻成为线性电阻，大多数金属导体属于线性电阻，由线性电阻构成的电路叫线性电路。

图 3-17 中，r 表示电源的内部电阻，R 表示电源外部连接的电阻（负载）。闭合电路欧姆定律的数学表达式为

$$I=\frac{E}{R+r}$$

外电路两端电压 $U=RI=E-rI=\frac{R}{R+r}E$。

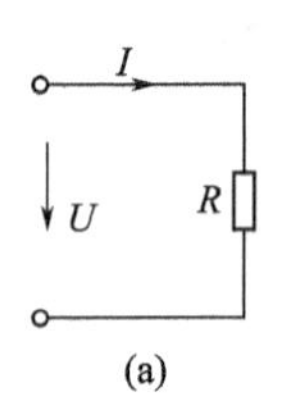

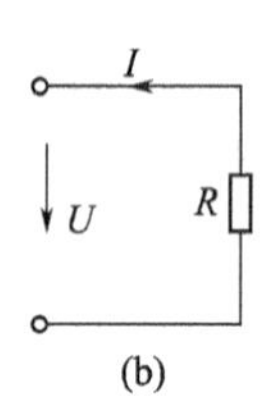

图 3-16　欧姆定律

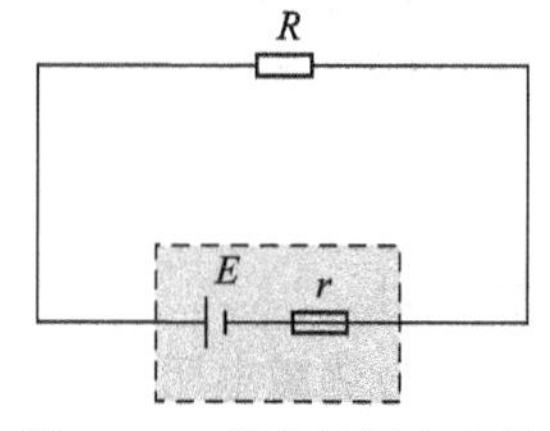

图 3-17　简单的闭合电路

负载电阻 R 值越大，其两端电压 U 也越大；当 $R\gg r$ 时（相当于开路），则 $U=E$；当 $R\ll r$ 时（相当于短路），则 $U=0$，此时一般情况下的电流（$I=E/r$）很大，电源容易烧毁。

若导体两端电压为 U，通过导体横截面积的电荷量为 Q，电场力所做的功就是电路所消耗的电能：

$$W=QU=UIt$$

电能的单位为焦耳（J）。在实际应用中常以千瓦时（kW・h）作为电能的单位。

一千瓦时在数值上等于功率为 1kW 的用电器工作 1h 所消耗的电能。

$$1\text{kW}\cdot\text{h}=3.6\times10^6\text{W}\cdot\text{s}=3.6\times10^6\text{J}$$

电能的测量仪器是电能表（俗称电度表），如图 3-18 所示。

【例】　一台 25 英寸彩电额定功率是 120W，每千瓦时的电费为 0.45 元，共计工作 5 小时，电费为多少？

解： 电费 = 千瓦数×用电小时数×每千瓦时电费 $=0.12\times5\times0.45=0.27$ 元

用电设备单位时间（t）里所消耗的电能（W）叫做电功率。

$$P=\frac{W}{t}=UI$$

对于纯电阻电路，则

$$P=UI=I^2R=\frac{U^2}{R}$$

电功率是用功率表进行测量的，其测量线路如图 3-19 所示。

功率表测电压的线圈两端（1、2）并联在电路上，测量电流的线圈两端（3、4）串联在电路上。

【例】　一台电炉的额定电压为 220V，额定电流为 5A，该电炉电功率为多大？

解： $P=UI=220\times5=1100\text{W}=1.1\text{kW}$

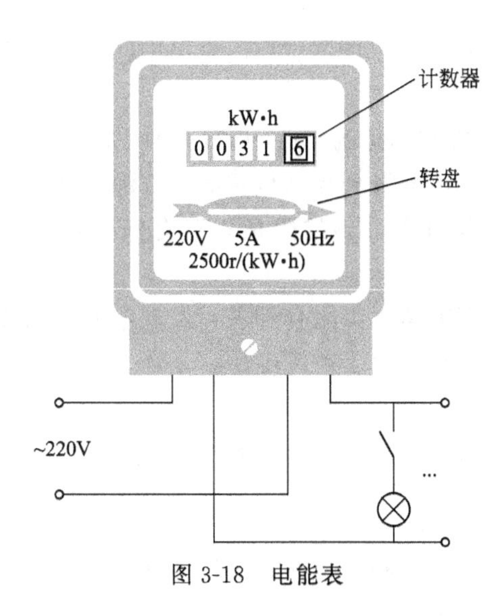

图 3-18　电能表

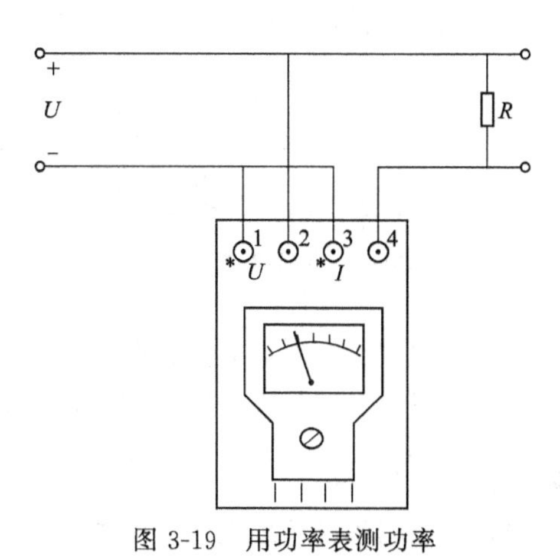

图 3-19　用功率表测功率

任务实施

一、教学设施与仪器

各类电阻，万用表，小灯泡一个，干电池 6 节，导线，刀闸一个，滑动变阻器一个。

二、内容与步骤

（一）色环电阻的读数与测量

四环电阻与五环电阻各拿出五个，分别直观读数和用万用表测量，将最后结果填入表 3-4中，进行比较。

表 3-4　测量结果表

四环电阻					
色环颜色					
直观读数					
测量数据					
五环电阻					
色环颜色					
直观读数					
测量数据					

（二）手电筒电路分析

图 3-20 所示为手电筒电路原理图。其中 R 为灯泡，R_P 为滑动变阻器，E 为干电池，S 为开关。

1. 按原理图进行实物连接，并将电流表串联接入电路中，电压表并联接在灯泡的两端，电表在接入时应注意极性不能接反。

2. 对电路的组成和作用进行分析，并通过改变滑动变阻器的电阻，观察灯泡的亮度，

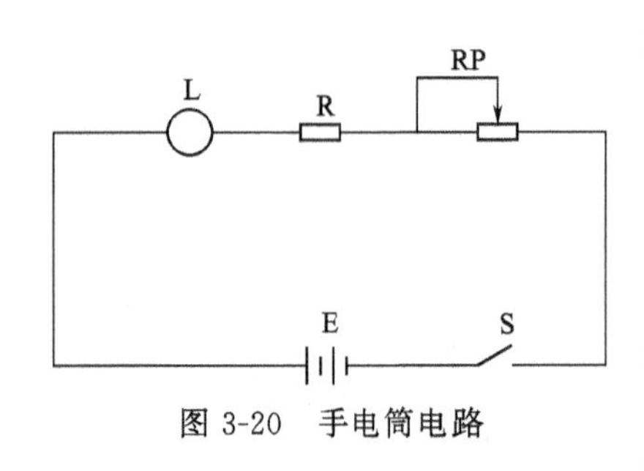

图 3-20 手电筒电路

利用电流表和电压表测量调试前后电路中的电流和灯泡两端的电压。

3. 电路分析与测量的相关问题：

(1) 滑动变阻器滑到什么位置时，灯泡正常发光？

(2) 改变滑动变阻器的阻值，对灯泡亮度有什么影响？

(3) 连接好电路后，闭合开关，发现电流表示数为零，电压表有示数且等于电源电压，是什么原因？

(4) 改变滑动变阻器的电阻能否使灯泡熄灭？

(5) 考虑以上的步骤中电路的三种状态？不同的电路状态物理量有什么不同？

任务评价

要求每位同学必须按上述方法进行。考核标准为百分制。每部分考核标准分数见表 3-5。

表 3-5 考核标准表

考核项目	考核要求	配分	评分标准	实际得分
色环电阻的测量	色环电阻的直观读数与测量	30	量程选择错误每处扣 2 分；测量结果错误每处扣 4 分；万用表读数错误每处扣 3 分。	
电路设计与安装	设计电路图是否正确 安装接线是否正确	30	设计电路图错误扣 10 分； 安装接线错误每处扣 5 分。	
调试	调试方法是否正确 是否实现功能	30	调试方法错误每处扣 4 分； 未实现功能扣 5 分。	
安全文明	符合有关规定	10	损坏工具，扣 3； 损坏器件，扣 2； 场地不清洁，扣 2； 有危险动作，扣 3。	

任务小结

1. 电路由电源、负载、控制器件、导线四部分组成。

2. 电流的参考方向是任意假定的，在电路图中用箭头标示。如果有了电流的参考方向又有了电流的正值或负值，就可以判定出导体中电流的真实方向。

3. 电压的实际方向习惯上规定为由高电位点指向低电位点。

4. 电动势不仅有大小，也有方向。它的实际方向习惯上规定由低电位点指向高电位点(经内电路)。电动势单位与电压单位一致。

5. 为了描述某点电位高低，在选定一零电位点（参考点）以后，就可以用电位概念来表征某点电位的高低了。

6. 电位的值与参考点的选择有关，而电压与电位参考点的选择无关。

7. 电路所消耗的电能是指在电场力的作用下，该电路两端电压使电路中电荷移动所做的功。

8. 电能测量可使用电能表，电能表接线按“相线 1 进 2 出，零线 3 进 4 出”的原则。

9. 电功率数学表达式为

$$P = UI$$

对于纯电阻电路，　　$P=UI=RI^2=U^2R$

10. 应用欧姆定律列式时，当电压和电流的正方向选得相反时，表达式须带负号。

11. 全电路欧姆定律，电流形式表达式为

$$I=\frac{E}{R_0+R}$$

电压形式表达式为

$$E=RI+R_0I=U+U_0$$

自我测评

1. 电源就是把________能转化为________的装置。

2. ________力把正电荷从电源负极经内电路移送到正极做的功跟被移送的电荷量的比值，称为电源的________。

3. 电路由________和________组成，外电路的电阻叫做________，内电路的电阻叫做________。

4. 如下图所示，已知 $R_1=200\Omega$，$R_2=400\Omega$，$R_0=50\Omega$，$I=10\text{mA}$，则 $E=$________。$U_{AB}=$________。

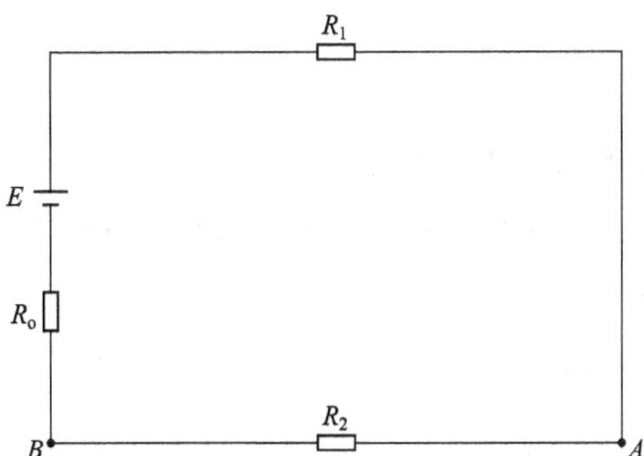

5. 闭合电路中的电流与电源电动势成________比，与电路的总电阻成________比，这一规律叫做全电路欧姆定律。

6. 某电路外电阻为 1.38Ω，内电阻为 0.12Ω，电源电动势为 1.5V，则电路中的电流为________，端电压为________。

7. 有一个电阻，两端加上 100V 电压时，电流为 2A，两端加上________V 电压时，电流值为 4A。

8. 电源的电动势就是电源两极间的电压。(　　)

9. 外电路断开时，电流为零，则 U 也为零。(　　)

10. 电动势为 2V 的蓄电池，与 9Ω 的电阻接成闭合电路，蓄电池两极间的电压为 1.8V，求电源的内电阻。

任务二　直流电阻电路故障的检测

任务描述

本两节课在电工实训室的综合试验台上连接电路并进行调试。

任务目标

一、知识目标

① 掌握电阻串并联的作用特点；

② 学会电路故障的判断方法。

二、能力目标

① 学习用电流表、电阻表检查电路故障；

② 掌握用电压表（电压法）检查电路故障；

③ 能够根据电路中出现的故障现象，判断出造成故障的原因及位置。

三、职业素养目标

培养学生形成规范的操作习惯、养成良好的职业行为习惯。

相关知识

一、电阻的串并联

（一）电阻的串联

几个电阻一个接一个地连接起来，中间没有分支，这种连接法称为串联。图 3-21(a)表示两个电阻串联，可用图 3-21(b)中的电阻 R 来等效两个串联电阻，等效后，在同一电压 U 的作用下，电路总电流和总功率不变。

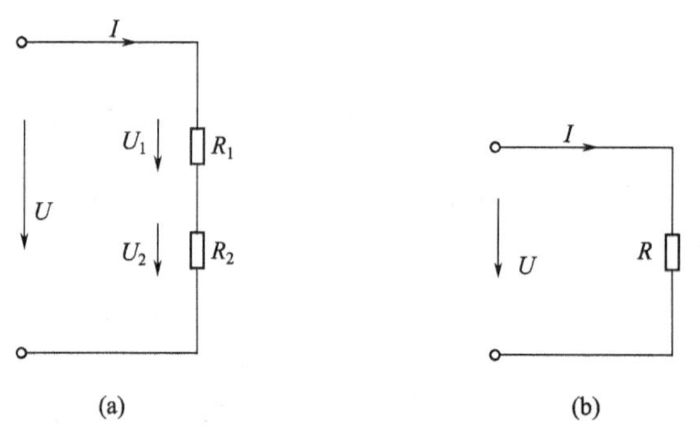

图 3-21　电阻的串联

串联电阻的特点：

1. 通过各串联电阻的电流相等；

2. 总电压等于各串联电阻上的电压之和，即

$$U = U_1 - U_2$$

3. 等效电阻 R 等于各电阻之和，即

$$R = R_1 + R_2$$

4. 串联电阻分压公式：

$$U_1 = \frac{R_1}{R} U$$

$$U_2=\frac{R_2}{R}U$$

可见，串联各电阻上的电压与相应的电阻成正比。

(二) 电阻的并联

几个电阻连接在两个公共节点之间，这种连接法称为并联。图 3-22(a)中，两个电阻并联，可用图 3-22(b)中的电阻 R 来等效两个并联电阻，等效后，在同一电压 U 的作用下，电路的总电流和总功率不变。

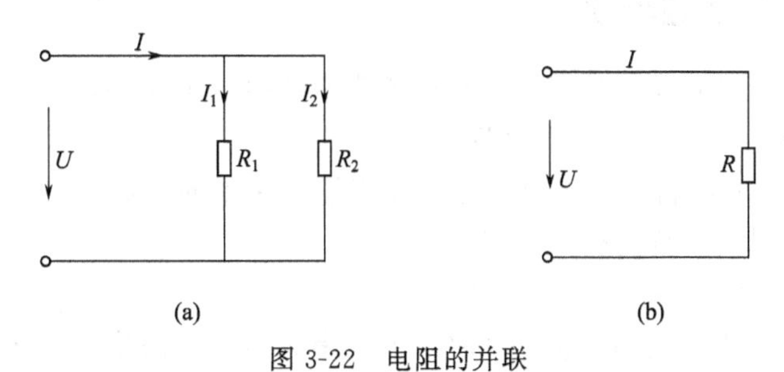

图 3-22 电阻的并联

并联电阻的特点：

1. 各并联电阻两端的电压相等；

2. 电路的总电流等于各并联电阻中电流之和，即

$$I=I_1+I_2$$

3. 等效电阻 R 的倒数，等于各电阻倒数之和，即

$$\frac{1}{R}=\frac{1}{R_1}+\frac{1}{R_2}$$

4. 并联电阻具有分流特点：

$$I_1=\frac{R}{R_1}I=\frac{R_2}{R_1+R_2}I$$

$$I_2=\frac{R}{R_2}I=\frac{R_1}{R_1+R_2}I$$

由上式可见，各并联电阻上的电流与相应的电阻成反比。

二、电路故障的判断方法

串联电路中一处断路则整个电路断路，并联电路中一处支路短路则整个电路短路。

电路中电灯发光，表明电灯两接线柱到电源两极间为通路。

电灯不发光，可能是从电灯的两个接线柱到电源两极间的某处开路，也可能是电灯内部短路。

电流表有示数，表明从电流表两接线柱到电源两极间是通路，也就说明了与电流表并联的这部分电路出现了开路；如果电流表示数突然变大，那么电路中有短路的地方。电流表无示数，可能是电流表短路，也可能是从电流表两接线柱到电源两极间的某处开路了。

电压表有示数，表明从电压表两接线柱到电源两极间是通路，也就说明与电压表并联的这部分电路出现了开路。

电压表无示数，可能是与电压表相并联的那部分被短路了，也可能是从电压表两接线柱到电源两极间的某处开路了。

一、任务所需设备、工具、材料

电工实训台，直流稳压电源，直流电压表（0～30V），万用表，电阻。

二、任务内容与实施步骤

1. 按图 3-23 所示进行实物连接，并将电流表串联接入电路中，电压表并联接在灯泡的两端，电表在接入时应注意极性不能接反。

2. 观察灯泡的亮度，利用电流表和电压表测量电路中的电流和灯泡两端的电压并记录数据，对电路的工作状态和物理量进行分析。

3. 检测电路故障并排除。

3. 按图 3-24 所示进行实物连接，并将电流表串联接入电路中，电压表并联接在灯泡的两端，电表在接入时应注意极性不能接反。

4. 观察灯泡的亮度，利用电流表和电压表测量电路中的电流和灯泡两端的电压并记录数据，对电路的工作状态和物理量进行分析。

6. 检测电路故障并排除。

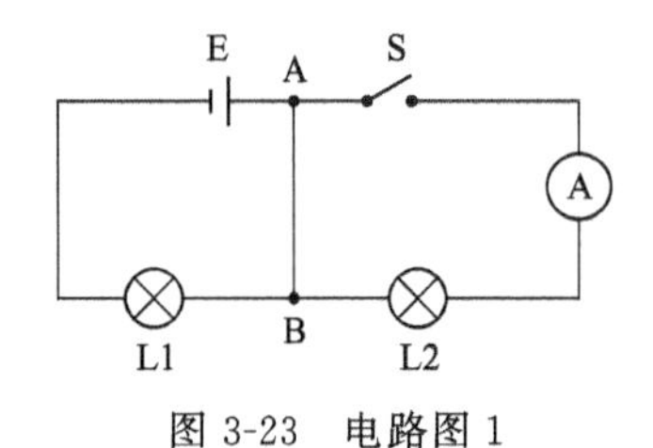

图 3-23 电路图 1

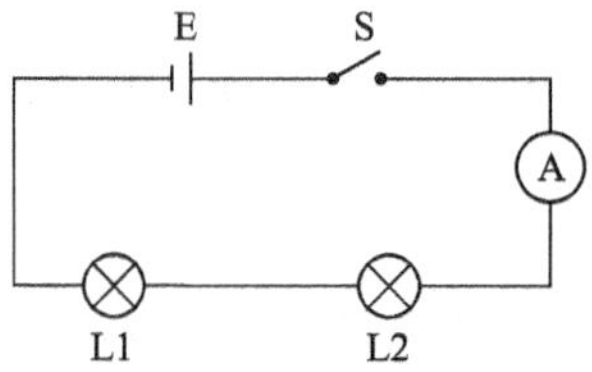

图 3-24 电路图 2

要求每位同学必须按上述方法进行。考核标准为百分制。每部分考核标准分数见表 3-6。

表 3-6 考核标准表

考核项目	考核要求	配分	评分标准	实际得分
电路故障的检测	设计电路图是否正确 安装接线是否正确	30	设计电路图错误扣 10 分 安装接线错误每处扣 5 分	
电路故障检测与排除	电路故障的检测是否正确 电路故障排除是否正确	30	电路故障检测过程错误，每处扣 2 分；状态分析错误，每次扣 3 分； 故障排除错误每处扣 4 分	
调试	调试方法是否正确 是否实现功能	30	调试方法错误每处扣 4 分 未实现功能扣 5 分	
安全文明	符合有关规定	10	损坏工具扣 3 分 损坏器件扣 2 分 场地不清洁扣 2 分 有危险动作扣 3 分	

任务小结

1. 串联电路的特点

(1) 通过各串联电阻的电流相等；

(2) 总电压等于各串联电阻上的电压之和；

(3) 等效电阻 R 等于各电阻之和。

2. 并联电路的特点

(1) 各并联电阻两端的电压相等；

(2) 总电流等于各并联电阻中电流之和；

(3) 等效电阻 R 的倒数，等于各电阻倒数之和。

3. 故障判定方法

串联电路中一处断路整个电路断路，并联电路中一处支路短路整个电路短路。

(1) 电路中电灯发光，表明电灯两接线柱到电源两极间为通路。

(2) 电灯不发光，可能是从电灯的两个接线柱到电源两极间的某处开路，也可能是电灯内部短路。

(3) 电流表有示数，表明从电流表两接线柱到电源两极间是通路，也就是说明了与电流表并联的这部分电路出现了开路；如果电流表示数突然变大，那么电路中有短路的地方。电流表无示数，可能是电流表短路，也可能是从电流表两接线柱到电源两极间的某处开路了。

(4) 电压表有示数，表明从电压表两接线柱到电源两极间是通路，也就是说明与电压表并联的这部分电路出现了开路；电压表无示数，可能是与电压表相并联的那部分被短路了，也可能是从电压表两接线柱到电源两极间的某处开路了。

自我测评

1. 两只电阻串联时，阻值为 10 欧姆；并联使用时电阻为 2.5 欧姆，则两只电阻阻值分别是________和________。

2. 有甲灯“200V，60W”和乙灯“110V，40W”的白炽灯，把它们串联后接到 200V 的电源上时，________灯较亮；若把它们并联到 48V 的电源上时，________灯较亮。

3. 电阻的阻值均为 R，当二只电阻并联再与另一只电阻串联后总电阻为________。

4. 有两个电阻 $R1$ 和 $R2$，已知 $R1=2R2$，把它们并联起来的总电阻为 4Ω，则 $R1=$______，$R2=$________。

5. 电阻负载并联时，因为________相等，所以负载消耗的功率与电阻成________比；电阻负载串联时，因为________相等，所以负载消耗的功率与电阻成________比。

6. 在电学实验中，遇到断路时，常用电压表来检测。某同学连接了如题图 1 所示的电路，闭合开关 S 后，发现灯不亮，为检查电路故障，他用电压表进行测量，结果是 $U_{ae}=3V$，$U_{ab}=0$，$U_{bd}=0$，$U_{de}=3V$，则此电路的故障可能是（　　）。

A. 开关 S 接触不良　　　　B. 小灯泡灯丝断了

C. d、e 间出现断路　　　　D. e、f 间出现断路

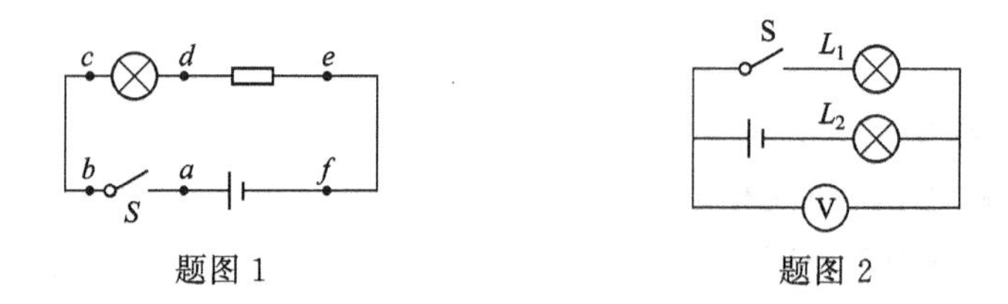

题图 1　　题图 2

7. 如题图 2 所示的电路中，电源电压为 6V，当开关 S 闭合后，只有一只灯泡发光，且电压表 V 的示数为 6V，产生这一现象的原因可能是（　　）。

A. 灯 L_1处短路　　B. 灯 L_2处短路　　C. 灯 L_1处断路　　D. 灯 L_2处断路

8. 如题图 3 所示，当开关 S 闭合时，发现电流表指针偏转，电压表指针不动。该电路的故障可能是（　　）。

A. 灯 L_1的接线短路　　B. 灯 L_2的接线短路

C. 灯 L_1的灯丝断了　　D. 灯 L_2的灯丝断了

9. 在题图 4 所示的电路中，电源电压不变，闭合开关 S 后，灯 L_1、L_2都发光。一段时间后，其中一盏灯突然熄灭，而电流表、电压表的示数不变，产生这一现象的原因可能是（　　）。

A. 灯 L_1短路　　B. 灯 L_2短路　　C. 灯 L_1断路　　D. 灯 L_2断路

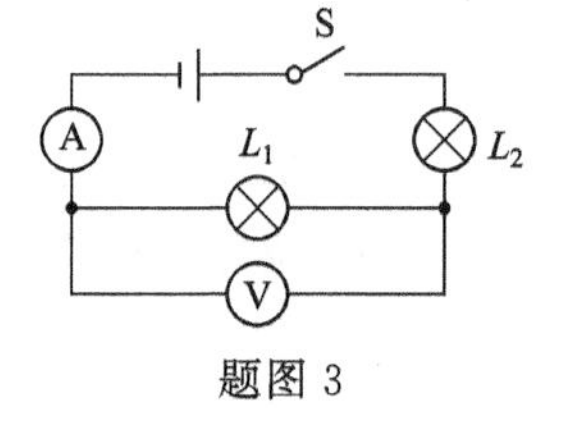

题图 3

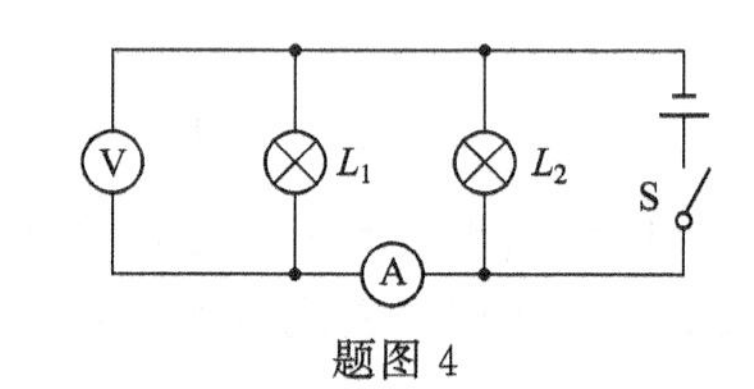

题图 4

任务三　复杂直流电路参数测试及分析

任务描述

电路中各点电位的相对性、任意两点间电压的绝对性、基尔霍夫定律等基本定律很抽象，理解和掌握有难度。通过实验验证电路中各点电位的相对性、任意两点间电压的绝对性及基尔霍夫电压定律，加深理解电位与电压的异同点和基尔霍夫电压定律。

任务目标

一、知识目标

① 掌握基尔霍夫定律；

② 了解支路电流法分析直流电路的过程。

二、能力目标

① 会连接复杂电路；

② 会验证基尔霍夫定律。

三、职业素养目标

通过电路分析及测试，培养学生具有一定的电路分析、电路参数测试等的职业素养。

一、基尔霍夫定律

（一）名词术语

支路：二端元件或若干二端元件串联组成的不分岔的一段电路称为支路。如图 3-25 中有 adc、abc、ac 三条支路。支路中的元件流过同一电流。

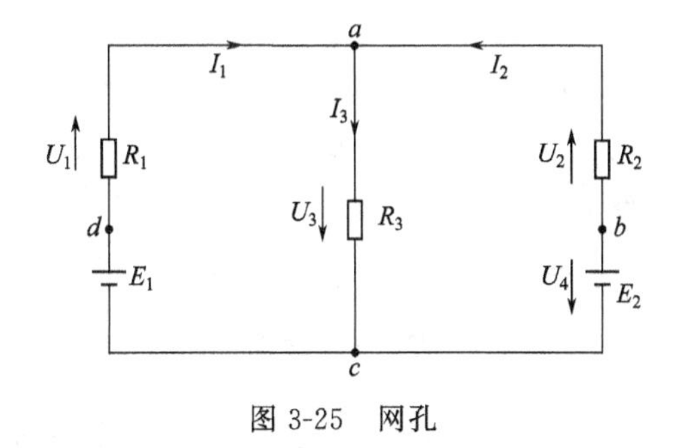

图 3-25　网孔

节点：电路中三条或三条以上支路的汇接点称为节点。如图 3-25 中有 a、c 两个节点。

回路：电路中的任意一个闭合的路径称为回路。如图 3-25 中有 $abca$、$adca$ 和 $adcba$ 三个回路。

网孔：电路中最简单的回路称为网孔。如图 3-25 中有 $abca$ 和 $adca$ 三个回路。

（二）基尔霍夫电流定律（KCL）

定律内容：任意一个瞬间，流入一个节点的电流之和等于从该节点流出的电流之和。即

$$\sum I_{入} = \sum I_{出}$$

例如，图 3-25 中的节点 a，利用 KCL 可得：

$$I_3 = I_1 + I_2$$

（三）基尔霍夫电压定律（KVL）

定律内容：在任何时刻，沿着电路中的任一回路绕行方向，回路中各段电压的代数和恒等于零，即

$$\sum U = 0$$

其中电压参考方向与回路绕行方向一致时，电压前取正号；电压参考方向与回路绕行方向相反时，电压前取负号。

例如，图 3-25 中的回路 $abca$，选取顺时针回路绕行方向，利用 KVL 可得：

$$-U_2 + U_4 - U_3 = 0$$

利用欧姆定律将电压用支路电流表示后，上式可变为

$$-I_2R_2 + U_4 - I_3R_3 = 0$$

二、支路电流法

支路电流法是以支路电流为未知量，直接应用基尔霍夫定律KCL和KVL，分别对节点和回路列出所需的方程式，然后联立方程组求解出各支路的未知电流，从而可确定各支路（或各元件）的电压及功率，这种分析计算电路的方法叫做支路电流法。

对于一个具有 m 条支路、n 个节点的电路，根据KCL可列出 $(n-1)$ 个独立的节点电流方程式，根据KVL可列出 $m-(n-1)$ 个独立的回路电压方程式。

支路电流法解题步骤如下。

（1）设定各支路电流的参考方向：如图3-26所示，电路的支路数 $m=3$，支路电流有 i_1、i_2、i_3 三个，参考方向分别如图中所示。

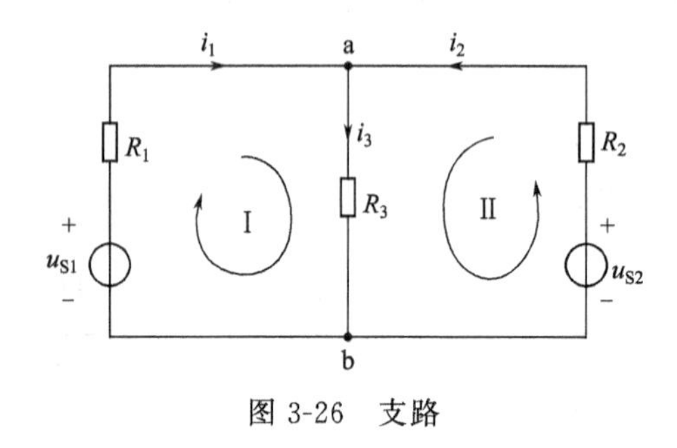

图3-26　支路

（2）列KCL方程：节点数 $n=2$，可列出 $2-1=1$ 个独立的KCL方程，节点 a 的KCL方程为

$$i_1+i_2-i_3=0$$

（3）列KVL方程：独立的KVL方程数为 $3-(2-1)=2$ 个，所以可列出两个独立电压方程，分别为

回路Ⅰ：$i_1R_1+i_3R_3=u_{s1}$

回路Ⅱ：$i_2R_2+i_3R_3=u_{s2}$

以上三个方程联立，可以解出三个未知的支路电流。

【例】　图3-26所示电路中，已知 $R_1=15\Omega$，$R_2=5\Omega$，$R_3=10\Omega$，$u_{s1}=35\text{V}$，$u_{s2}=25\text{V}$，用支路电流法求各支路电流。

解：共有3个支路电流变量，电路支路数 $m=3$，节点数 $n=2$，所以应列出1个节点电流方程和2个回路电压方程。

对节点 a 列KCL方程为

$$i_1+i_2-i_3=0$$

对回路Ⅰ列KVL方程为

$$i_1R_1+i_3R_3=u_{s1}$$

对回路Ⅱ列KVL方程为

$$i_2R_2+i_3R_3=u_{s2}$$

代入已知数据，将上面三个方程联立求解得：

$$i_1=1\text{A},\ i_2=1\text{A},\ i_3=2\text{A}$$

电流均为正数，表明它们的实际方向与图中所标定的参考方向相同。

一、任务所需设备、工具、材料

电工实训台，两路直流可调稳压电源（0～30V）两个，数字万用表，直流数字电压表，直流数字毫安表，510Ω 电阻 4 个，330Ω 电阻 1 个。

一、任务内容与实施步骤

1. 按图 3-27 所示，将元件接在线路板上。

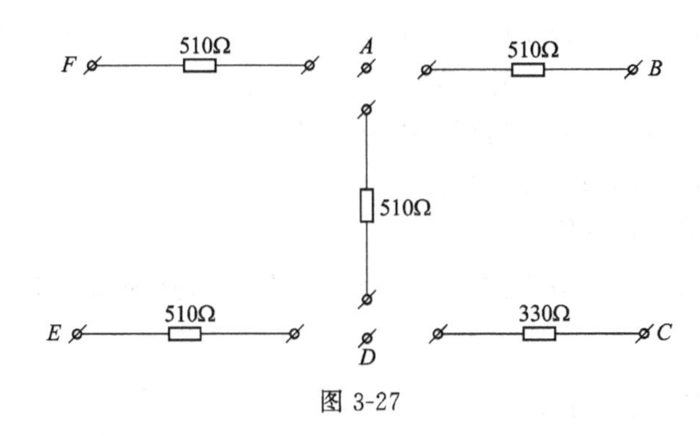

图 3-27

2. 将两路直流可调稳压电源分别调至 6V、12V，按图 3-27 将电源接在相应的断开处的端纽上。

3. 接通电源，用万用表电流挡分别测量各支路电流，记录下数据，验证是不是符合 KCL 定律。

4. 接通电源，以回路 ABCDA 为对象，用万用表的电压挡测量各元件两端的电压，验证是不是符合 KVL 定律。

5. 验证基尔霍夫定律中的相关问题

（1）测量过程中，若利用指针式万用表直流毫安挡测直流电流，在什么情况下可能出现指针反偏？

（2）利用数字万用表测量元件两端电压时发现显示屏上的显示时负值，为什么？

要求每位同学必须按上述方法进行。考核标准为百分制。每部分考核标准见表 3-7。

表 3-7　考核标准表

考核项目	考核要求	配分	评分标准	实际得分
验证基尔霍夫电压定律	电路设计图是否正确；安装接线是否正确	50	电路设计图错误，扣 10 分；接线错误，每处扣 5 分	
调试	调试方法是否正确；调试步骤是否正确；是否实现功能	40	调试方法错误，扣 10 分； 调试步骤错误，每处扣 5 分； 未实现功能，扣 5 分	

续表

考核项目	考核要求	配分	评分标准	实际得分
安全文明	符合有关规定	10	损坏仪表，扣3分； 浪费导线，扣2分； 场地不清洁，扣2分； 有危险动作，扣3分	

1. 基尔霍夫定律

支路：二端元件或若干二端元件串联组成的无分支的一段电路称为支路。

节点：电路中三条或三条以上支路的汇接点称为节点。

回路：电路中的任意一个闭合的路径称为回路。

网孔：电路中最简单的回路称为网孔。

(1) 基尔霍夫电流定律（KCL）

任意一个瞬间，流入一个节点的电流之和等于从该节点流出的电流之和。即 $\sum I_{入}=\sum I_{出}$。

(2) 基尔霍夫电压定律（KVL）

在任何时刻，沿着电路中的任一回路绕行方向，回路中各段电压的代数和恒等于零，即 $\sum U=0$。

其中电压参考方向与回路绕行方向一致时，电压前取正号；电压参考方向与回路绕行方向相反时，电压前取负号。

2. 支路电流法

支路电流法是以支路电流为未知量，直接应用基尔霍夫定律KCL和KVL，分别对节点和回路列出所需的方程式，然后联立方程组求解出各支路的未知电流，从而可确定各支路（或各元件）的电压及功率，这种分析计算电路的方法叫做支路电流法。

1. 如果复杂电路有3个节点，3个网孔，5条支路，要采用支路电流法，共应列________个方程，其中，节点电流方程________个，回路电压方程________个。

2. 写出题图1的电流方程。

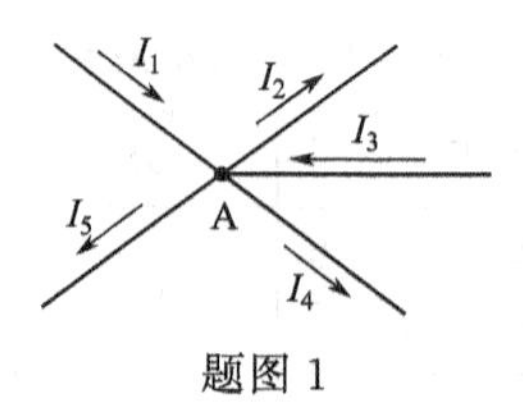

题图1

3. 写出题图2的KVL方程。

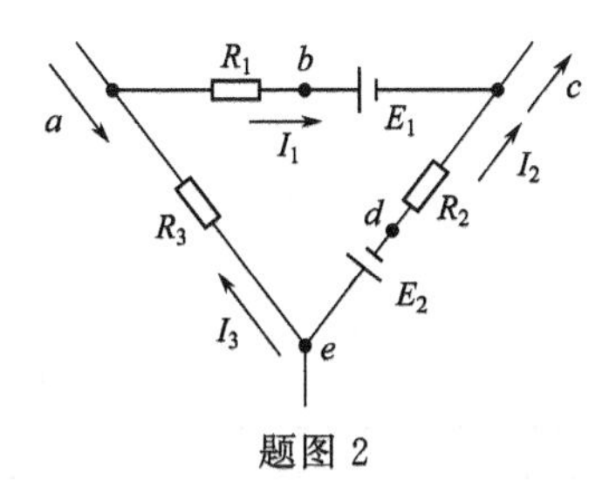

题图 2

4. 题图 3 中，$E_1=E_2=17V$，$R_1=2\Omega$，$R_2=1\Omega$，$R_3=5\Omega$，求各支路电流。

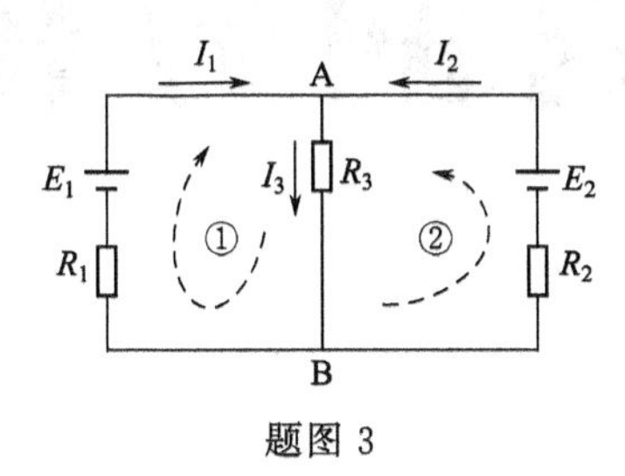

题图 3

项目四

交流电路的分析与参数测试

任务一　正确使用示波器分析交流电路的参数

任务描述

掌握单相交流电路的接线及电路参数的分析与测试，掌握单相交流电路的基本概念、电路基本分析方法。

任务目标

一 、知识目标

① 理解正弦交流电的产生及其基本概念；
② 掌握正弦交流电的特征，特别是有效值、频率、初相位及相位差的概念；
③ 理解正弦交流电的表示方法。

二、能力目标

会使用示波器测量并分析正弦交流电信号。

三、 职业素养目标

通过单相交流电路分析及参数测试训练，使学生具备单相交流电路的知识素养。

相关知识

大小和方向随时间作周期性变化的电流（或电压）称为交流电。电力工程上所用的交流电流、电压、电动势都是随着时间按正弦规律变化的，称为正弦交流电。

一、正弦交流电的三要素

正弦交流电随时间不断变化，其变化幅度、变化快慢和起始位置可以用正弦交流电的三要素来描述。正弦交流电的三要素包括频率、有效值和初相位。

1. 频率、周期和角速度

频率：单位时间内交流电周期性循环变化的次数称为频率，用 f 表示，单位是赫兹（Hz）。常用的频率单位还有千赫（kHz）和兆赫（MHz），换算关系为

$$1\text{MHz}=10^3\text{kHz}=10^6\text{Hz}$$

周期：交流电完成一个循环所需的时间为周期，用 $\boldsymbol{T}$ 表示，单位是秒（s）。根据定义，周期与频率互为倒数，即

$$T=\frac{1}{f}$$

角频率：交流电在单位时间内变化的电气角度称为角频率，用字母 ω 表示，单位为弧度/秒（rad/s）。交流电在一个周期 T 内其电气角度变化 2π 弧度，所以角频率与周期、频率的关系为

$$\omega=\frac{2\pi}{T}=2\pi f$$

频率、周期和角频率都是反映交流电随时间作周期性变化时的快慢程度，三个量中只要知道一个，其他两个量即可求出。

我国工业和照明用电的频率为 $f=50\text{Hz}$（称为工频），其周期为

$$T=\frac{1}{f}=\frac{1}{50}=0.02\text{s}$$

角频率为

$$\omega=2\pi f=2\times 3.14\times 50=314\text{rad/s}$$

2. 有效值、最大值

最大值：正弦交流电在一个周期中所出现的最大瞬时值，称为交流电的最大值，又称幅值。正弦量的最大值用带下标“m”的大写英文字母表示，分别用字母 E_m、U_m、I_m 表示电动势、电压、电流的最大值。

有效值：根据电流的热效应，对交流电量的有效值定义如下：交流电流 i 和直流电流 I 分别流过阻值相同的电阻 R，如果在交流电流一个周期的时间间隔 T 内，两者产生的热量相等，即其热效应相同，则该直流电流的数值 I 就是交流电流 i 的有效值。正弦交流电动势、电压、电流的有效值分别用 E、U、I 来表示。有效值与最大值的关系：正弦电量的有效值是其最大值的 $\frac{1}{\sqrt{2}}$ 倍，即

$$I=\frac{I_m}{\sqrt{2}}=0.707I_m$$

$$U=\frac{U_m}{\sqrt{2}}=0.707U_m$$

$$E=\frac{E_m}{\sqrt{2}}=0.707E_m$$

在电工技术中，通常所说的交流电的大小是指有效值，如照明电压 220V，指的就是有效值。各种交流电气设备铭牌上的额定电压和电流也都是指有效值。常用的交流电压表和电流表所测得的读数也都是有效值。

3. 相位与初相位

正弦交流电流表达式

$$i=\sqrt{2}I\sin(\omega t+\varphi_i)$$

相位：式中$(\omega t+\varphi_i)$的值称为正弦量的相位（又称相位角），当相位角随着时间连续变化时，正弦量的瞬时值也随着连续变化。

初相位：当$t=0$时的相位角φ_i称为初相位（或初相角），简称初相，由它确定正弦量的初始值。计时时刻不同，初相和初始值也不同。

在电工中规定初相位的取值范围为：$|\varphi|\leqslant\pi$。

由以上分析可知，一个正弦量，当有效值、频率和初相位确定时，该正弦量就确定了，所以称有效值、频率和初相位为正弦量的三要素。

【例】 已知一正弦交流电流$i=10\sqrt{2}\sin\left(100\pi t+\frac{\pi}{3}\right)$，求：(1) 频率f、周期T、角速度$\omega$；(2) 最大值$I_m$、有效值$I$；(3) 初相位$\varphi_i$。

由已知电流的瞬时值表达式，可知角速度为$\omega=100\pi\text{rad/s}$

根据频率、周期和角速度的关系式，可得频率和周期分别为

$$f=\frac{\omega}{2\pi}=\frac{100\pi}{2\pi}=50\text{Hz}$$

$$T=\frac{2\pi}{\omega}=\frac{2\pi}{100\pi}=0.02\text{s}$$

由已知电流的瞬时值表达式，可知该电流最大值为$I_m=10\sqrt{2}$，根据最大值、有效值和平均值的关系，可求得电流有效值和平均值分别为

$$\text{有效值为 }I=\frac{I_m}{\sqrt{2}}=\frac{10\sqrt{2}}{\sqrt{2}}=10$$

由已知电流的瞬时值表达式，可知初相位为$\varphi_i=\frac{\pi}{3}\text{rad}=60°$

4. 正弦量的相位差

两个同频率正弦量的相位角之差，称为相位差角或相位差，用φ表示。

$$\varphi=(\omega t+\varphi_1)-(\omega t+\varphi_2)=\varphi_1-\varphi_2$$

可见，两个同频率正弦量的相位差就是初相位之差，且与时间t无关。相位差的取值范围通常是：$-180°\leqslant\varphi\leqslant180°$。

当同频率的两个正弦量相位差$\varphi=0°$时，称这两个正弦量在相位上同相。

当相位差$\varphi>0$时，称第一个正弦量在相位上超前第二个正弦量或第二个正弦量滞后第一个正弦量。

当相位差$\varphi=\pm\pi$时，称这两个正弦量在相位上反相。

两个同频率正弦量之间的相位差，以及超前、滞后、同相、反相等概念，在分析交流电路时会经常用到。

一、实训仪器、设备元器件

CA620N双踪示波器、低频信号器、电子试验台、万用表。

二、实训内容和步骤

（一）认识示波器

1. 显示屏是用来直观地显示被测信号的。

2. 认识功能控制键和信号插孔。

* 上升时间：≤17.5ns。
* 偏转系数：5mV/DIV～5V/DIV，按 1、2、5 顺序分 10 挡。
* 垂直方式：CH1、CH2、ALT、CHOP、ADD。
* 扫描时间系数：0.2μs/DIV～0.2s/DIV，按 1、2、5 顺序分 19 挡。
* 触发方式：内、外、交替、电源、TV-V、TV-H、锁定。
* 扫描方式：自动、常态、扩展×10。
* 外形尺寸（mm)：310(W)×150(H)×455(D)。
* 示波管有效显示面：8×10 格（1 格＝10mm)。

测试信号从 CH1 输入插孔输入时，信号进入 CH1 通道，测试信号从 CH2 输入插孔输入时，信号进入 CH2 通道。

输入耦合方式开关：

AC：信号中的直流分量被隔离，用以观察信号中的交流分量；

DC：信号与仪器通道直接耦合，当需要观察信号的直流分量或被测信号的频率较低时使用此方式；

GND：输入端处于接地状态，用以确定输入端为零电位时扫描线所在的位置。

触发源选择：

CH1：在双踪显示时，触发信号来自 CH1 通道；单踪显示时，触发信号来自被显示的通道；

CH2：在双踪显示时，触发信号来自 CH2 通道；单踪显示时，触发信号来自被显示的通道；

交替：在双踪显示时，触发信号交替来自两个 Y 通道，此方式用于同时观察两路不相关的信号；

电源：用于与市电信号同步；

外接：触发信号来自于外接输入端口；

TV：用于观察电视行、场信号；

常态：用于一般常规信号的测量；

DC：外接触发信号采用直接耦合方式，当外接触发信号的频率很低时采用此方式；

AC：外接触发信号采用交流耦合方式，当外接触发信号的频率很高时采用此方式。

（二）用示波器测量信号电压

调节信号发生器，使频率固定位 1kHz，电压保持为 5V，幅度微调置于“校准”位置，然后调节 V/div 旋钮，是波形在屏幕上有足够高度，再根据 V/div 示值、波形高度及探头衰减量计算电压值，计入如表 4-1 中。

表 4-1　测量数据表

信号发生器输入衰减（dB）	0	10	20	30	40
示波器 V/div 开关所在挡					
信号发生器电压表指示 5V 时的输出电压（V）					
波形的高度 H/div					
实测信号电压的峰值					
实测信号电压的最大值					
实测信号电压的有效值					

（三）用示波器测量信号周期

使信号发生器输出信号固定为 3V，将示波器 H/div 开关的微调旋钮置于“校准”位置，调节 T/div 旋钮，使示波器波形的一个周期在 x 轴占有足够的格数（一般以 3～4 格为宜），以保证测量精度。将实验结果记入表 4-2 中。

表 4-2　测量数据表

输入的频率（kHz）						
T/div 开关的位置（μs/div）						
波形的一个周期所占 x 轴的距离（div）						
被测信号的周期（μs）						

实验结果思考：

1. 说明使用示波器观察波形时，为了达到下列要求，应调节哪些旋钮？

（1）波形清晰且亮度合适；

（2）波形在荧光屏中央且大小合适；

（3）波形完整；

（4）波形稳定。

2. 用示波器测试时显示出图 4-1 所示波形，这可能是什么原因产生的？应调节示波器哪些旋钮，才能使波形正常？

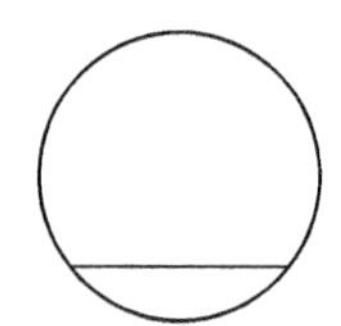 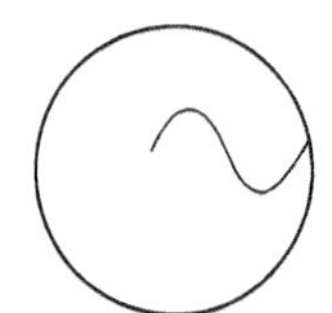 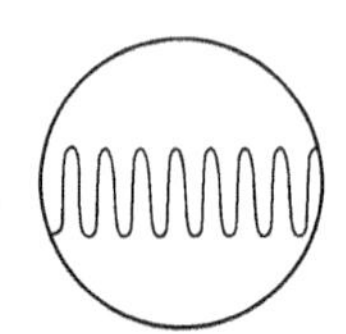 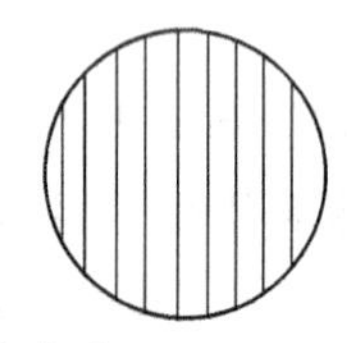 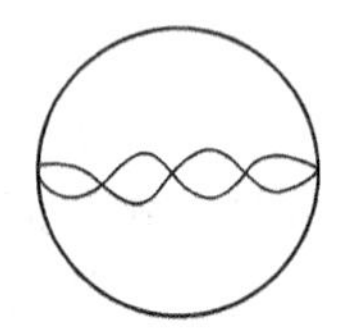

图 4-1　示波器测试时显示的波形

任务评价

要求每位同学必须按上述方法进行。考核标准为百分制。每部分考核标准见表 4-3。

表 4-3　考核标准表

考核项目	考核要求	配分	评分标准	实际得分
认识功能控制键和信号插孔	通过对示波器的认识；能准确说出各功能控制键和信号插孔的作用	10	不能指明功能控制键和信号插孔扣 5 分；不能正确说明功能控制键和信号插孔的作用误扣 5 分	

续表

考核项目	考核要求	配分	评分标准	实际得分
正弦交流电压的测量	观察输出电压波形，调节示波器使波形稳定清晰，并计算出电压峰值	40	波形输出错误扣10分；根据输出波形计算电压峰值错误扣10分。	
外特性测试	观察被测信号周期的波形，调节示波器使波形稳定清晰，并利用交流信号周期的计算公式计算出周期	40	波形输出错误扣10分；根据输出波形计算周期值错误扣10分。	
安全文明	符合有关规定	10	损坏工具，扣3分； 损坏器件，扣2分； 场地不清洁，扣2分； 有危险动作，扣3分； 未经允许擅自通电造成设备损坏扣10分。	

注：交流电压峰值计算方法：

U=垂直方向格数×垂直灵敏系数(v)；

交流信号周期的技术方法：

T=水平方向格数×扫描速率系数(s)。

任务小结

1. 正弦交流电路是交流电路的一种最基本的形式，指大小和方向随时间作周期性变化的电压或电流。正弦交流电需用频率、峰值和位相三个物理量来描述。

2. 交流电正弦电流的表示式 $I=I_{m}\sin(\omega t+\varphi_{0})$ 中的 ω 称为角频率，它也是反映交流电随时间变化的快慢的物理量。

3. 正弦交流电路在同一频率的正弦电源激励下处在稳态的线性时不变电路状态。正弦交流电路中的所有各电压、电流都是与电源同频率的正弦量。

4. 正弦交流电路理论在交流电路理论中居于重要地位。许多实际的电路，例如稳态下的交流电力网络，就工作在正弦稳态下，所以经常用正弦交流电路构成它们的电路模型，用正弦交流电路的理论进行分析。而且，对于线性时不变电路，如果知道它在任何频率下的正弦稳态响应，原则上便可求得它在任何激励下的响应。

自我测评

一、填空题

1. 在直流电路中电流和电压的________和________都不随时间变化。

2. 在交流电路中电流和电压的大小和方向都随时间做________变化，这样的电流、电压分别称做交变电流、交变电压，统称为________。

3. 随________按________规律变化的交流电称为正弦交流电。

4. 交流电的电流或电压在变化过程中的任一瞬间都有确定的大小和方向，叫做交流电该时刻的________，分别用小写字母________表示。

二、判断题

1. 一个正弦交流电的周期是0.02秒，则其频率为角频率 ω 为314rad/s。(　　)

2. 用万用表测得交流的数值是平均数。(　　)

3. 我国发电厂发出的正弦交流电的频率为50Hz，习惯上称为“工频”。(　　)

4. 一只额定电压220V，额定功率100W的灯泡接在电压最大值为311V、输出功率2000W的交流电源上灯泡会烧坏。(　　)

三、简答题

1. 正弦交流电的三要素是什么？有了交流电的三要素是否就可以画出唯一的交流电波形？

2. 什么叫频率？什么叫周期？两者有什么关系？

任务二　荧光灯电路的装接及照明电路配电板的安装

任务描述

日常生活中白炽灯、电炉、电烙铁等元件是耗能元件，它们将消耗电能，主要转化成光能和热能。日光灯在开关闭合几秒后灯管才亮，这是因为日光灯电路中包括一个由多匝线圈绕制而成的镇流器，日光灯的启动过程正是利用了镇流器线圈的特性。

为了分析以上日常生活中的一些现象，要对交流电路进行分析。在对交流电路进行分析时通常把各种实际的负载看成电阻R、电感L、电容C三类理想的单一参数元件的不同组合。若正弦交流电源的负载只包含其中的一种元件，就把这种线性的单一参数电路称为纯电路。本任务就是探究三种纯电路的电压、电流和功率的关系及各种功率的计算。

任务目标

一、知识目标

① 掌握纯电阻、纯电感、纯电容电路特点；

② 掌握纯电阻、纯电感、纯电容电路的电压、电流和功率的关系。

二、能力目标

① 能对日光灯进行合理的布局定位；

② 学会日光灯的接线；

③ 学会对荧光灯电路的参数进行测量。

三、职业素养目标

通过单相正弦交流电路分析及白炽灯安装的训练，使学生具备单相正弦交流电路的分析能力和白炽灯安装的操作技能。

相关知识

一、纯电阻电路

（一）纯电阻电路的概念

纯电阻电路指的是由电能全部转化为内能，不转化为其他形式能量的电阻构成的电路。非纯电阻就是指电能不仅转化为内能，还转化为其他形式的能量的电阻。电灯，电烙铁，熨斗，电炉等等，他们只是发热，因此都是纯电阻电路。

但是，发动机，电风扇等，除了发热以外，还对外做功，所以这些是非纯电阻电路。白炽灯把 90%以上的电能都转化为内能，只有很少转化为光能。所以，在中学电学计算中，白炽灯也近似看做纯电阻。而节能灯则大部分能量转换成了光能，所以节能灯属于非纯电阻电路。这也是为什么白炽灯远比节能灯耗电的原因（节能灯几乎将电能全部转化为了光能）。

（二）电压和电流的关系

图 4-2 所示为一电阻电路，两端加正弦交流电压，设外加电压 $u=\sqrt{2}U_R\sin\omega t$，根据欧姆定律：任一瞬间，电阻两端电压和通过电阻的电流成正比，即

$$i=\frac{u}{R}=\frac{\sqrt{2}U_R\sin\omega t}{R}=\sqrt{2}\,\frac{U_R}{R}\sin\omega t=\sqrt{2}\,I\sin\omega t$$

电阻元件电流与其两端电压的关系为：

（1）电阻元件两端的电压和通过其的电流同频率；

（2）在相位上，电压与电流同相位；

（3）电压和电流有效值（或幅值）也遵循欧姆定律，即

$$I=\frac{U_R}{R}$$

用相量图表示电阻两端电压和通过电阻的电流的关系如图 4-3 所示。

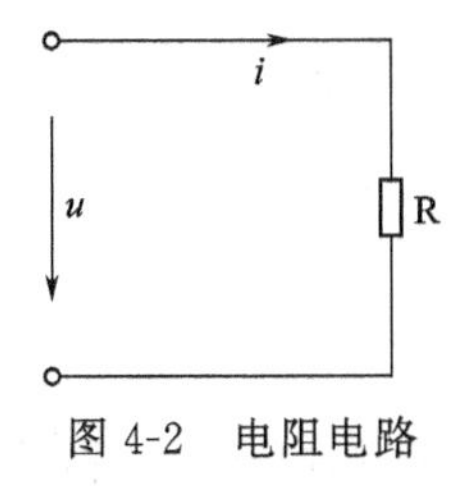

图 4-2　电阻电路

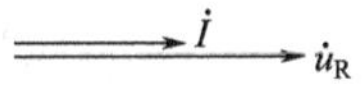

图 4-3　电阻元件电压和电流的相量图

（三）功率

1. 瞬时功率

电路任一瞬时从电源吸收的功率称为瞬时功率，用字母 p 表示，它等于电压与电流瞬时值的乘积。电阻元件两端的电压和通过它的电流同相，瞬时功率总是正值，即电阻元件总是从电源吸收电能，是消耗功率的，所以电阻是耗能元件。瞬时功率的实用意义不大。

2. 有功功率

电阻元件消耗的平均功率为瞬时功率在一个周期内的平均值，称为平均功率或有功功率，简称功率，用符号 P 表示，单位为瓦特（W），功率常用的单位还有千瓦（kW）。根据有功功率的定义可得

$$P=UI=I^2R=U^2/R$$

其中 U、I 为电阻两端电压和通过它的电流的有效值，可见，电阻元件的有功功率等于电压、电流有效值的乘积，与直流电路中平均功率的计算公式相似。

二、纯电感电路

（一）纯电感电路的概念

纯电感电路是指除交变电源外，只含有电感元件的电路。电感两端的电压与电流同频，

但电压比电流的相位超前 $\pi/2$，线圈不消耗能量。

在直流电路中，影响电流跟电压关系的只有电阻。在交流电路中，情况要复杂一些，影响电流跟电压关系的，除了电阻，还有电感和电容。

电感对交流电有阻碍作用。为什么电感对交流电有阻碍作用呢？交流电通过电感线圈时，电流时刻在改变，电感线圈中必然产生自感电动势，阻碍电流的变化，这样就形成了对电流的阻碍作用。在电工技术中，变压器、电磁铁等的线圈，一般是用铜线绕的。铜的电阻率很小，在很多情况下，线圈的电阻比较小，可以略去不计，而认为线圈只有电感。只有电感的电路叫纯电感电路。

(二）电压和电流的关系

图 4-4 所示为电感元件的交流电路，电感元件电流与电压的关系为：

(1）电感元件电流与电压同频率；

(2）在相位上，电压超前电流 90°，或电流滞后电压 90°；

(3）电压和电流有效值（或幅值）之间的关系也遵循欧姆定律，即

$$U_L = I\omega L = IX_L$$

其中

$$X_L = \omega L = 2\pi fL$$

将 X_L 称为电感的电抗，简称感抗，单位为欧姆（Ω）。

用相量图表示电感元件电压和电流的关系见图 4-5。

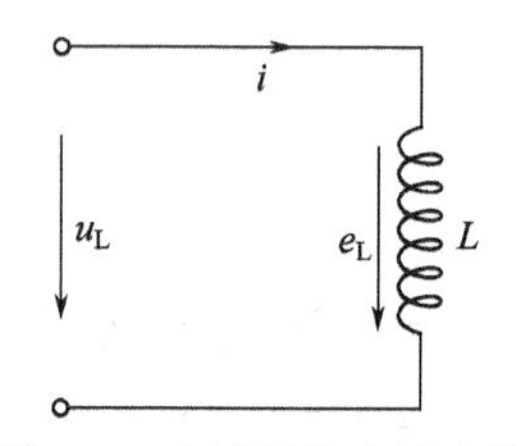

图 4-4 电感元件交流电路

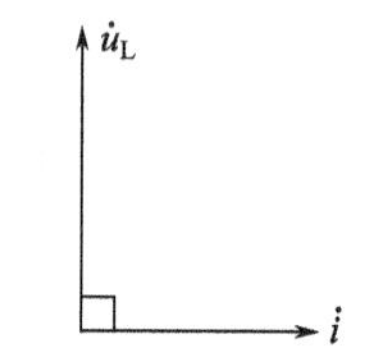

图 4-5 电感元件电压、电流相量图

(三）功率

1. 瞬时功率

电感线圈总是与电源不断交换能量，不消耗电能，因而它是一个储能元件。

2. 平均功率（有功功率）

在一个周期内，纯电感线圈从电源吸收的能量与返回电源的能量相等，线圈本身并没有消耗能量，所以

$$P = 0$$

3. 无功功率

电感元件的无功功率为

$$Q = U_L I = I^2 X_L = \frac{U_L^2}{X_L}$$

它反映储能元件与电源之间能量互换的规模；元件中只有能量的交换，没有能量的消耗，所以称“无功”。为了与有功功率的单位区别，所以规定无功功率的单位是“乏”。

三、纯电容电路

（一）纯电容电路的概念

1. 纯电容电路是指除交变电源外，只含有电容元件的电路。纯电容上的电压超前电流 90°。

2. 当频率一定时，在同样大小的电压作用下，电容越大的电容器所存储的电荷量就越多，电路中的电流也就越大，电容器对电流的阻碍作用也就越小；当外加电压和电容一定时，电源频率越高，电容器充、放电的速度越快，电荷移动速率也越高，则电路中电流也就越大，电容器对电流的阻碍作用也就越小。这也反映了电感元件“通直流，阻交流；通低频，阻高频”的特性，其本质为电感元件在电流变化时所产生的自感电动势对交变电流的反抗作用。特别注意，对于直流电（$f=0$），容抗趋于无穷大，可将电容元件视为断路。

3. 用一句话总结电容元件的特性：“通交流，阻直流；通高频，阻低频”。

（二）电容电路电压与电流的关系

图 4-6 所示为纯电容电路，电容两端电压为 $u_c=\sqrt{2}u\sin\omega t$。

电容元件电流与电压的关系为：

（1）电容元件两端电压和其中的电流同频率；

（2）在相位上，电压滞后电流 90°，或电流超前电压 90°；

（3）电压和电流有效值（或幅值）之间的关系也遵循欧姆定律，即

$$I=\omega CU=\frac{U}{X_C}$$

其中令

$$X_C=\frac{1}{\omega C}=\frac{1}{2\pi fC}$$

X_C 称为电容电抗，简称容抗，与频率成反比，单位为欧姆（Ω）。

当电压一定时，容抗越大，电流越小，因此容抗大小表示电容对交流电的阻碍作用大小，与电阻不同的是，容抗大小受频率的影响，频率越高，容抗越小，所以，电容对高频交流电的阻碍作用很小。

用相量图来表示电容电压和电流的关系，如图 4-7 所示。

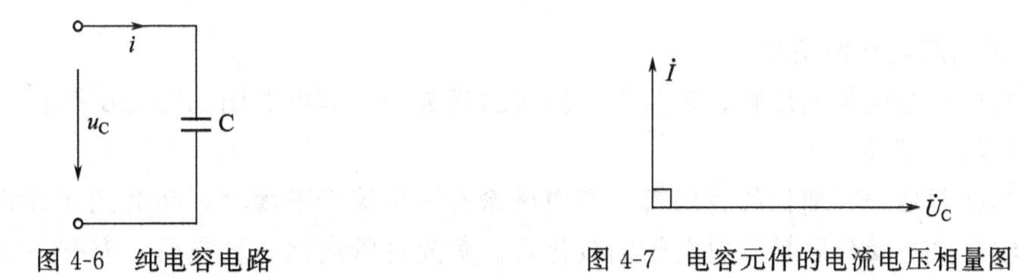

图 4-6　纯电容电路　　　图 4-7　电容元件的电流电压相量图

（三）功率

1. 瞬时功率

电容元件的瞬时功率随时间变化的曲线为正弦波形，电容总是与电源不断交换能量，不消耗电能，因而它是一个储能元件。

2. 有功功率

电容元件与电感元件一样，也不消耗电能，故平均功率也为零，即

$$P=0$$

3. 无功功率

与电感元件的无功功率相似，也定义电容元件瞬时功率的最大值为它的无功功率，单位也用 var，计算公式为

$$Q=UI=\frac{U^2}{X_C}=I^2X_C$$

可见，电容元件与电感一样，在电路中不消耗电能，只进行能量交换。

任务实施一 荧光灯电路的装接

一、任务所需设备、工具、材料

所需设备、工具、材料见表 4-4。

表 4-4 工具材料表

序号	名称	型号与规格	数量	备注
1	交流电压表	0～500V	1	
2	交流电流表	0～5A	1	
3	功率表		1	
4	自耦调压器		1	
5	镇流器、启辉器	与 30W 灯管配用	各 1	HE-16
6	日光灯灯管	30W	1	屏内
7	电容器	1μF，2.2μF，4.7μF/500V	各 1	HE-16
8	白炽灯及灯座	220V，15W	1～3	HE-17
9	电流插座		3	HE-17

二、任务内容与实施步骤

1. 荧光灯电路的组成

荧光灯电路由荧光灯管、镇流器、启辉器组成，原理电路图如图 4-8 所示。

(1) 荧光灯管

荧光灯管是一支细长的玻璃管，其内壁涂有一层荧光粉薄膜，在荧光灯管的两端装有钨丝，钨丝上涂有受热后易发射电子的氧化物。荧光灯管内抽成真空后，充有一定量的惰性气体和少量的汞气（水银蒸汽）。惰性气体有利于荧光灯的启动，并延长灯管的使用寿命；水银蒸汽作为主要的导电材料，在放电时产生紫外线激发荧光灯管内壁的荧光粉转换为可见光。

(2) 启辉器

启辉器主要由辉光放电管和电容器组成，其内部结构如图 4-9 所示。其中辉光放电管内

部的倒U形双金属片（动触片）是由两种热膨胀系数不同的金属片组成；通常情况下，动触片和静触片是分开的；小容量的电容器可以防止启辉器动、静触片断开时产生的火花烧坏触片。

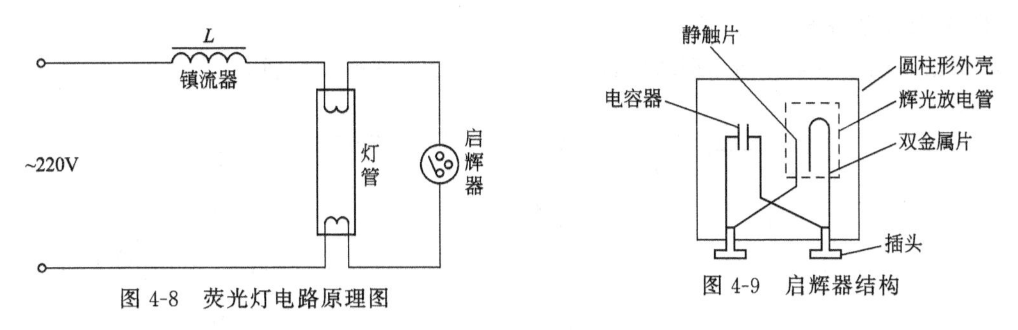

图 4-8 荧光灯电路原理图

图 4-9 启辉器结构

（3）镇流器

镇流器是一个带有铁心的电感线圈。它与启辉器配合产生瞬间高电压使荧光灯管导通，激发荧光粉发光，还可以限制和稳定电路的工作电流。

2. 荧光灯的工作原理

在荧光灯电路接通电源后，电源电压全部加在启辉器两端，从而使辉光放电管内部的动触片与静触片之间产生辉光放电，辉光放电产生的热量使动触片受热膨胀趋向伸直，与静触片接通。于是，荧光灯管两端的灯丝、辉光放电管内部的触片、镇流器构成一个回路。灯丝因通过电流而发热，从而使灯丝上的氧化物发射电子。与此同时，辉光放电管内部的动触片与静触片接通时，触片间电压为零，辉光放电立即停止，动触片冷却收缩而脱离静触片，导致镇流器中的电流突然减小为零。于是，镇流器产生的自感电动势与电源电压串联叠加于灯管两端，迫使灯管内惰性气体分子电离而产生弧光放电，荧光灯管内温度逐渐升高，水银蒸汽游离，并猛烈地撞击惰性气体分子而放电，同时辐射出不可见的紫外线激发灯管内壁的荧光粉而发出近似荧光的可见光。荧光灯管发光后，其两端的电压不足以使启辉器辉光放电，这时，交流电源、镇流器与荧光灯管串联构成一个电流通路，从而保证荧光灯的正常工作。

3. 实验实训内容与步骤

（1）荧光灯电路的安装

① 布局定位。根据荧光灯电路各部分的尺寸进行合理布局定位，制作荧光灯安装电路板，如图 4-10 所示。

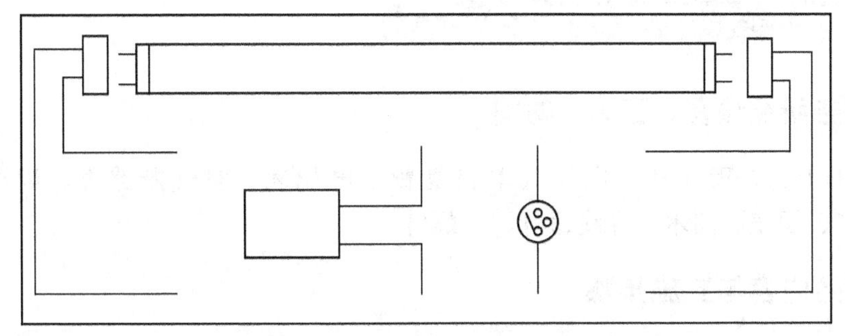

图 4-10 荧光灯安装电路板

② 用万用表检测荧光灯。灯管两端灯丝应有几欧姆电阻，镇流器电阻约为 20～30Ω，

启辉器不导通，电容器应有充电效应。

③ 根据图 4-11 进行荧光灯电路的安装。

④ 接好线路并经老师检查合格后，通电观察荧光灯电路的工作情况。

(2) 荧光灯电路参数的测量

① 根据原理电路图，画出接线图，如图 4-11 所示，并按图接线。

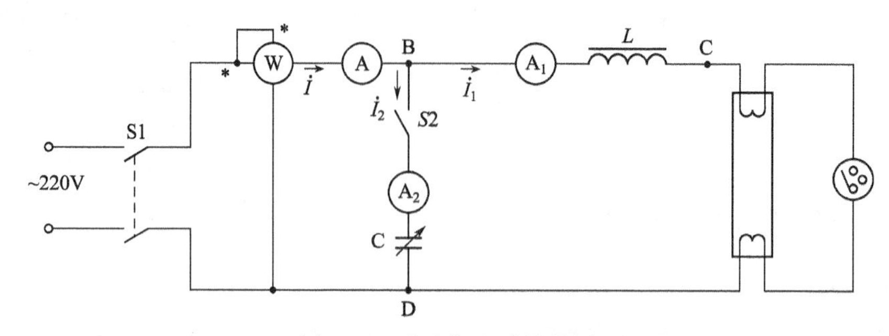

图 4-11 荧光灯电路接线图

② 断开开关 S2，闭合电源开关 S1，用交流电流表测量荧光灯电路的电流 I；用功率表测量荧光灯电路的功率 P；用交流电压表分别测量荧光灯电路电压 U_{BD}、灯管两端电压 U_{CD}；镇流器电压 U_{BC}，并计算灯管电阻 R、镇流器电阻 R_L、镇流器电感 L，填入表 4-5 中。

表 4-5 测量值表

I	P	U_{BD}	U_{CD}	U_{BC}	R	R_L	L

4. 注意事项

(1) 实训过程中必须注意人身安全和设备安全。

(2) 注意荧光灯电路的正确接线，镇流器必须与灯管串联。

(3) 镇流器的功率必须与灯管的功率一致。

(4) 荧光灯的启动电流较大，启动时用单刀开关将功率表的电流线圈和电流表短路，防止仪表损坏，操作时注意安全。

(5) 保证安装质量，注意安装工艺。

任务实施二 照明电路配电板的安装

一、任务所需设备、工具、材料

常用电工工具、万用表、电子式单相复费率电能表、空气断路器、配电板、灯头、100W 白炽灯、插座、圆木、导线适量、木螺钉。

二、任务内容与实施步骤

(一) 任务内容

1. 照明配电板安装工艺

照明配电板装置是用户室内照明及电器用电的配电点，输入端接在供电部门送到用户的进户线上，它将计量、保护和控制电器安装在一起，便于管理和维护，有利于安全用电。

单相照明配电板一般由电度表、控制开关、过载和短路保护器等组成，要求较高的还装有漏电保护器。

（1）空开的安装

空开安装时首先要注意箱盖上空开安装孔位置，保证空开位置在箱盖预留位置。其次开关安装时要从左向右排列，开关预留位应为一个整位。预留位一般放在配电箱右侧。第一排总空开与分空开之间有预留一下完整的整位用于第一排空开配线。

（2）单相电度表的安装

电度表又称电能表，是用来对用户的用电量进行计量的仪表。按电源相数分有单相电度表和三相电度表，在小容量照明配电板上，大多使用单相电度表。

① 电度表的选择。选择电度表时，应考虑照明灯具和其他用电器具的总耗电量，电度表的额定电流应大于室内所有用电器具的总电流，电度表所能提供的电功率为额定电流和额定电压的乘积。

② 电度表的安装。单相电度表一般应安装在配电板的左边，而开关应安装在配电板的右边，与其他电器的距离大约为 60mm。安装位置如图 4-12 所示。安装时应注意，电度表与地面必须垂直，否则将会影响电度表计数的准确性。

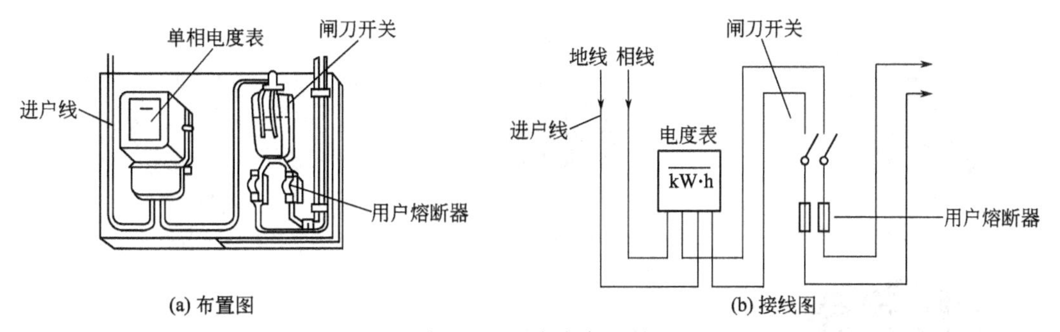

图 4-12　电度表布置图

③ 电度表的接线。单相电度表的接线盒内有四个接线端子，自左向右为①、②、③、④编号。接线方法是①、③接进线，②、④接出线，接线方法如图 4-13 所示。也有的电度表接线特殊，具体接线时应以电度表所附接线图为依据。

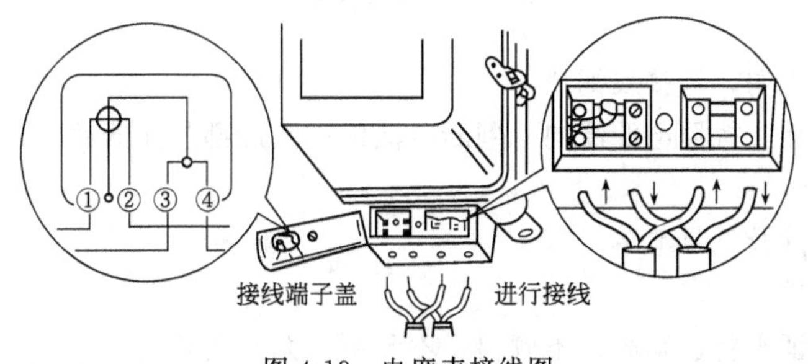

图 4-13　电度表接线图

2. 电源插座的安装工艺

电源插座是各种用电器具的供电点，一般不用开关控制，只串接瓷保险盒或直接接入电源。单相插座分双孔和三孔，三相插座为四孔。照明线路上常用单相插座，使用时最好选用扁孔的三孔插座，它带有保护接地，可避免发生用电事故。

明装插座的安装步骤和工艺与安装吊线盒大致相同。先安装圆木或木台，然后把插座安装在圆木或木台上，对于暗敷线路，需要使用暗装插座，暗装插座应安装在预埋墙内的插座盒中。插座的安装工艺要点及注意事项如下。

① 两孔插座在水平排列安装时，应零线接左孔，相线接右孔，即左零右火；垂直排列安装时，应零线接上孔，相线接下孔，即上零下火。三孔插座安装时，下方两孔接电源线，零线接左孔，相线接右孔，上面大孔接保护接地线。

② 插座的安装高度，一般应与地面保持 1.4m 的垂直距离，特殊需要时可以低装，离地高度不得低于 0.15m，且应采用安全插座。但托儿所、幼儿园和小学等儿童集中的地方禁止低装。

③ 在同一块木台上安装多个插座时，每个插座相应位置和插孔相位必须相同，接地孔的接地必须正规，相同电压和相同相数的插座，应选用统一的结构形式，不同电压或不同相数的插座，应选用有明显区别的结构形式，并标明电压。

（二）实施步骤

1. 初识配电板

（1）识别元器件

如图 4-14 所示，观察提供的元器件外形特征，结合日常生活经验，完成各元器件的认识。

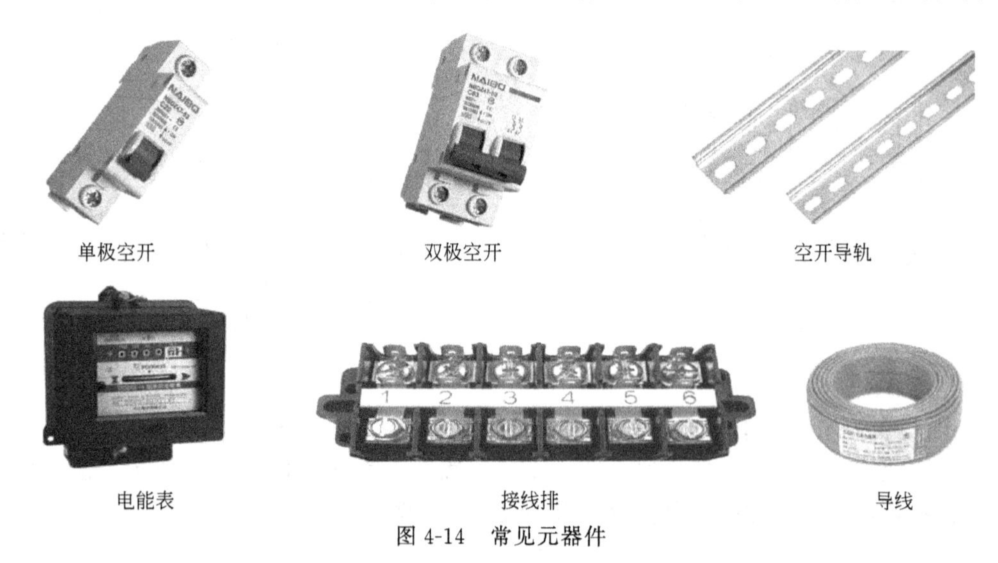

图 4-14　常见元器件

（2）认识线路走向，为接线铺垫

结合实物配电板，按照电源流向，判断电流依次流过哪些元器件。

2. 安装配电板

（1）清点元器件及工具清单。

（2）固定元器件。

元器件安装保证平整、牢固，不倾斜、不装倒（尤其空开）。

3. 元器件接线

根据相关布线工艺知识按步指导要求完成配电板接线任务。

（三）布线工艺要求

1. 导线剥削长度要合适，过短压接不牢固，过长铜丝会裸露。

2. 导线过于弯曲时要把它拉直，保证走线平直。

3. 操作过程中不要损伤导线绝缘层及线芯。

4. 板上走线要求与板横平竖直、各转弯处成 90°角。可借助钢丝钳弯绞成形。

5. 同一回路要汇合并贴紧，使线路走向清晰、简洁、美观，利于排故。

布线步骤可按图 4-15 至图 4-17 进行。

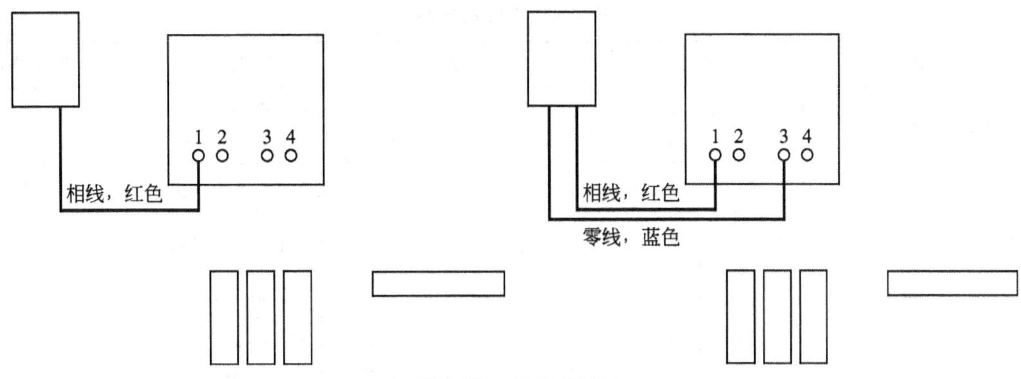

图 4-15　布线步骤 1

步骤 1：空开下端两孔分别接至电表 1、3 端子。

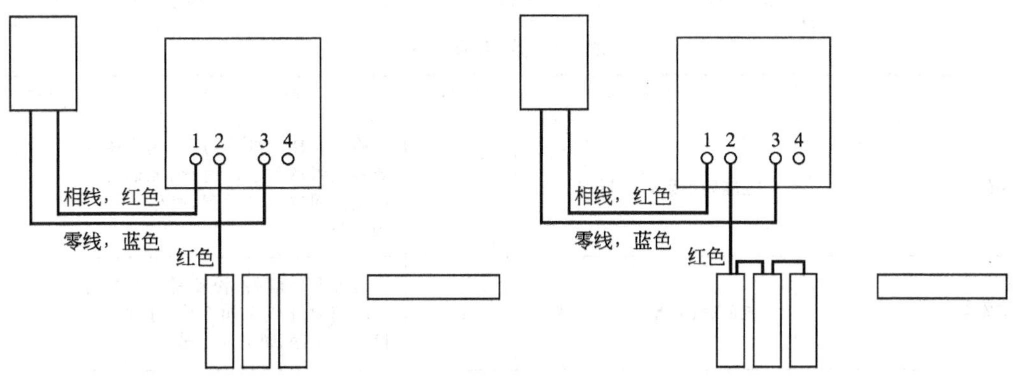

图 4-16　布线步骤 2

步骤 2：电表端子 2 接至单极空开上端，并把所有的单极空开上端接在一起。

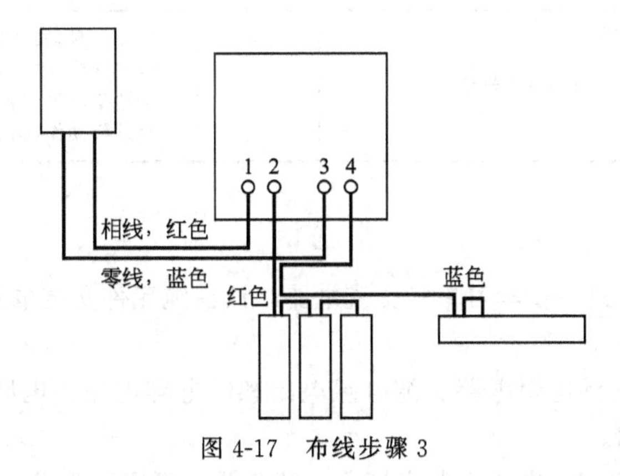

图 4-17　布线步骤 3

步骤 3：电表端子 4 接至接线排上端，而后采取单极空开上端子的解法。

任务评价

评价一　白炽灯的安装

要求每位同学必须按上述方法进行。考核标准为百分制。每部分考核标准见表 4-6。

表 4-6　考核标准表

考核项目	考核要求	配分	评分标准	实际得分
荧光灯电路的安装	布局定位合理 正确使用万用表检测荧光灯	50	布局定位不合理扣 10 分 使用万用表不正确扣 20 分	
荧光灯电路参数的测量	正确使用交流电流表 正确使用功率表 正确使用交流电压表 会计算电阻值	40	使用交流电流表不正确扣 20 分 使用功率表不正确扣 20 分 使用交流电压表不正确扣 20 分	
安全文明	符合有关规定	10	损坏工具，扣 3 分 场地不清洁，扣 2 分 有危险动作，扣 3 分	

评价二　照明电路配电板的安装

要求每位同学必须按上述方法进行。考核标准为百分制。每部分考核标准见表 4-7。

表 4-7　考核标准表

考核项目	考核要求	配分	评分标准	实际得分
器件的识别	能准确识别各元器件	20	检查器件的外观，用万用表检查各元器件的通断情况，元器件有质量问题没有发现，每错一个扣 4 分	
电路安装	能正确、整齐地安装电路	30	器件安装倾斜、松动每一处扣 2 分，布线不美观扣 2 分，导线和接头不牢固，每处扣 2 分	
导线连接	能准确进行导线的连接	20	导线连错，每处扣 4 分	
电路调试	通电后能准确进行电路的调试	20	电路通电不成功，每一处扣 5 分，每调试一次加扣 3 分	
安全文明	符合有关规定	10	损坏工具，扣 3 分 浪费导线，扣 2 分 场地不清洁，扣 2 分 有危险动作，扣 3 分	

任务小结

本任务是带领大家进一步学习单相交流电路，认识纯元件交流电路、白炽灯的安装和照明配电板的安装。

1. 交流电中包含有纯电阻电路、纯电感电路和纯电容电路，电路中电流和电压的关系及电功率的计算要熟知。

2. 荧光灯电路的组成：电路由荧光灯管、镇流器、启辉器组成。

3. 荧光灯电路的安装：

(1) 安装前将准备好的器件进行合理布局；

(2) 用万用表检测荧光灯。灯管两端灯丝应有几欧姆电阻，镇流器电阻约为 20～30Ω，启辉器不导通，电容器应有充电效应；

(3) 进行荧光灯电路的安装。

自我测评

一、填空题

1. 日光灯主要由（　　）、（　　）、（　　）、（　　）等部分组成，常用灯管的功率最小的为（　　）W，最大的为（　　）W。

2. 镇流器是具有（　　）的电感线圈。它有两个作用：启动时与（　　）配合，产生（　　）点燃日光灯管。在工作时利用（　　）在电路中的（　　）来限制灯管电流。

二、简答题

1. 叙述日光灯的工作原理。

2. 日光灯镇流器有杂声或产生电磁声的原因是什么？

三、计算题

有一个 40W 的日光灯，使用时灯管与镇流器（可近似把镇流器看作纯电感）串联在电压为 220V，频率为 50Hz 的电源上。已知灯管工作时属于纯电阻负载，灯管两端的电压等于 110V，试求镇流器上的感抗和电感。这时电路的功率因数为多少？若将功率因数提高到 0.8，问应并联多大的电容？

任务三　LC 串、并联谐振电路参数分析

任务描述

本任务要完成单一元件交流电路的接线及电路参数的测试，需要掌握单一元件交流电路、谐振电路的基本概念、电路基本分析方法。

任务目标

一、知识目标

① 理解电感、电容对交流电的阻碍作用，掌握感抗、容抗的概念与计算方法；

② 理解 LC 串、并联电路中瞬时功率、有功功率、无功功率、视在功率的概念和计算方法；

③ 理解谐振电路的特点。

二、能力目标

① 会进行串、并联谐振电路的接线；

② 能准确分析串、并联谐振电路的发生条件、特点并掌握谐振频率的计算；

③ 会绘制谐振电路的谐振曲线。

三、职业素养目标

通过交流电路分析及参数测试训练，使学生具备单相交流电路的知识素养和电路接线、

测试分析的操作技能。

一、RL 电路

在电力系统中，大多负载都是感性负载，可以等效为电阻和电感的串联。

（一）电压与电流的关系

图 4-18 所示为电阻电感的串联电路，设流过它们的电流为 $i=\sqrt{2}I\sin\omega t$， 作相量图，如图 4-19 所示。

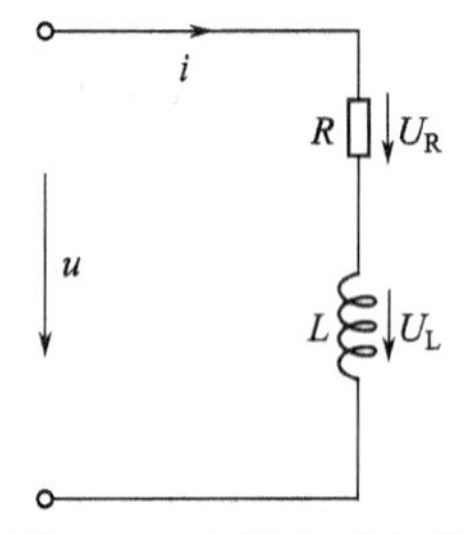

图 4-18　电阻电感电路

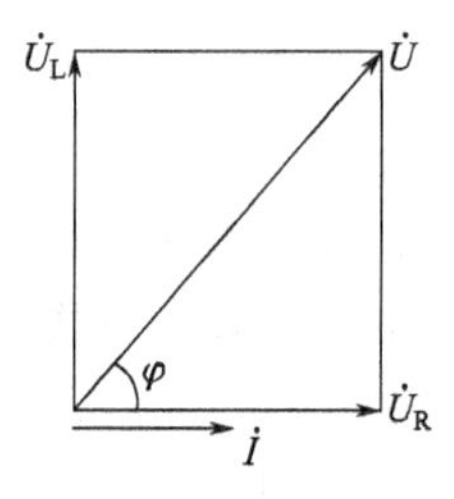

图 4-19　相量图

利用相量求和公式求出总电压：

$$U=\sqrt{U_R^2+U_L^2}=\sqrt{(IR)^2+(LX_L)^2}=I\sqrt{R^2+X_L^2}$$

$$\varphi=\arctan\frac{U_L}{R}=\arctan\frac{X_L}{R}$$

由以上分析可以总结出：

（1）总电压和电流同频率；

（2）在相位上，总电压超前电流，相位差为 φ；

（3）令 $Z=\sqrt{R^2+X_L^2}$，Z 称为电路的阻抗，所以

$$U=IZ$$

此为欧姆定律的形式，所以电阻电感元件的串联电路，总电压和电流的有效值之间也遵循欧姆定律。

（二）功率

1. 有功功率

$$P=U_RI=\frac{U_R}{R}=I^2R=UI\cos\varphi$$

2. 无功功率

$$Q=U_LI=\frac{U_L^2}{X_L}=I^2X_L=UI\sin\varphi$$

3. 视在功率

交流电源设备如交流发电机、变压器等的额定电压和额定电流的乘积称为额定视在功率，又称额定容量，简称容量，用符号 S_N来表示，单位为 V · A 或 kV · A；视在功率用来

表示电源设备允许提供的最大有功功率，即 $S_N = U_N I_N$。

在电感电阻串联电路中，视在功率为

$$S = UI$$

而 $P = UI\cos\varphi$，$Q = UI\sin\varphi$

所以

$$S = \sqrt{P^2 + Q^2}$$

二、谐振电路

（一）RLC 串联电路的分析

电阻、电感与电容元件串联的交流电路如图 4-20(a) 所示。电路的各元件通过同一电流。电流与各个电压的参考方向如图中所示。

设电流

$$i = I_m \sin\omega t$$

电阻元件上的电压与电流同相，即

$$u_R = RI_m \sin\omega t = UR_m \sin\omega t$$

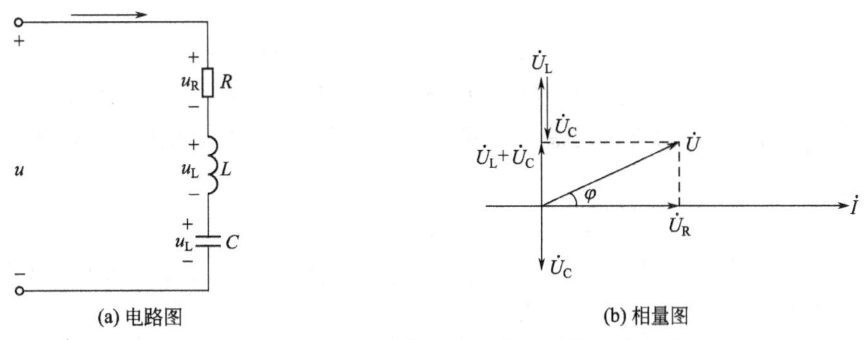

图 4-20　电阻、电感与电容元件串联的交流电路

电感元件上的电压比电流超前 90°，即

$$u_L = I_m\omega L\sin(\omega t + 90°) = U_{Lm}\sin(\omega t + 90°)$$

电容元件上的电压 u_c 比电流滞后 90°，即

$$u_C = I_m\omega L\sin(\omega t - 90°) = U_{cm}\sin(\omega t - 90°)$$

根据 KVL，有

$$u = u_R + u_L + u_C = U_m\sin(\omega t + \varphi)$$

式中的 Z 称为电路的阻抗。即

$$Z = R + j(X_L + X_C)$$

由上式可见，阻抗的实部为“阻”，虚部为“抗”，它同时表示电路的电压与电流之间的大小关系和相位关系。

阻抗的辐角为电流与电压之间的相位差。对电感性电路，辐角为正；对电容性电路，辐角为负。

阻抗不同于正弦量的函数的复数表示，它不是一个相量，而是一个复数计算量。由电压相量 $\dot{U}$，$\dot{U}_R$ 及（$\dot{U}_L + \dot{U}_C$）所组成的直角三角形称为电压三角形。利用这个电压三角形，可求的电源电压的有效值。

（二）RLC并联电路的分析计算

电力系统中，大多数负载（如电动机等）都是感性负载，在实际电路中，常在感性负载两端并联电容器来提高电路的功率因数，对应的电路模型如图4-21所示。

设电压为参考相量，即令 $u=\sqrt{2}U\sin\omega t$，感性负载和电容中的电流分别为：

$$i_1=\frac{U}{Z_1}=\frac{U}{\sqrt{R^2+X_L^2}},\ \varphi_1=\arctan\frac{X_L}{R},\ i_C=\frac{U}{X_L},\ \varphi_C=90°$$

用相量图法求总电流，相量图如图4-22所示。

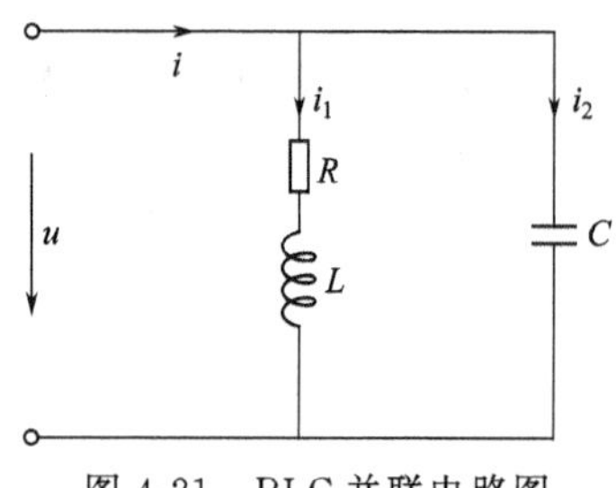

图4-21 RLC并联电路图

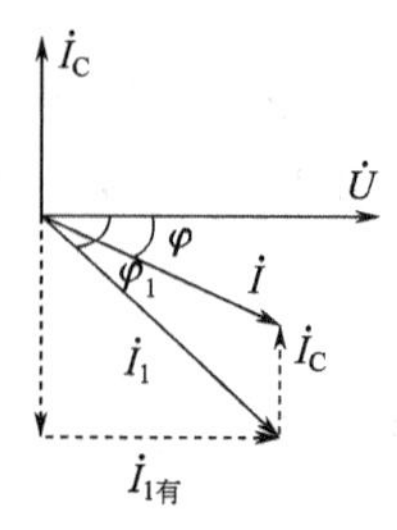

图4-22 并联电路相量图

当 $I_1\sin\varphi_1>I_C$ 时，总电流滞后总电压 φ 角，电路呈现感性，如图4-23(a)。

当 $I_1\sin\varphi_1<I_C$ 时，总电流超前总电压 φ 角，电路呈现容性，如图4-23(b)。

当 $I_1\sin\varphi_1=I_C$ 时，总电流与总电压同相，电路呈现电阻性，如图4-23(c)。

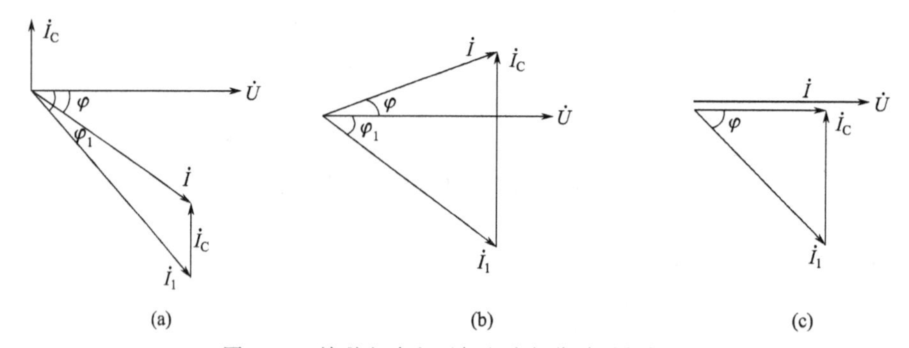

图4-23 并联电路电压与电流相位关系相量图

一、任务所需设备、工具、材料

低频信号发生器1台、示波器1台、电感器（150mH）1只、电容器（0.47μF）1只、电阻器22Ω、220Ω各一只、交流电流表1台。

二、任务内容与实施步骤

1. 串联谐振实验

（1）按图4-24连接电路，注意此电路左侧接低频信号发生器，右侧接示波器。检查无误后接通低频信号发生器及示波器的电源，预热后即可进行实验。

（2）将示波器的探头接到电容器的两端，改变信号发生器的频率，时观察示波器上的波形幅度，示波器波形的幅度达到最大值时的频率即为谐振频率，记入表 4-8 中。

表 4-8　测量值

谐 振 类 型	串 联 谐 振	并 联 谐 振
谐振频率		
谐振时电容器两端的电压		
谐振时电感器两端的电压		
低频方向（幅度下降到 70%时的频率）		
高频方向（幅度下降到 70%时的频率）		

（3）根据示波器的刻度记下谐振时电容器上的电压，然后将示波器的输入探头接至电感器两端，观察其幅度，记下电压值。

（4）向低频方向微调信号频率，使示波器显示的幅度下降到 70%，记下信号发生器的频率值，向高频端调节信号的频率，使之恢复到谐振频率后，继续微调信号的频率，使示波器显示的幅度下降到 70%，记下信号发生器的频率值。

2. 并联谐振的实验

（1）将线路按图 4-25 连接。

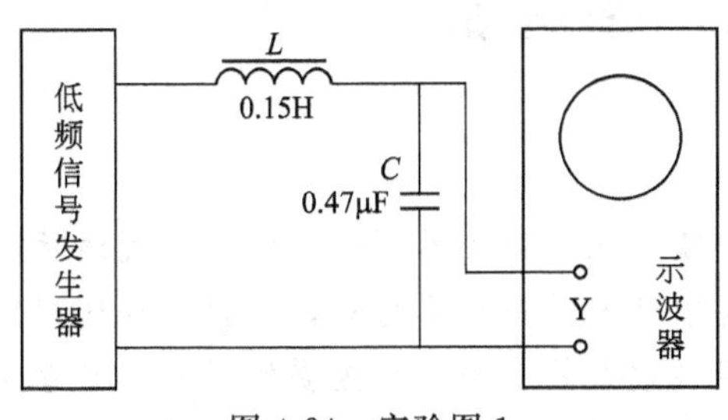

图 4-24　实验图 1

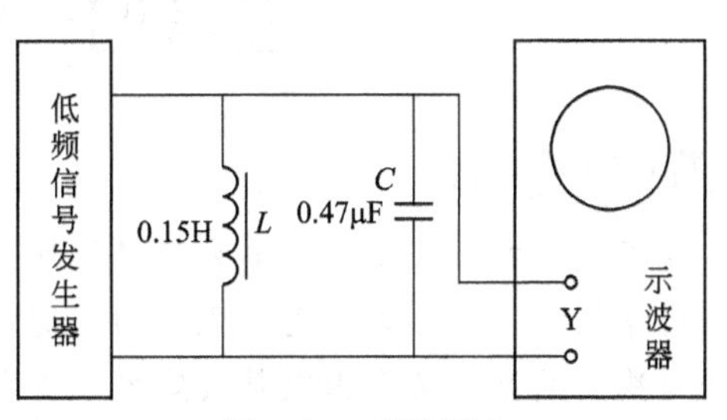

图 4-25　实验图 2

（2）重复串联谐振实验步骤（2）～（4）进行实验，将测量数据填入上述表中。

要求每位同学必须按上述方法进行。考核标准为百分制。每部分考核标准见表 4-9。

表 4-9　考核标准表

考 核 项 目	考 核 要 求	配分	评 分 标 准	实际得分
串并联谐振电路的接线	能够准确地将串并联谐振电路的接线进行连接	40	串并联谐振电路的接线连接错误各扣 10 分	
串并联谐振电路的波形输出	观察输出频率、电压的波形，调节示波器使波形稳定清晰，并记录	40	波形输出错误扣 10 分；根据输出电容器电压波形记录电感器电压波形，错误扣 10 分	
安全文明	符合有关规定	20	损坏工具，扣 3 分 损坏器件，扣 2 分 场地不清洁，扣 2 分 有危险动作，扣 3 分 未经允许，擅自通电造成设备损坏，扣 10 分	

任务小结

在具有电阻、电感和电容元件的交流电路中，电路两端的电压与其中电流位相一般是不同的。如果我们调节电感和电容的参数或电源频率，可以使它们相位相同，整个电路呈现为纯电阻性。

自我测评

一、判断题

1. 在 RLC 串联电路中，当 $X_L<X_C$时总电压滞后电流，电路呈现容性。(　　)
2. 谐振频率 f 仅由电路参数 L 和 C 决定，与电阻 R 无关。(　　)
3. 串联谐振时总阻抗最小，总电流也最小。(　　)
4. 串联谐振时总阻抗最小，总电流也最大。(　　)
5. 一个线圈的电阻为 R，电感为 L，接到正弦交流电路中，线圈的阻抗 $Z=R+X_L$。(　　)

二、简答题

什么叫无功功率？无功功率没有作用吗？举例说明。

任务四　提高功率因数

任务描述

随着经济的日益发展，电力需求不断提高，伴随而来的突出问题是能源的巨大消耗，资源利用率低下。电力系统是一庞大的系统，其电能损耗的数值相当可观，能源的合理配置是急需解决的问题。功率因数是决定发、供电系统经济效益的一个极为重要的因素，它直接反映了系统中有功功率与无功功率的分配。对于发、供电系统来说，对负荷不但要求有高的负荷率，而且也要求有高的功率因数。

任务目标

一、知识目标

① 掌握功率因数的定义；
② 掌握提高功率因数的方法；
③ 了解提高功率因数的意义。

二、能力目标

① 会连接利用电容提高功率因数的电路；
② 会计算感性负载上应并联多大的电容来提高功率因数；
③ 能在提高功率因数的基础上合理选用电器设备及其运行方式。

三、职业素养目标

通过对功率因数和提高功率因数的方法的学习以及提高功率因数实训操作，让学生掌握能够使功率因数达到最优的技能。

一、功率因数的定义

有功功率与视在功率的比值称为功率因数，用 $\cos\varphi$ 表示，即

$$\cos\varphi=\frac{P}{S}$$

供电系统功率因数的大小取决于负载的性质和参数。如电阻性负载的功率因数等于 1，电感或电容负载的功率因数等于 0，其他负载的功率因数介于 0 和 1 之间。比如常用异步电动机为感性负载，在额定负载时的功率因数为 0.7～0.9。

二、提高功率因数的意义

（一）能够减少投资、改善设备的利用率

当电源视在功率一定时，提高供电线路的功率因数，电源可以向负载提供更多有功功率，从而提高了电源的利用率，充分利用电源设备的容量。

（二）提高功率因数可以减少线路电压损失和功率损耗

由 $P=UI\cos\varphi$，可得 $I=\dfrac{P}{U\cos\varphi}$

即当输送功率 P 和电压 U 一定时，线路上的电流与功率因数成反比，提高功率因数可以减小线路上的电流。而线路电压损失和能量损耗可用下式计算：

$$\Delta U=IR$$

$$\Delta P=I^2R$$

可见，提高功率因数 $\cos\varphi$，减小线路电流 I，可以减小线路电压损失和能量损耗，这样既可以提高供电质量，又节约电能，提高供电系统的效率，也提高了用户的经济效益。

（三）能够提高电力网的传输能力、增加经济效益

当传送有功功率一定的条件下，功率因数越高，所需视在功率就越小。而当有功负荷一定时，若功率因数越大，无功负荷就越小，充分发挥了发、供电设备的生产能力，提高了经济效益。在二端网络中，提高用电器的功率因数可减少输电线路上的功率损失；能充分发挥电力设备（变压器、电动机等）的潜力。

提高电网的功率因数对国民经济的发展有着极其重要的意义。功率因数的提高，能使发电设备的容量得到充分利用，同时也能使电能得到大量节约。

三、提高功率因数的方法

（一）合理选用电器设备及其运行方式

(1) 尽量减少变压器和电动机的浮装容量，减少大马拉小车现象。

(2) 调整负荷，提高设备的利用率，减少空载、轻载运行的设备。

(3) 对负载有变化且经常处于轻载运行状态的电动机，采用 Δ-Y 自动切换方式运行。

（二）在感性负载上并联电容器提高功率因数

感性负载电路中的电流落后于电压，并联电容器后可产生超前电压90°的电容支路电流，使电路的总电流减小，从而减小阻抗角，提高功率因数。用串联电容器的方法也可提高电路

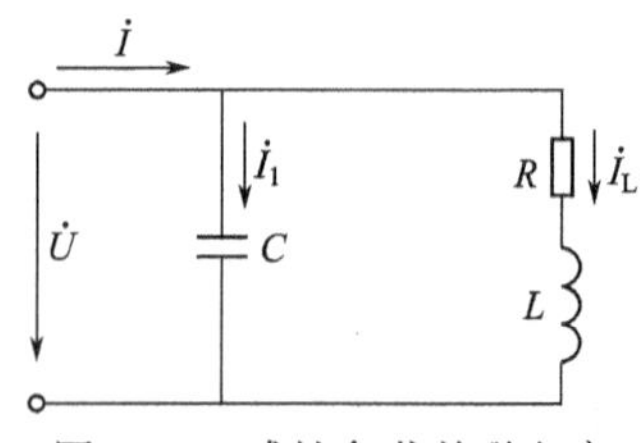

图 4-26 感性负载并联电容

的功率因数，但串联电容器使电路的总阻抗减小，总电流增大，从而加重电源的负担，因而不采用串联电容器的方法来提高电路的功率因数。

提高功率因数的前提是不影响用电设备的工作状态，电力系统负载多为感性负载，所以通常采用在感性负载两端并联电容器补偿无功功率来提高线路的功率因数。如图 4-26 所示。

【例】 设负载的端电压为 U，电压频率为 f，电源供给负载的功率为 P，功率因数为 $\cos\varphi_1$，要将负载的功率因数从 $\cos\varphi_1$ 提高到 $\cos\varphi_2$，问需在负载两端并联多大的电容？

解： 设并联电容量为 C 的电容器电路的功率因数从 $\cos\varphi_1$ 提高到 $\cos\varphi_2$，则：

$$I_C = I_1\sin\varphi_1 - I_2\sin\varphi_2 = \frac{P}{U\cos\varphi_1}\sin\varphi_1 - \frac{P}{U\cos\varphi_2}\sin\varphi_2$$

$$= \frac{P}{U}\tan\varphi_1 - \frac{P}{U}\tan\varphi_2 = \frac{P}{U}(\tan\varphi_1 - \tan\varphi_2)$$

$$= \frac{U}{X_C} = 2\pi fCU$$

$$C = \frac{P}{2\pi fU^2}(\tan\varphi_1 - \tan\varphi_2)$$

式中 P——电源供给负载的有功功率；
U——负载的端电压；
φ_1——并联电容前电路的阻抗角；
φ_2——并联电容后电路的阻抗角；
f——电源频率；
C——并联电容器的电容量。

一、任务所需设备、工具、材料

万用表、电容、电感、电阻、交流电源、电工试验台。

二、任务内容与实施步骤

（一）实训电路图

实训电路图如图 4-27 所示。

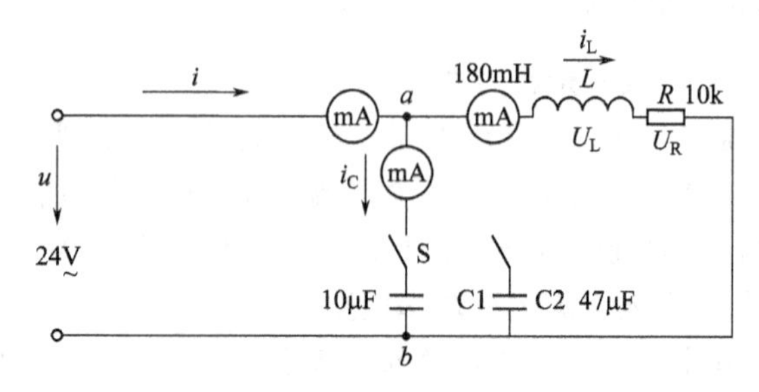

图 4-27 实训电路图

（二）操作步骤

1. 调节电工实验台上的交流电源，使其输出交流电源电压值为24V。

2. 按图4-27接线，先自行检查接线是否正确，并经教师检查无误后通电。

3. 分别在未并电容、并入电容数值1、并入电容数值2情况下，测量数值，填入表4-10。

表4-10　测量值

电路情况	测量值			
	U/V	I/mA	I_L/mA	I_c/mA
未并电容				
电容数值1				
电容数值2				

三、任务讨论

（一）对以下六个问题进行讨论

(1) 并联电容后，i_L改变了吗？变大还是变小了？为什么？

(2) 并联电容后，通过计算P改变了吗？变大还是变小了？为什么？

(3) 并联电容后，i改变了吗？变大还是变小了？为什么？

(4) 并联电容后，Q改变了吗？为什么？

(5) 电容C能否串联在电路中？

(6) $\cos\varphi$能否提高到1？

（二）讨论总结

(1) 根据实训数据，并联电容前后，感性负载中的电流i_L始终不变。因为负载两端电压U和负载参数R、X_L均没有变化。因此在并联电容前后，电路原工作状态不会改变，即本身参数不能改变。

(2) 由于i_L始终不变，因此在并联电容前后，有功功率P也没变。并联电容后线路电流$i=i_L+i_C$。

(3) 观察实训测试数据，感性负载电流i_L在并联电容前后始终保持不变，但并联电容后总电流i下降，而$\cos\varphi=P/UI$，所以$\cos\varphi$升高。

(4) 电源电压u不变，电源输出电流i和功率因数降低，故无功功率Q降低，电路中能量互换的规模降低，提高了电源设备的利用率。

(5) 不能利用串联电路的方法提高功率因数，否则感性负载两端电压会降低，改变负载原工作状态。

(6) 功率因数不能提高到1，否则会发生并联谐振，这在电力设备中是不容许的。

要求每位同学必须按上述方法进行。考核标准为百分制。每部分考核标准见表4-11。

表 4-11　考核标准表

考核项目	考核要求	配分	评分标准	实际得分
按照原理图进行接线	接线正确美观	20	接线错误，扣 10 分	
并联电容 1 时参数测试	参数测试正确	40	参数测试错误，每处扣 5 分	
并联电容 2 时，参数测试	参数测试正确	30	参数测试错误，每处扣 5 分	
安全文明	符合有关规定	10	损坏工具，扣 3 分 损坏器件，扣 2 分 场地不清洁，扣 2 分 有危险动作，扣 3 分 未经允许擅自通电造成设备损坏，扣 10 分	

任务小结

1. 有功功率与视在功率的比值称为功率因数，用 $\cos\varphi$ 表示。

2. 提高功率因数的意义

(1) 能够减少投资、改善设备的利用率。

(2) 在感性负载上并联电容能提高功率因数。

(3) 能够提高电力网的传输能力，增加经济效益。

3. 提高功率因数的方法

(1) 合理选用电器设备及其运行方式

① 尽量减少变压器和电动机的浮装容量，减少大马拉小车现象。

② 调整负荷，提高设备的利用率，减少空载、轻载运行的设备。

③ 对负载有变化且经常处于轻载运行状态的电动机，采用 Δ-Y 自动切换方式运行。

(2) 在感性负载上并联电容器。

4. 提高功率因数实训小结

(1) 在并联电容前后，电路原工作状态不会改变，即本身参数不能改变。

(2) 并联电容后，电路总电流降低，这是功率因数提高的根本原因。

(3) 功率因数不能提高到 1。当 $\cos\varphi=1$ 时，会发生并联谐振，这在电力设备中是不容许的。

自我测评

一、判断题

1. 感性负载并联电容器可以提高输电线路功率因数。(　　)

2. 供电线路中，经常利用电容器对电感电路的无功功率进行补偿。(　　)

二、问答题

1. 提高功率因数的意义是什么？提高的方法有哪些？

2. 能否用串联电容器的方法提高功率因数？

任务五　三相交流负载的连接及参数分析

任务描述

掌握三相交流电基本概念和三相交流电路中线电压与相电压、线电流与相电流的基本关系，熟悉电源与负载两种连接方式的特点。

任务目标

一、知识目标

① 了解三相交流电路的基本概念；

② 充分理解三相对称负载星形连接和三角形连接时，线电压与相电压、线电流与相电流的关系；

③ 充分理解三相四线制供电系统中中线的作用。

二、能力目标

① 学会负载星形连接的接法；

② 观察三相星形负载的故障现象，学习故障判断方法；

③ 学会负载三角形连接的接法。

三、职业素养目标

培养学生具备三相交流电路基础知识素养以及接线、测试、分析故障等职业能力素养。

相关知识

一、三相正弦交流电压的表示

三相对称电源是指三个频率相同，最大值相等，相位彼此互差 120°的正弦交流电压源。三相电源绕组分别称为 A 相、B 相、C 相绕组，首端分别用 A、B、C 表示，末端分别用 X、Y、Z 表示，规定电动势的正方向从末端指向首端，电压的正方向从首端指向末端，如图 4-28 所示。

（一）三相电源绕组的相电压

$$u_A=\sqrt{2}U\sin\omega t$$

$$u_B=\sqrt{2}U\sin(\omega t-120°)$$

$$u_C=\sqrt{2}U\sin(\omega t+120°)$$

三相对称电源的三个相电压瞬时值之和为零，即

$$u_A+u_B+u_C=0$$

（二）三相交流电压的波形图表

三相交流对称电压的波形图如图 4-29 所示。从波形图可以很直观的看出三相交流对称电压随时间变化的规律，也可以看出三个电压幅值相等、频率相等、相位上互差 120°。

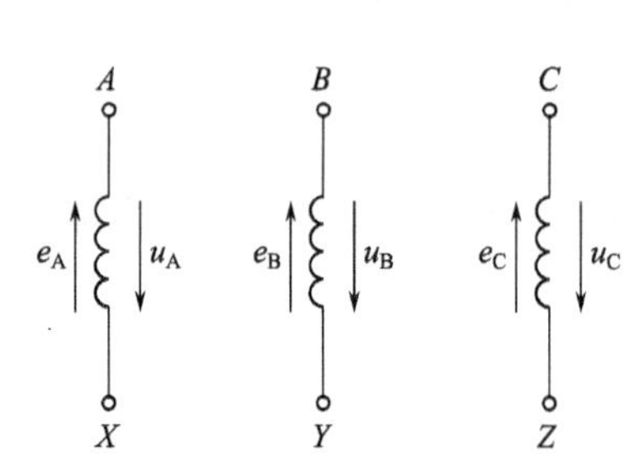

图 4-28　三相交流电源绕组

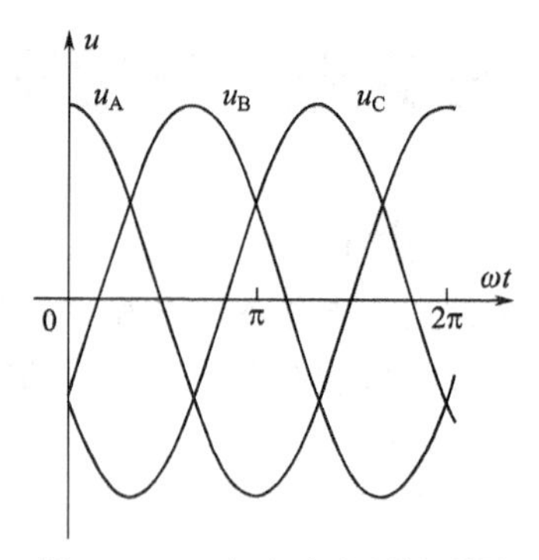

图 4-29　三相交流电压波形图

（三）三相交流电压的相量图表示

三相交流对称电压的相量图如图 4-30 所示。

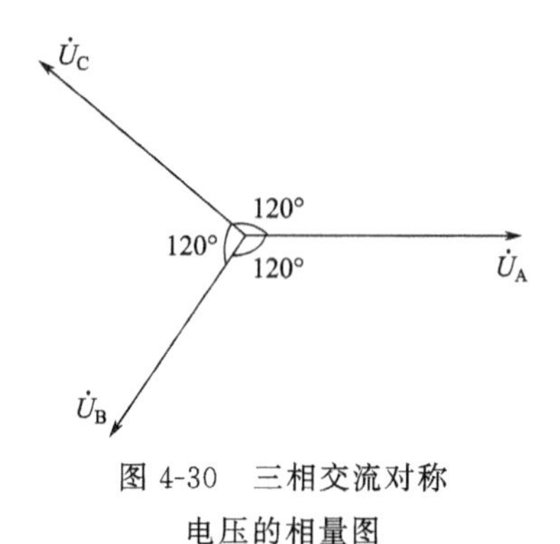

图 4-30　三相交流对称电压的相量图

三相电源中各相电压超前或滞后的排列次序称为相序（或各相电动势依次达到最大值的顺序叫相序），在图 4-29 所示的波形图中，三相电压达到最大值的顺序为 u_A、u_B、u_C，称为正序，即 A 相电压超前 B 相电压 120°，B 相电压超前 C 相电压 120°，表示为 $A \to B \to C \to A$；若最大值出现的顺序为 $A \to C \to B \to A$，则称为负序（也称为逆序）。动力用电系统中通用的相序为正序，一般在配电母线上用黄、绿、红三种颜色分别表示 A、B、C 三相。三相电动机在正序电压供电时正转，改成负序电压供电则反转。因此，使用三相电源时必须注意它的相序。但是，许多需要正反转的生产设备可利用改变相序来实现三相电动机正反转控制。

二、三相电源绕组的连接

在实际供电系统中，三相电源绕组按照一定方式连接成一个整体向外供电，连接方式有星形连接和三角形连接两种。

将三相对称电源三个绕组的末端（相尾）连接在一起，首端（相头）引出三根线作输出线，这种连接称为三相电源的星形连接，如图 4-31 所示。连接三相绕组末端的节

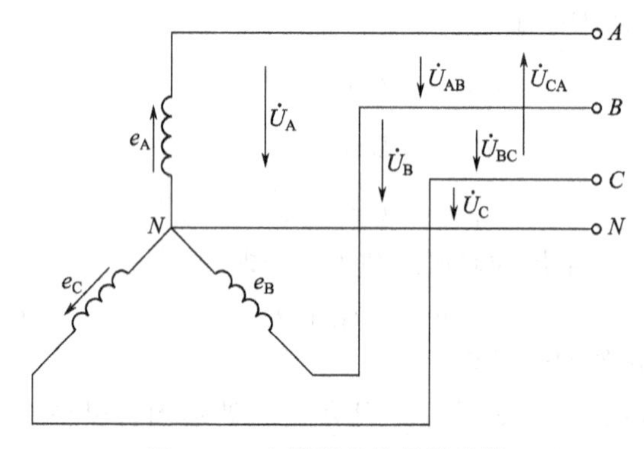

图 4-31　电源绕组的星形连接

点，称为中性点，又称中点或零点，用 N 表示；从中性点引出的线称为中线，当中性点接地时中线又称为零线，但与地线不同；从三相电源绕组的三个首端引出的三条输电线称为端线或相线，俗称“火线”。

（一）线电压和相电压的定义

1. 线电压：端线之间的电压称为线电压；有效值分别用 U_{AB}、U_{BC}、U_{CA} 表示，三相对称电源的线电压也对称，所以三个线电压的有效值相等，用符号 U_l 表示。

2. 相电压：端线与中线之间的电压称为相电压，有效值分别用 U_A、U_B、U_C 表示，三相对称电源的相电压也对称，所以三个相电压的有效值相等，用符号 U_p 表示。

（二）线电压和相电压的关系

当电源电动势对称时，各相电压和线电压也是对称的，描述相电压和线电压关系的相量图如图 4-32 所示。

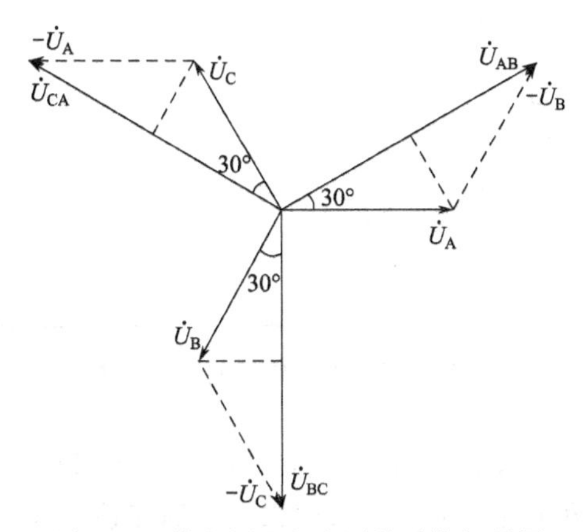

图 4-32 线电压和相电压关系的相量图

由相量可得：$U_{AB}=2U_A\cos 30°=2U_A\times\dfrac{\sqrt{3}}{2}=\sqrt{3}U_A$

$$U_{BC}=\sqrt{3}U_B$$

$$U_{CA}=\sqrt{3}U_C$$

根据相量图可以得出线电压和相电压的关系。

线电压的有效值是相电压有效值的 $\sqrt{3}$ 倍，即

$$U_l=\sqrt{3}U_p$$

在相位上，各线电压超前相应相电压 30°，即 $\dot{U}_{AB}$ 超前 $\dot{U}_A$， 相位差为 30°。

三相电源的星形连接有三相四线制和三相三线制，有中线的三相交流电路称为三相四线制电路。无中线的则称为三相三线制电路。

【例】 在三相四线制低压供电系统中，提供 220V、380V、660V、1140V 等几种等级的电压，分别求出它们对应的相电压值。（提示：供电系统中的额定电压是指线电压的有效值）

解：根据电源绕组星形接法的线电压和相电压的关系

$$U_p=\frac{U_l}{\sqrt{3}}$$

可得

当 $U_l=220\text{V}$ 时，$U_p=\dfrac{220}{\sqrt{3}}=127\text{V}$

当 $U_l=380\text{V}$ 时，$U_p=\dfrac{380}{\sqrt{3}}=220\text{V}$

当 $U_l=660\text{V}$ 时，$U_p=\dfrac{660}{\sqrt{3}}=380\text{V}$

当 $U_l=1140\text{V}$ 时，$U_p=\dfrac{1140}{\sqrt{3}}=660\text{V}$

将三相电源绕组依次首尾相连成一闭合回路，从三个端点引出三条端线，这样的连接称为三相电源绕组的三角形连接，如图 4-33 所示。

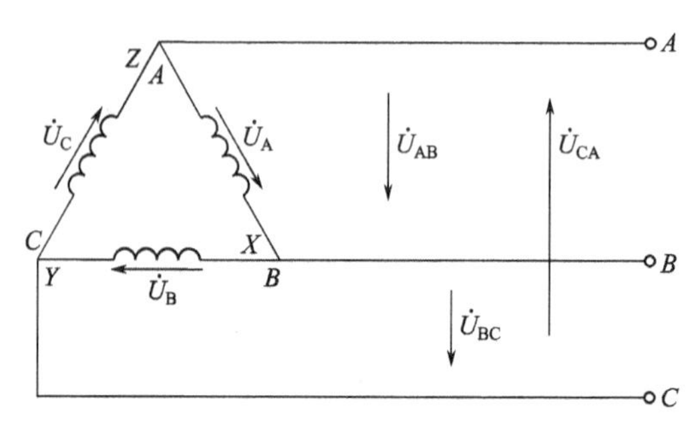

图 4-33 三相电源绕组的三角形连接

由图 4-33 可以看出，电源绕组三角形连接时，线电压和相电压相等。而且三个电源形成一个回路，所以要注意接线的正确性，当三相电压源连接正确时，在三角形闭合回路中总的电压为零，即

$$\dot{U}_A+\dot{U}_B+\dot{U}_C=0$$

这时电源内部没有环流。如果任一相绕组接反，三个相电压之和将不为零，在闭合回路中将产生很大的环行电流，造成严重后果，所以相线不能接错，常先接成开口三角形，在形成闭合回路前，应用电压表测其开口电压是否为零，测出电压为零时再接成封闭三角形，以免形成环流，烧坏绕组。

三相设备铭牌上标注的额定电压都是指线电压。星形接法可以提供两种电压：线电压和相电压，可以接成三相四线制，如低压电网三相四线制供电系统中，可以提供线电压 380V，相电压 220V 两种等级的电压。三角形接法只能提供一种电压，且只能接成三相三线制。

三、三相负载的连接

负载接至三相电源时必须遵循两个原则：用电设备的额定电压应与电源电压相符，接在三相电源上的用电设备应尽可能使三相电源的负载均衡。

三相负载的连接方法与三相电源一样也有星形连接和三角形连接两种方式。

当负载的额定电压等于电源的相电压时，三相负载应作星形连接，如图 4-34 所示。

三相负载不对称时，三相电流也不对称，中线电流不为零，所以负载中性点应与中线相连，采取三相四线制供电方式。此时，各相负载虽然不对称，但是各相负载上承受的电压还是对称的。三相对称负载用星形连接时，中线电流 $I_N=0$，线电压与相电压、线电流与相电流的关系为：

$$U_l=\sqrt{3}U_p，I_l=I_p$$

当负载电压等于电源线电压时，三相负载应接成三角形，即将三相负载首尾依次连接成三角形后，分别接到三相电源的三根端线上，这种连接称为三角形连接，如图 4-35 所示。各相负载的两端分别接在端线之间，负载的相电压就是电源的线电压，所以负载三角形连接时，相电压是对称的。三相对称负载用三角形连接时，线电压与相电压、线电流与相电流的关系为：

$$U_l=U_p，I_l=\sqrt{3}I_p$$

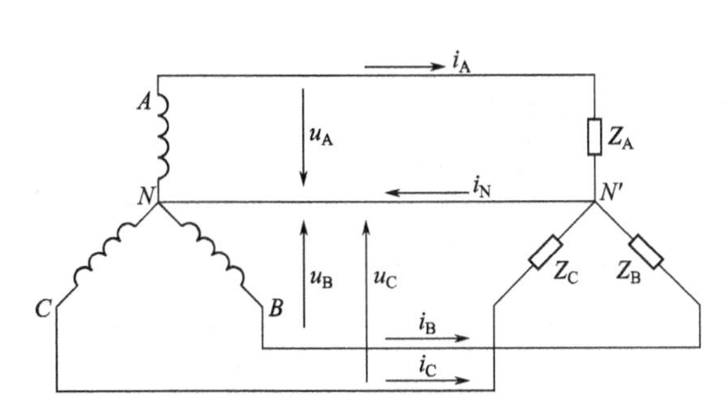

图 4-34　三相负载的星形连接

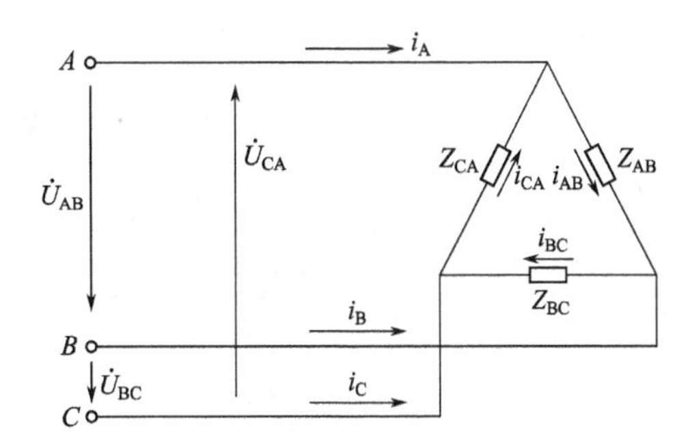

图 4-35　三相负载的三角形连接

四、三相电路的功率

任何接法的三相负载，其每相功率均可按单相电路的方法计算，三相电路总功率等于各相功率之和。

（一）瞬时功率

三相电路的瞬时功率等于各相瞬时功率之和，即

$$P=P_A+P_B+P_C$$

（二）有功功率

三相电路中负载消耗的总功率是每相负载消耗功率的总和，即

$$P=P_A+P_B+P_C$$

如果三相负载为对称负载，各相功率相等，则

$$P=3P_p=3U_pI_p\cos\varphi=\sqrt{3}U_lI_l\cos\varphi$$

负载星形连接时，$U_l=\sqrt{3}U_p$，$I_l=I_p$

负载三角形连接时，$U_l=U_p$，$I_l=\sqrt{3}I_p$

（三）无功功率

三相对称负载的无功功率为

$$Q=3U_pI_p\sin\varphi=\sqrt{3}U_lI_l\sin\varphi$$

（四）视在功率

三相对称负载的视在功率为

$$S=\sqrt{P^2+Q^2}$$

三相发电机、三相变压器、三相电动机铭牌上标注的额定功率均指有功功率。对称三相电路在功率方面还有一个很重要的性质，即三相对称电路的瞬时功率是一个不随时间变化的

恒定值，且等于三相电路的有功功率。这个性质对旋转的电动机来说是极其有利的。三相电动机任一瞬间所吸收的瞬时功率恒定不变，则电动机所产生的机械转矩也恒定不变，这样就避免了机械转矩的变化引起的振动。因此，在正常运行时带动三相发电机的原动机所受的反力矩和三相电动机的输出转矩都是平稳的。单相交流电路的瞬时功率是脉动的，不具备这种优点。

一、任务所需设备、工具、材料

所需设备、工具、材料见表 4-12。

表 4-12　所需设备、工具、材料表

序　号	名　称	型号与规格	数　量
1	交流电压表	0～500V	1
2	交流电流表	0～5A	1
3	万用表		1
4	三相自耦调压器		1
5	三相灯组负载	220V,15W 白炽灯	9
6	电门插座		3

二、任务内容与实施步骤

(一) 三相负载星形连接 (三相四线制供电)

按图 4-36 所示连接实验电路。将三相调压器的悬柄置于输出为 0V 的位置（即逆时针旋到底)。经指导教师检查合格后，方可开启实验台电源，然后调节调压器的输出线电压为 220V，分别测量三相负载的线电压、相电压、线电流、相电流、中线电流、电源与负载中点间的电压。将所测得的数据记入表 4-13 中，并观察各相灯组亮暗的变化程度，特别要注意观察中线的作用。

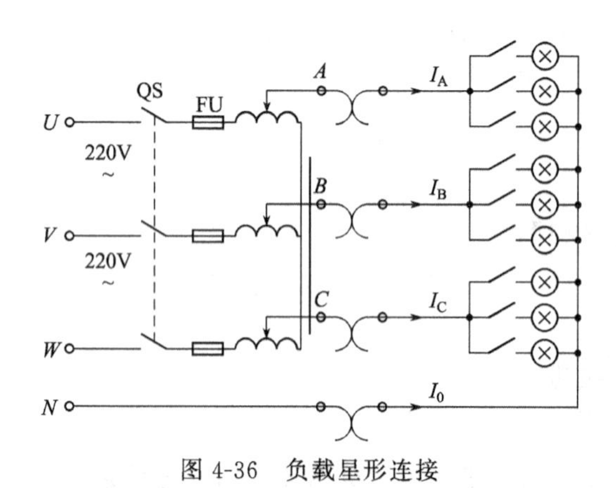

图 4-36　负载星形连接

表 4-13　实验数据

负载情况	开灯盏数			线电流			线电压			相电压			中线电流 I_0	中点电压 U_{N0}
	A相	B相	C相	I_A	I_B	I_C	U_{AB}	U_{BC}	U_{CA}	U_{A0}	U_{B0}	U_{C0}		
Y0接平衡负载	3	3	3											
Y接平衡负载	3	3	3											
Y0接不平衡负载	1	2	3											
Y接不平衡负载	1	2	3											
Y0接B相断开	1		3											
Y接B相断开	1		3											
Y接B相短路	1		3											

注：Y0为三相四线制接法；Y为三相三线制接法。

1．有中线

(1) 负载对称，分别测量线电压、相电压、线电流、中线电流。

(2) 负载不对称，分别测量线电压、相电压、线电流、中线电流。

(3) 将一相断路，分别测量线电压、相电压、线电流、中线电流。

2．无中线

(1) 将上面的中线断开，分别测量负载对称和不对称时的线电压、相电压、线电流、中线电流。

(2) 一相断路，在不接中线时，将一相断路，观察灯亮度变化，并分别测相电压、线电压、线电流。

(3) 一相短路（演示实验），将一相瞬时短路，注意时间要短，观察灯的亮度。

(二) 负载三角形连接（三相三线制供电）

按图4-37所示改接线路，经指导教师检查合格后接通三相电源，并调节调压器，使其输出线电压为220V，并按表4-14的内容进行测试。

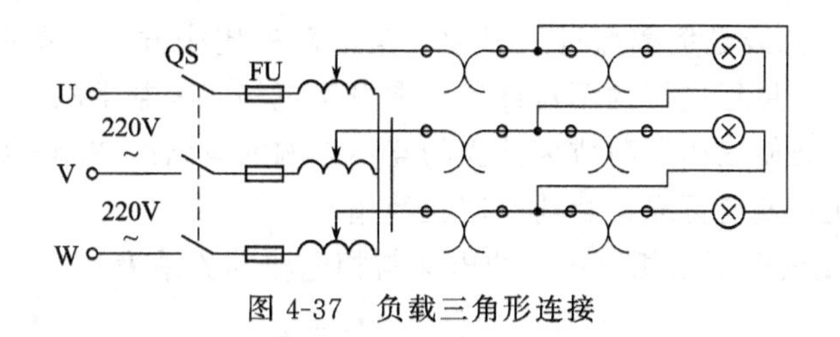

图4-37　负载三角形连接

表 4-14　测试内容

负载情况	开灯盏数			线电压(V)			线电流(A)			相电流(A)		
	A,B相	B,C相	C,A相	U_{AB}	U_{BC}	U_{CA}	I_A	I_B	I_C	I_{AB}	I_{BC}	I_{CA}
负载平衡	3	3	3									
负载不平衡	1	2	3									

任务评价

要求每位同学必须按上述方法进行。考核标准为百分制。每部分考核标准见表4-15。

表 4-15 考核标准表

考核项目	考核要求	配分	评分标准	实际得分
根据原理图接线	掌握三相负载星形连接方法	10	接线错误，扣 10 分	
负载对称时电路参数的测试及分析	掌握线电压、相电压、线电流、中线电流的测试方法，分析参数之间的关系	20	测量误差大，每处扣 1～3 分；分析结果错误，扣 3 分	
负载不对称时电路参数的测试及分析	掌握线电压、相电压、线电流、中线电流的测试方法，分析参数之间的关系	20	测量误差大，每处扣 1～3 分；分析结果错误，每处扣 3 分	
根据原理图接线	掌握三相负载三角形连接方法	10	接线错误，扣 10 分	
负载三相平衡电路参数的测试及分析	掌握线电压、相电压、线电流、中线电流的测试方法，分析参数之间的关系	10	测量误差大，每处扣 1～3 分；分析结果错误，扣 3 分	
负载三相不平衡时电路参数的测试及分析	掌握线电压、相电压、线电流、中线电流的测试方法，分析参数之间的关系	20	测量误差大，每处扣 1～3 分；分析结果错误，每处扣 3 分	
安全文明	符合有关规定	10	损坏工具，扣 3 分 浪费导线，扣 2 分 场地不清洁，扣 2 分 有危险动作，扣 3 分	

任务小结

1. 三相交流电路供电是目前电力系统的主要供电方式，对称三相交流电的特点是：三个交流电动势的最大值相等，频率相同，相位相差 120°。

2. 如果三相电源和三相负载都是对称的，则这个三相电路称为对称三相电路。

3. 无论是三相电源或是负载都有星形和三角形两种接线方式。星形连接的对称负载常采用三相三线制供电。星形连接的不对称负载常采用三相四线制供电；中线的作用是使负载中点保持等电位，从而使三相负载成为独立的互不影响的电路。三相五线制供电设有专门的保护零线，接线方便，安全可靠，目前已广泛使用。

4. 三相星形连接线电压与相电压、线电流与相电流的关系为：

$$U_l=\sqrt{3}U_p,\ I_l=I_p$$

三相三角形连接线电压与相电压、线电流与相电流的关系为：

$$U_l=U_p,\ I_l=\sqrt{3}I_p$$

自我测评

一、填空题

1. 三相电源的中线一般是接地的，所以中线又称________线。三相电源三相绕组的首端引出的三根导线叫做________线。

2. 三相四线制的________和________都是对称的。

3. 三相四线制的线电压是相电压的________倍，线电压的相位超前对应的相电压________。

4. 对称三相电动势有效值相等，________相同，各相之间的相位差为____。

5. 三相四线制中________线与________线之间的电压是线电压。

6. 我国低压三相四线制供电系统中 $U_{线}=$________，$U_{相}=$________。

7. 三相电路中的三相负载可分为________三相负载和________三相负载两种情况。

二、简答题

1. 三相电源绕组接成星形和三角形时，输出的线电压和相电压分别有什么关系？

2. 三相负载根据什么条件作星形或三角形连接？

项目五

常用电子元件的结构、功能、特性分析、检测和应用

任务一　二极管的结构、功能、特性分析及检测

任务描述

低频信号发生器、晶体管毫伏表、直流稳压电源是电子电路调试和维护常用的仪器仪表，二极管是电子电路的基本元件。进行电子电路调试与维护必须会使用电子常用仪器仪表，会判断管子的质量好坏，需要掌握低频信号发生器、晶体管毫伏表、直流稳压电源等的使用方法，掌握二极管的结构、特点、作用，用万用表检测二极管的极性和判断质量好坏。

任务目标

一、知识目标

① 了解半导体的基本知识及 PN 结特性；

② 掌握二极管结构、导电特性。

二、能力目标

① 会正确使用低频信号发生器、晶体管毫伏表、直流稳压电源、万用表；

② 掌握用示波器观察和测量正弦波信号的方法；

③ 了解实验台的正确使用方法；

④ 学会从外形上判别二极管的管脚；

⑤ 学会使用万用表判别二极管的极性及管子质量好坏。

三、职业素养目标

培养学生掌握电子仪器仪表的功能及使用方法的职业素养；养成按照操作要求进行操

作、爱护实验设备的良好习惯。

一、示波器及低频信号发生器的使用方法

（一）示波器

示波器属于信号波形测量仪器，能在荧光屏上直接显示被测信号的波形，荧光屏的 x 轴代表时间 t，y 轴代表信号幅度 $f(t)$。使用示波器能监测电路各点信号的波形及波形的各项参数，如幅度、周期、频率等。

1. 找扫描光迹线。在开机半分钟后，如仍找不到扫描线，可以调节亮度旋钮，并适当调节垂直位移和水平位移旋钮，将光亮点移至荧光屏的中间位置。

2. 为显示稳定的波形，应注意几个旋钮、按键的位置。主扫描时间系数选择开关（TIME/DIV）应根据被测信号的周期置于合适位置。触发源选择开关通常选择内触发挡。触发方式开关通常置于“自动”位置，以便找到扫描线或波形。

3. 示波器有五种显示方法。属单踪显示的有“Y1”、“Y2”、“Y1＋Y2”，属双踪显示的有“交替”与“断续”。

4. 测量波形的幅值时，应把 y 轴灵敏度“微调”旋钮置于校准位置（顺时针到底）。在测量波形周期时，应将扫描速率“微调”旋钮置于校准位置（顺时针到底）。

（二）低频信号发生器

信号发生器可以输出正弦波、方波及三角波等信号波形。输出信号电压幅度可由输出幅度调节旋钮进行连续调节，输出信号电压频率可以通过频率分挡开关调节。注意，信号发生器作为信号源，它的输出端不允许短路。图 5-1 所示为低频信号发生器与示波器和毫伏表的连接。

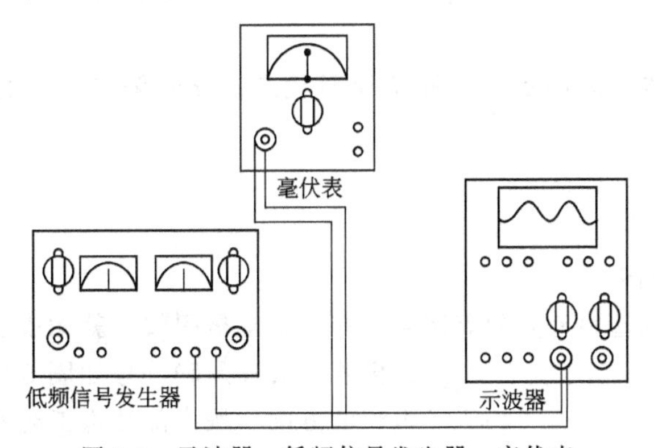

图 5-1 示波器、低频信号发生器、毫伏表

（三）交流毫伏表

交流毫伏表只能在一定的频率范围内测量正弦交流电压的有效值。为防止过载损坏，测量前一般先把量程开关置于量程较大位置处，然后在测量过程中逐挡减小量程。示波器、低频信号发生器、交流毫伏表三者的连接如图 5-1 所示。

二、半导体的基本知识及 PN 结特性

1. 半导体的基本知识

物体根据导电能力的强弱可分为导体、半导体和绝缘体三大类。凡容易导电的物体（如

金、银、铜、铝、铁等金属物质）称为导体；不容易导电的物体（如玻璃、橡胶、塑料、陶瓷等）称为绝缘体；导电能力介于导体和绝缘体之间的物体（如硅、锗、硒等）称为半导体。半导体之所以得到广泛的应用，是因为它具有热敏性、光敏性、掺杂性等特殊性能。

（1）本征半导体　常用的半导体材料是单晶硅和单晶锗。半导体的原子外层电子为4个，纯净无杂质的半导体称为本征半导体。本征半导体导电能力较差。

（2）P型半导体　P型半导体是在本征半导体硅（或锗）中掺入微量的3价元素（如硼、铟等）而形成的。在P型半导体中，由于杂质的掺入，使得空穴数目远大于自由电子数目，空穴成为多数载流子（简称多子），而自由电子则为少数载流子（简称少子）。这种以空穴导电为主的半导体叫做空穴型半导体或P型半导体。

（3）N型半导体　N型半导体是在本征半导体硅中掺入微量的5价元素（如磷、砷、镓等）而形成的，掺入五价元素的半导体，自由电子的数目较空穴数目多，载流子中自由电子占多数，空穴占少数，故称其为电子型半导体或N型半导体。

2. PN结的导电特性

在一整块半导体单晶体中，采取一定的工艺措施，使其两边掺入不同的杂质，一边形成P型区，另一边形成N型区，在分界处出现了一个相对稳定空间电荷区形成PN结。

如果在PN结上加正向电压（也称正向偏置），即P区接电源正极，N区接电源负极，能形成较大的扩散电流——正向电流。此时PN结的正向电阻很小，处于正向导通状态。

如果给PN结加反向电压（又称反向偏置），即N区接电源正极，P区接电源负极，可形成微小的漂移电流——反向电流。此时，PN结呈现很大的电阻，处于反向截止状态。

综上所述，PN结正向偏置时，处于导通状态；反向偏置时，处于截止状态。这就是PN结的单向导电性。

三、二极管

（一）二极管的结构

将PN结用玻璃或塑料外壳封装起来，并加上电极引线，就构成了半导体二极管，简称二极管。其外形和符号如图5-2所示。箭头表示正向电流的方向。按内部结构工艺不同，二极管可分点接触型和面接触型两种。

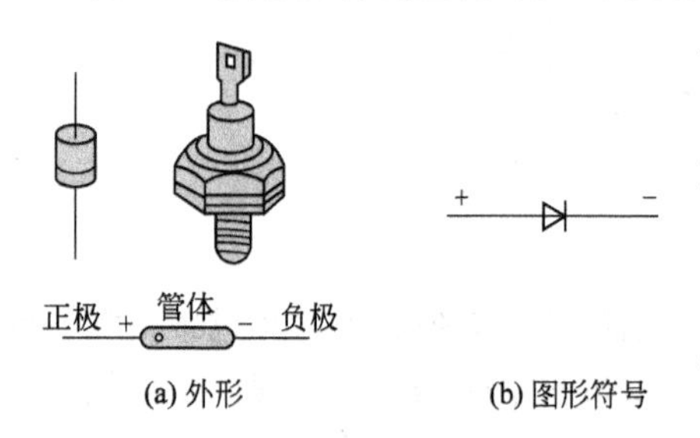

图5-2　二极管外形和符号

点接触型二极管结构如图5-3所示。由于PN结的面积很小，所以不能承受高的反向电压和大电流，但结间电容很小，适用于高频信号的检波及微小电流的整流等。

面接触型二极管的结构如图5-4所示。由于PN结的面积大，所以能承受较大的电流，故适用与整流，但结间电容较大，不适用于高频电路。

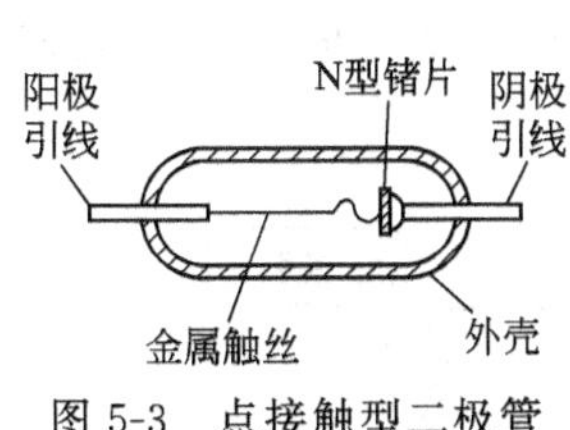

图 5-3 点接触型二极管

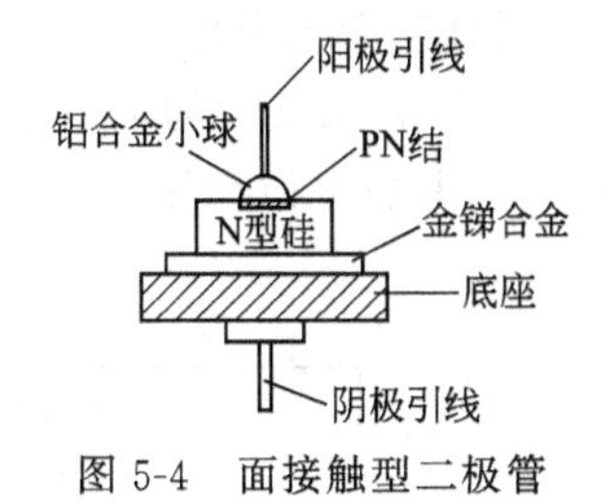

图 5-4 面接触型二极管

（二）伏安特性

所谓二极管的伏安特性，就是加在二极管两端的电压和流过二极管的电流之间的关系曲线。如图 5-5 所示。图 5-6 所示是二极管伏安特性测试电路。

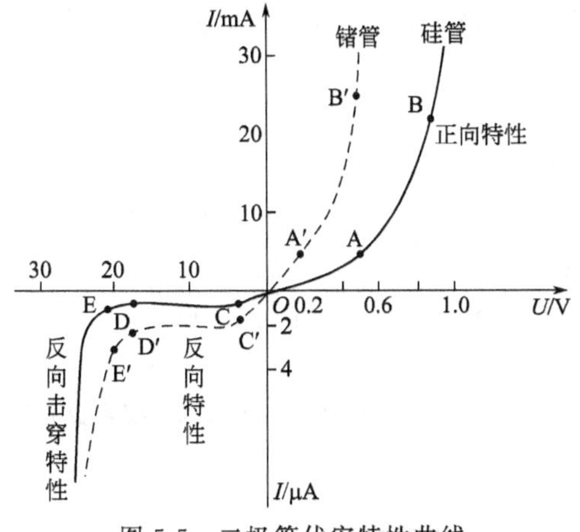

图 5-5 二极管伏安特性曲线

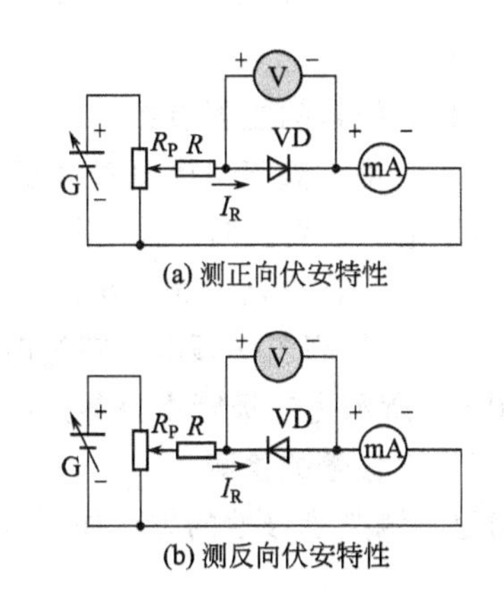

图 5-6 测试二极管伏安特性电路

正向特性：当二极管接上正向电压，并且电压值很小时，外加电场力也很小，不足以克服 PN 结内电场对扩散电流的阻挡作用，所以这时的正向电流很小，二极管呈现很大的电阻。这个范围称为“死区”，相应的电压称为死区电压。硅管的死区电压约在 0～0.5V 之间（图中 OA 段），锗管约在 0～0.2V 之间（图中 OA′段）。当正向电压大于死区电压后，内电场被削弱，电流增加很快，二极管正向导通。这时硅管的正向压降为 0.7V，锗管为 0.3V，此时二极管处于正向导通状态。

反向特性：二极管加上反向电压时，少数载流子容易通过 PN 结形成反向电流。反向电流有两个特点：一是它随温度的上升而增长很快，二是在反向电压不超过某一范围时，它的大小基本保持原来的数值不变，如曲线 $CD(C'D')$ 段。这是因为在环境温度一定的条件下，少子的数目几乎不变，反向电流几乎不随反向电压的增大而变化。所以通常把反向电流又称为反向饱和电流。一般硅二极管的反向电流只有锗管的几十分之一或几百分之一，因此硅管的温度稳定性比锗管好。

反向击穿电压：当反向电压增大到一定数值时，因外电场过强，破坏共价键而把价电子拉出，形成自由电子，引起载流子的数目剧增，造成反向电流猛增，这种现象称为反向击穿。发生击穿时的反向电压叫反向击穿电压。如曲线 $E(E')$ 以下的部分。如果二极管的反向电压接近或超过这个数值，而没有适当的限流措施，则将因电流过大，管子会过热而烧毁，造成永久性的损坏。因此，二极管工作时承受的反向电压应小于其反向击穿电压的一半。

（三）二极管的单向导电性

如图 5-7 所示，二极管的单向导电性表现为：正偏导通，呈小电阻，电流较大；反偏截止，电阻很大，电流近似为零。

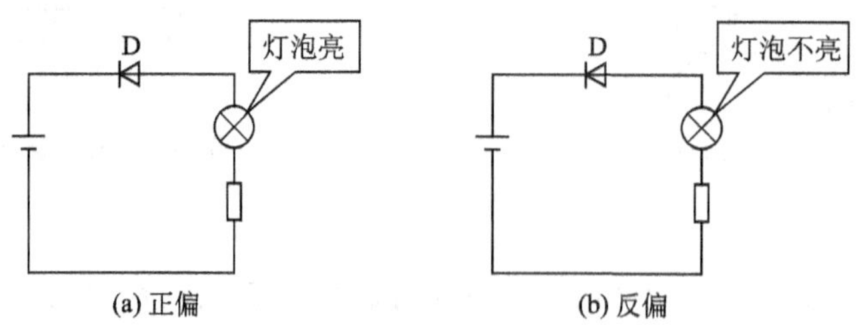

图 5-7 二极管工作原理示意图

正偏导通，电压降为零，相当于理想开关闭合；反偏截止，电流为零，相当于理想开关断开。

（四）二极管的主要参数

1. I_F— 最大整流电流（最大正向平均电流）；
2. U_{RM}— 最高反向工作电压；
3. I_R— 反向电流（越小单向导电性越好）；
4. f_M— 最高工作频率（超过时单向导电性变差）。

图 5-8 所示为二极管主要参数曲线图。

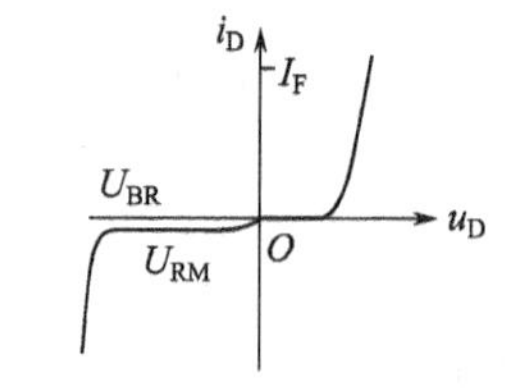

图 5-8 二极管的主要参数曲线图

（五）二极管的检测

通过目测判别极性的方法如图 5-9 所示。

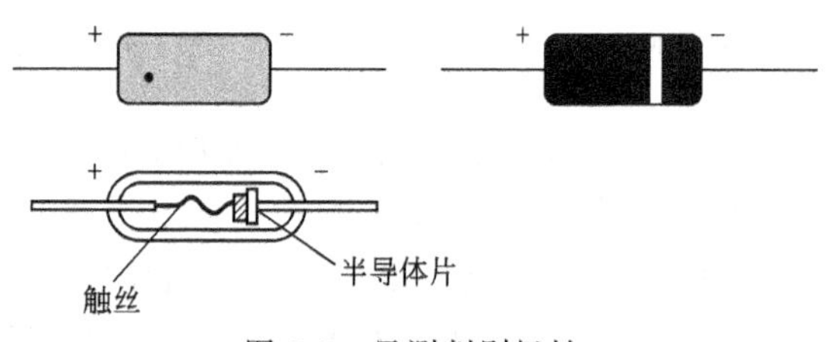

图 5-9 目测判别极性

一般硅管正向电阻为几千欧，锗管正向电阻为几百欧。正反向电阻相差不大为劣质管。正反向电阻都是无穷大或零则二极管内部断路或短路。

任务实施

一、任务需要的仪器、设备及材料

晶体管毫伏表、低频信号发生器、电子示波器、交流毫伏表、电子实验台、万用表、二极管。

二、任务内容与实施步骤

（一）电子测量仪器的使用

1. 熟悉示波器及信号发生器各旋钮的作用及名称；

2. 将示波器通电预热 1～2min，调节有关旋钮，使荧光屏上显示出一条清晰的扫描线，然后熟悉各旋钮的作用；

3. 启动低频信号发器，调节有关旋钮，使输出电压及频率发生变化，输出电压为0.5～1V，输出频率 $f=1\text{kHz}$，然后将这一正弦信号输入示波器，观察电压波形，调节示波器使波形稳定清晰。

4. 按照表 5-1 要求，反复调节低频信号发生器的频率，用示波器观察波形，并将低频信号发生器的输出电压调至最大并保持不变，用毫伏表测量不同频率时的输出电压值。

表 5-1　输出频率测量

信号频率/Hz	10	50	102	103	104	104×30	104×50
毫伏表测量值/V							

5. 测试低频信号发生器在不同输出衰减挡时的输出电压。将低频信号发生器的频率调至 1kHz 保持不变，先将输出衰减调节到 0dB，调节输出细调旋钮，使输出电压达到最大值，并保持不变，用毫伏表测量其输出电压值，然后逐挡改变输出衰减挡次，测量输出电压值，记入表 5-2 中。

表 5-2　输出电压衰减挡的测量

输出衰减挡 dB 值/dB	0	20	40
电压表满偏时实际输出电压值/V	5	0.5	0.05
毫伏表测量值/V			

实验结果思考：

1. 总结信号发生器输出频率和幅值的读数方法。

2. 说明使用示波器观察波形时，为了达到下列要求，应调节哪些旋钮。

(1) 波形清晰且亮度合适；

(2) 波形在荧光屏中央且大小合适；

(3) 波形完整；

(4) 波形稳定。

3. 用示波器测试时显示出如图 5-10 所示波形，这可能是什么原因产生的？应调节示波器哪些旋钮，才能使波形正常？

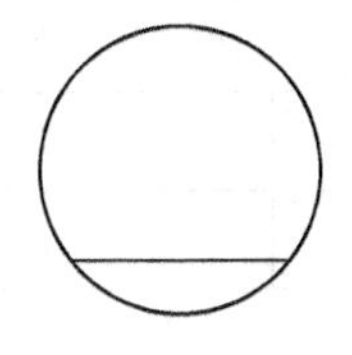
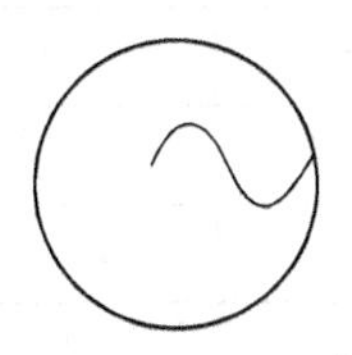
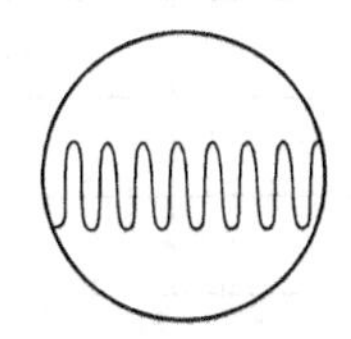
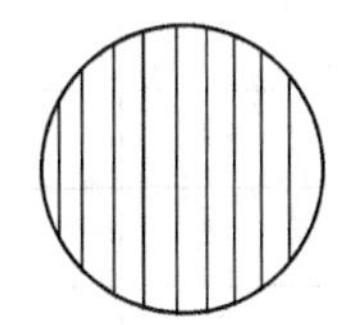
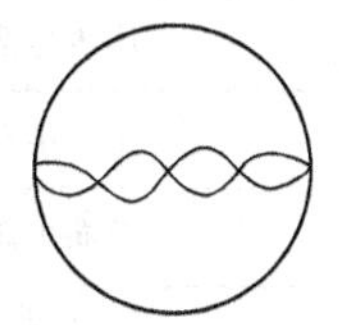

图 5-10　示波器显示波形

(二) 半导体二极管测试

1. 二极管测量原理

二极管内部是一个 PN 结，当外加正向电压，P 端电位大于 N 端电位，二极管导通，呈低电阻状态；当外加反向电压，N 端电位大于 P 端，二极管截止，呈高阻状态。因此可用万用表的电阻挡判别二极管的极性及其质量的好坏，如图 5-11(a) 所示。

万用表位于电阻挡时，红表笔接表内电源的负极，黑表笔接表内电源的正极。R_n为所选挡位对应的表的内阻，n 是电阻挡旋钮所指倍率。测得电阻小时，黑表笔在测试小功率二极管时一般使用 R×100 或 R×1k 挡，以免损坏管子。

2. 二极管的简单测试

用万用表检测二极管的方法如图 5-11(b) 所示。

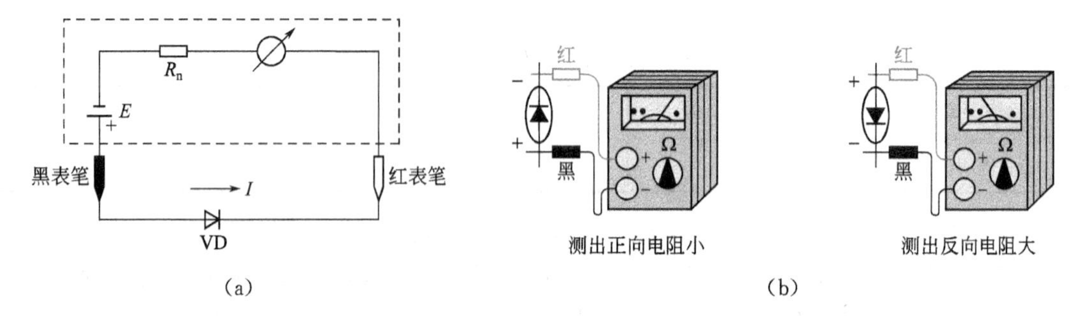

图 5-11　万用表检测二极管

(1) 判别正负极性

用万用表测试条件：R×100Ω 或 R×1kΩ；

将红、黑表笔分别接二极管两端。所测电阻小时，黑表笔接触处为正极，红表笔接触处为负极。

(2) 判别好坏

万用表测试挡位：R×1kΩ。

a. 若正反向电阻均为零，二极管短路；

b. 若正反向电阻非常大，二极管开路；

c. 若正向电阻约几千欧姆，反向电阻非常大，二极管正常。

3. 测试二极管的正反向电阻

用万用表电阻挡（R×100 或 R×1k 挡），测试二极管的正反向电阻，电阻小时，黑表笔为二极管的阳极（正极），红表笔为二极管的阴极（负极），将测得数据记入表 5-3 中。

表 5-3　二极管正反向电阻测试

二极管型号	2AP 型		2CP 型	
万用表电阻挡	R×100	R×1k	R×100	R×1k
正向电阻				
反向电阻				
材料				
质量				

任务评价

要求每位同学必须按上述方法进行。考核标准为百分制。每部分考核标准见表 5-4。

表 5-4　考核标准表

考核项目	考核要求	配分	评分标准	实际得分
示波器的操作调试	掌握示波器的正确使用方法	20	调试错误每项扣 5 分	
信号发生器操作调试	掌握信号发生器的正确使用方法	20	调试错误每处扣 5～15 分	
二极管材料和质量的测试	掌握利用万用表进行二极管测试的方法	20	材料判断错误，每次扣 5 分	
		20	质量好坏判断错误，每处扣 5 分	
安全文明	符合有关规定	20	损坏工具，扣 3 分 损坏器件，扣 2 分 场地不清洁，扣 2 分 有危险动作，扣 3 分	

1. 半导体中有两种载流子：电子和空穴。N 型半导体中电子是多数载流子，P 型半导体中空穴是多数载流子。PN 结具有单向导电特性。

2. 二极管内有一个 PN 结，因此，具有单向导电特性。二极管因伏安特性是非线性，所以是非线性器件。二极管的门槛电压，硅管约 0.5V，锗管约 0.2V；导通时正向压降硅管约 0.7V，锗管约 0.3V。

3. 二极管的简单测试

(1) 判别正负极性

用万用表测试条件：R×100Ω 或 R×1kΩ；

将红、黑表笔分别接二极管两端。所测电阻小时，黑表笔接触处为正极，红表笔接触处为负极。

(2) 判别好坏

万用表测试挡位：R×1kΩ。

a. 若正反向电阻均为零，二极管短路；

b. 若正反向电阻非常大，二极管开路；

c. 若正向电阻约几千欧姆，反向电阻非常大，二极管正常。

4. 二极管的主要参数

(1) I_F— 最大整流电流（最大正向平均电流）；

(2) U_{RM}— 最高反向工作电压；

(3) I_R— 反向电流（越小单向导电性越好）；

(4) f_M— 最高工作频率（超过时单向导电性变差）。

(1) 半导体的导电特性有哪些？

(2) PN 结的重要特性是什么？

(3) 硅二极管和锗二极管的特性有什么区别？

(4) 为什么用万用表不同的电阻挡测二极管的正向或反向电阻时，测得的阻值不同？

(5) 能否用双手将表笔测试端与管脚捏住进行测量？这将会发生什么问题？
(6) 为何不能用 R×1 或 R×100k 挡测试小功率管？

任务二　三极管的结构、功能、特性分析及检测

任务描述

三极管是电子电路的基本元件。掌握晶体三极管的结构，熟悉三极管的分类、型号和参数、工作电压、基本连接方式和电流分配关系，进行电子电路调试与维护必须会使用电子常用仪器仪表，会判断管子的质量好坏，掌握三极管的结构、特点、作用、极性判断及质量好坏鉴别方法。

任务目标

一、知识目标

① 掌握三极管的结构、电路符号、主要参数；
② 了解三极管的电流放大作用；
③ 了解输入特性曲线和输出特性曲线。

二、能力目标

① 会利用三极管引脚分布规律识别三极管的基极、集电极、发射极；
② 会用万用表检测出三极管的极性和质量优劣。

三、职业素养目标

培养学生掌握电子仪器仪表的功能及使用方法的职业素养；养成按照操作要求进行操作，爱护实验设备的良好习惯。

相关知识

三极管又称半导体三极管，简称晶体管或三极管。晶体管是组成放大电路的核心器件，其外形如图 5-12 所示。

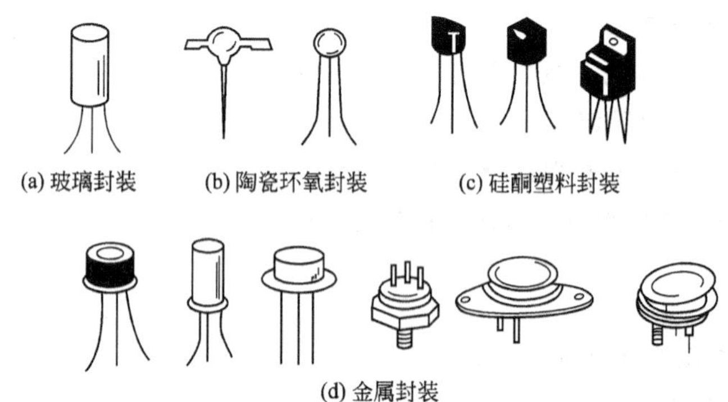

图 5-12　三极管的外形

一、三极管的结构、符号和分类

（一）晶体三极管的基本结构

1. 三极管的外形如图 5-12 所示。

2. 特点：有三个电极，故称三极管。

3. 三极管的结构：如图 5-13 所示。

晶体三极管有三个区——发射区、基区、集电区；

两个 PN 结——发射结（BE 结）、集电结（BC 结）；

三个电极——发射极 e（E）、基极 b（B）和集电极 c（C）；

两种类型——PNP 型管和 NPN 型管。

工艺要求：发射区掺杂浓度较大；基区很薄且掺杂最少；集电区比发射区体积大且掺杂少。

（二）晶体三极管的符号

晶体三极管的符号如图 5-14 所示。箭头表示发射结加正向电压时的电流方向。

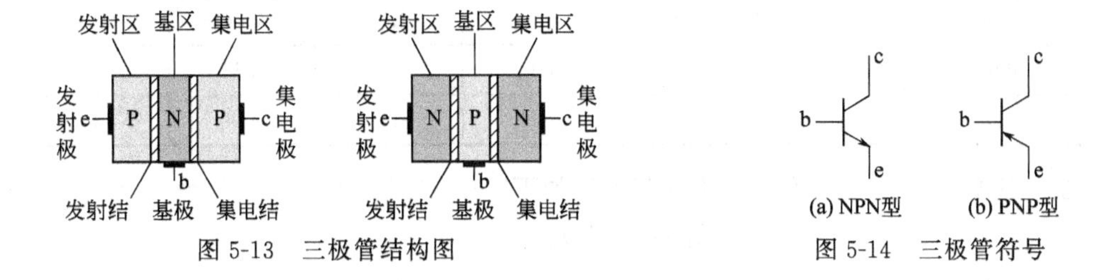

图 5-13　三极管结构图

图 5-14　三极管符号

（三）晶体三极管的分类

三极管有多种分类方法。按内部结构分：有 NPN 型和 PNP 型管；按工作频率分：有低频和高频管；按功率分：有小功率和大功率管；按用途分：有普通管和开关管；按半导体材料分：有锗管和硅管等。

二、三极管的工作电压和基本连接方式

（一）晶体三极管的工作电压

三极管的基本作用是放大电信号；工作在放大状态的外部条件是发射结加正向电压，集电结加反向电压。

三极管电源的连接如图 5-15 所示：VT 为三极管，G_C为集电极电源，G_B为基极电源，又称偏置电源，R_b为基极电阻，R_c为集电极电阻。

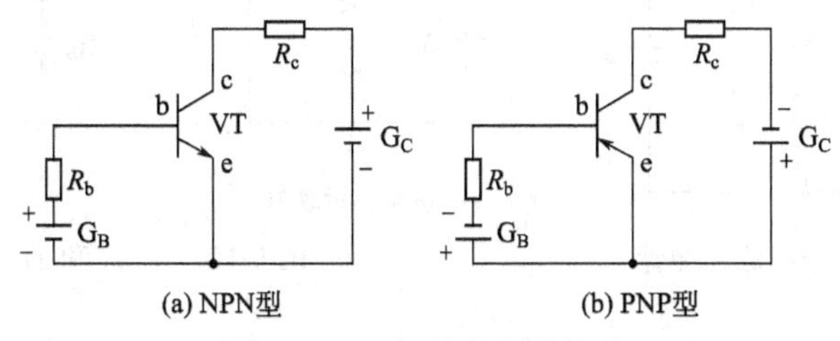

图 5-15　三极管电源的接法

（二）晶体三极管在电路中的基本连接方式

如图 5-16 所示，晶体三极管有三种基本连接方式：共发射极、共基极和共集电极接法。

最常用的是共发射极接法。

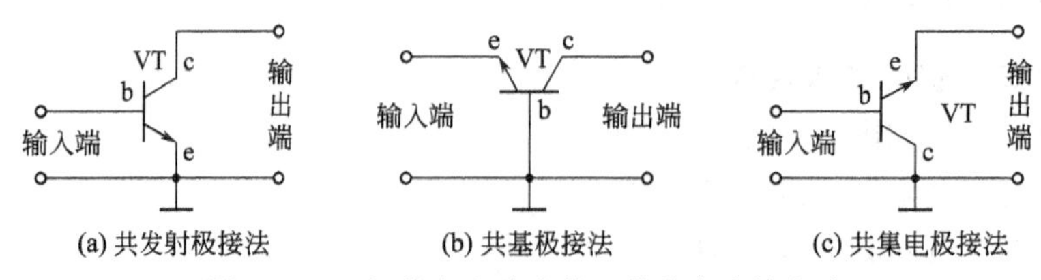

图 5-16 三极管在电路中的三种基本连接方式

三、三极管内电流的分配和放大作用

(一) 电流分配关系

如图 5-17 所示连接电路：调节电位器 R_P，测得发射极电流 I_E、基极电流 I_B 和集电极电流 I_C 的对应数据见表 5-5 所示。

表 5-5 测量值

I_B/mA	0.001	0	0.01	0.02	0.03	0.04	0.05
I_C/mA	0.001	0.01	0.56	1.14	1.74	2.33	2.91
I_E/mA	0	0.01	0.57	1.16	1.77	2.37	2.96

由表 5-5 中数据可见，三极管中电流分配关系如下：

$$I_E = I_C + I_B$$

因 I_B很小，故

$$I_C = I_E$$

说明：

1. $I_E = 0$ 时，$I_C - I_B = I_{CBO}$。

I_{CBO}称为集电极—基极反向饱和电流，见图 5-18。一般 I_{CBO}很小，与温度有关。

2. $I_B = 0$ 时，$I_C = I_E = I_{CEO}$。

I_{CEO}称为集电极—发射极反向电流，又叫穿透电流，I_{CEO}越小，三极管温度稳定性越好。硅管的温度稳定性比锗管好。

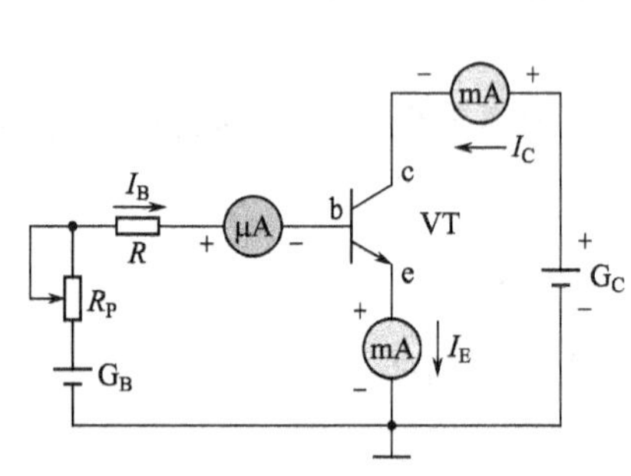

图 5-17 三极管三个电流的测量

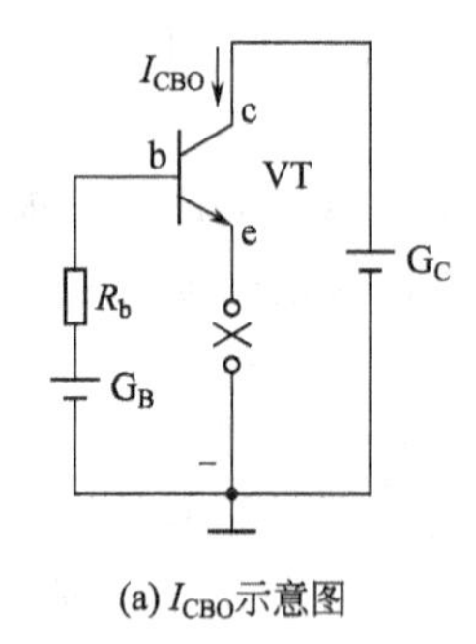

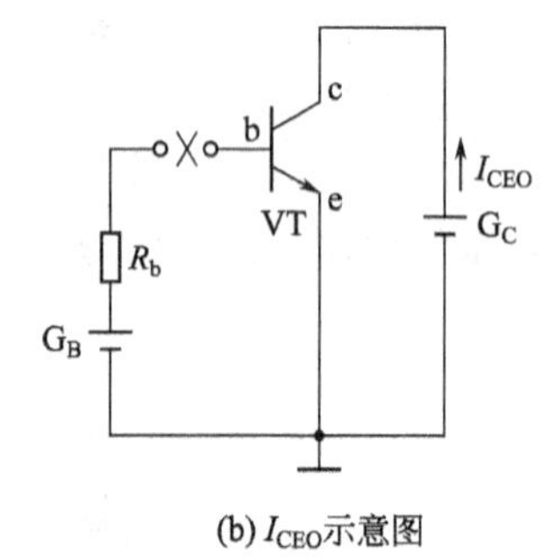

图 5-18 I_{CBO} 和 I_{CEO} 示意图

(二) 晶体三极管的电流放大作用

由表 5-5 中数据得出

$$\frac{\Delta I_C}{\Delta I_B} = \frac{0.58\text{mA}}{0.01\text{mA}} = 58$$

结论：

① 三极管有电流放大作用，基极电流微小的变化，会引起集电极电流 I_C 较大变化。

② 交流电流放大系数 β 表示三极管放大交流电流的能力

$$\beta=\frac{\Delta I_C}{\Delta I_B}$$

③ 直流电流放大系数 $\overline{\beta}$ 表示三极管放大直流电流的能力

$$\overline{\beta}=\frac{I_C}{I_B}$$

④ 通常，$\beta\approx\overline{\beta}$，所以 $I_C=\overline{\beta}I_B$ 可表示为 $I_C=\beta I_B$，考虑 I_{CEO}，则

$$I_C=\beta I_B+I_{CEO}$$

四、三极管的输入和输出特性

（一）共发射极输入特性曲线

输入特性曲线：集射极之间的电压 V_{CE} 一定时，发射结电压 V_{BE} 与基极电流 I_B 之间的关系曲线如图 5-19 所示。由图可见：

1. 当 $V_{CE}\geqslant 2V$ 时，特性曲线基本重合；

2. 当 V_{BE} 很小时，I_B 等于零，三极管处于截止状态；

3. 当 V_{BE} 大于门槛电压（硅管约 0.5V，锗管约 0.2V）时，I_B 逐渐增大，三极管开始导通。

4. 三极管导通后，V_{BE} 基本不变。硅管约为 0.7V，锗管约为 0.3V，称为三极管的导通电压。

5. V_{BE} 与 I_B 成非线性关系。

（二）晶体三极管的输出特性曲线

输出特性曲线是基极电流 I_B 一定时，集、射极之间的电压 V_{CE} 与集电极电流 I_C 的关系曲线，如图 5-20 所示。

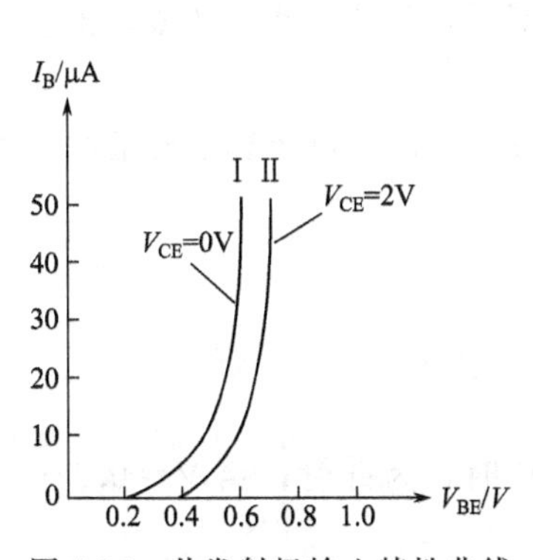

图 5-19　共发射极输入特性曲线

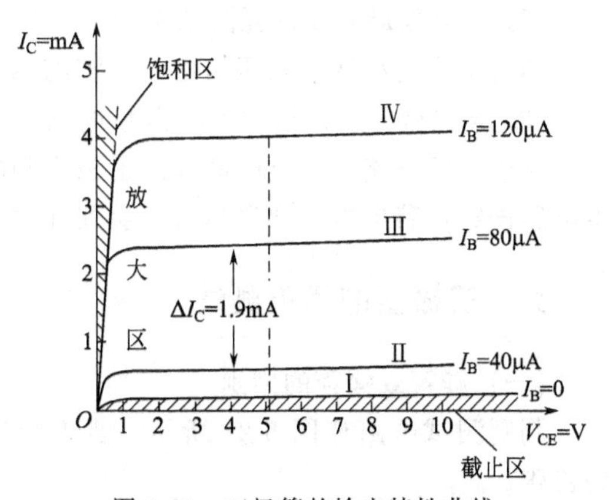

图 5-20　三极管的输出特性曲线

输出特性曲线可分为三个工作区。

1. 截止区

条件：发射结反偏或两端电压为零。

特点：$I_B=0$，$I_C=I_{CEO}$。

2. 饱和区

条件：发射结和集电结均为正偏。

特点：$V_{CE}=V_{CES}$。

V_{CES} 称为饱和管压降，小功率硅管约 0.3V，锗管约为 0.1V。

3. 放大区

条件：发射结正偏，集电结反偏。

特点：I_C 受 I_B 控制，即 $\Delta I_C=\beta\Delta I_B$。

在放大状态，当 I_B一定时，I_C不随 V_{CE}变化，即放大状态的三极管具有恒流特性。

五、三极管主要参数

三极管的参数是表征管子的性能和适用范围的参考数据。

（一）共发射极电流放大系数

电流放大系数一般在 10～100 之间。太小放大能力弱，太大易使管子性能不稳定。一般取 30～80 为宜。

（二）极间反向饱和电流

集电极—基极反向饱和电流 I_{CBO}。

集电极—发射极反向饱和电流 I_{CEO}，$I_{CEO}=(1+\beta)I_{CBO}$

反向饱和电流随温度增加而增加，是管子工作状态不稳定的主要因素。因此，常把它作为判断管子性能的重要依据。硅管反向饱和电流远小于锗管，在温度变化范围大的工作环境应选用硅管。

（三）极限参数

(1) 集电极最大允许电流 I_{CM}

三极管工作时，当集电极电流超过 I_{CM}时，管子性能将显著下降，并有可能烧坏管子。

(2) 集电极最大允许耗散功率 P_{CM}

当管子集电结两端电压与通过电流的乘积超过此值时，管子性能变坏或烧毁。

(3) 集电极—发射极间反向击穿电压 $V_{(BR)CEO}$

管子基极开路时，集电极和发射极之间的最大允许电压。当电压越过此值时，管子将发生电压击穿，若电击穿导致热击穿会损坏管子。

六、三极管的简单测试

（一）硅管或锗管的判别

判别测试电路如图 5-21 所示。当 $V=0.6\sim0.7$V 时，为硅管；当 $V=0.1\sim0.3$V 时，为锗管。

（二）估计比较 β 的大小

NPN 管估测电路如图 5-22 所示。将万用表设置在 $R\times1\text{k}\Omega$ 挡，测量并比较开关 S 断开和接通时的电阻值。前后两个读数相差越大，说明管子的 β 越高，即电流放大能力越大。

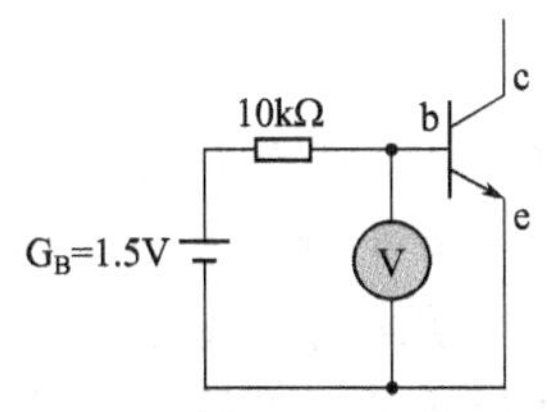

图 5-21　判别硅管和锗管的测试电路

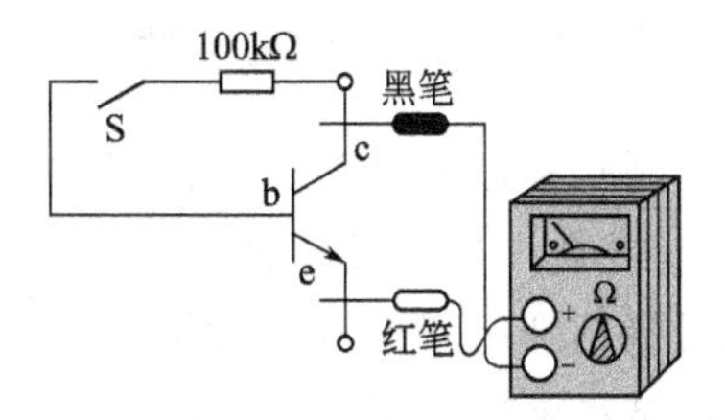

图 5-22　估测 β 的电路

估测 PNP 管时，将万用表两只表笔对换位置。

（三）估测 I_{CEO}

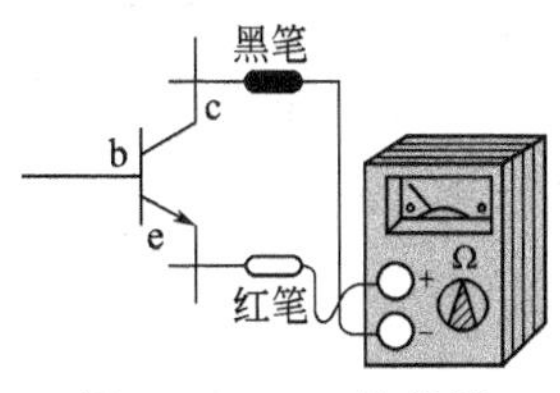

图 5-23　I_{CEO}的估测

NPN 管估测电路如图 5-23 所示。所测阻值越大，管子的 I_{CEO}越小。若阻值无穷大，三极管开路；若阻值为零，三极管短路。测 PNP 型管时，红、黑表笔对调，方法同前。

（四）NPN 管型和 PNP 管型的判断

将万用表设置在 $R\times1k\Omega$ 或 $R\times100\Omega$ 挡，用黑表笔和任一管脚相接（假设它是基极 b），红表笔分别和另外两个管脚相接，如果测得两个阻值都很小，则黑表笔所连接的就是基极，而且是 NPN 型的管子。如图 5-24(a) 所示。如果按上述方法测得的结果均为高阻值，则黑表笔所连接的是 PNP 管的基极。如图 5-24(b) 所示。

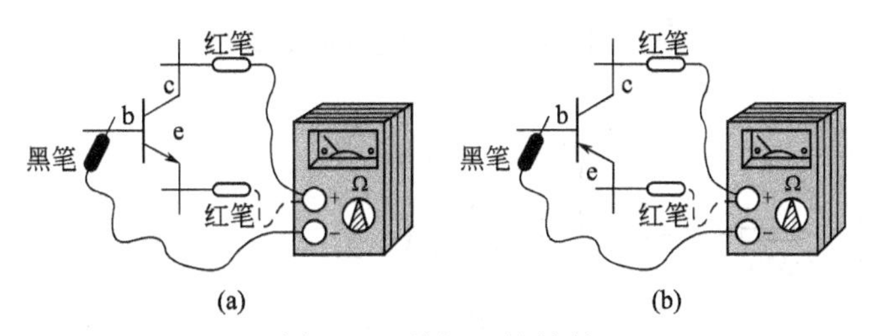

图 5-24　基极 b 的判断

（五）e、b、c 三个管脚的判断

首先确定三极管的基极和管型，然后采用估测 β 值的方法判断 c、e 极。方法是先假定一个待定电极为集电极（另一个假定为发射极）接入电路，记下欧姆表的摆动幅度，然后再把两个待定电极对调一下接入电路，并记下欧姆表的摆动幅度。摆动幅度大的一次，黑表笔所连接的管脚是集电极 c，红表笔所连接的管脚为发射极 e。测 PNP 管时，只要把红、黑表笔对调位置，仍照上述方法测试。

（六）三极管的检测注意事项

- 红表笔是（表内电源）正极，黑表笔是（表内电源）负极。
- NPN 和 PNP 管分别按 EBC 排列插入不同的孔。
- 需要准确测量 β 值时，应先进行校正。

一、任务实施需要的仪器、设备及材料

电子实验台、万用表、各种三极管。

二、任务内容与实施步骤

（1）判别基极和管型。三极管内部有两个 PN 结，即集电结和发射结。图 5-25 所示为 NPN 型三极管，与二极管相似，三极管内的 PN 结同样具有单向导电特性，因此可用万用表的电阻挡判别出基极 b 和管型。例如测 NPN 型三极管，当用黑表棒接基极 b 时，用红表棒分别搭试集电极 c 和发射极 e，测得阻值均较小；反之表棒位置对换后，测得电阻均较大。但在测试时未知电极和管型，因此对三个电极要先假设一个为 b 极，调换测试棒到符合上述测量结果为止。然后，再根据在公共端电极上表棒所代表的电源极性可判断出基极 b 和所属管型，黑表棒接基极，红表棒接另两极时阻值均小为 NPN 管，阻值均大为 PNP 管，如图 5-26 所示。

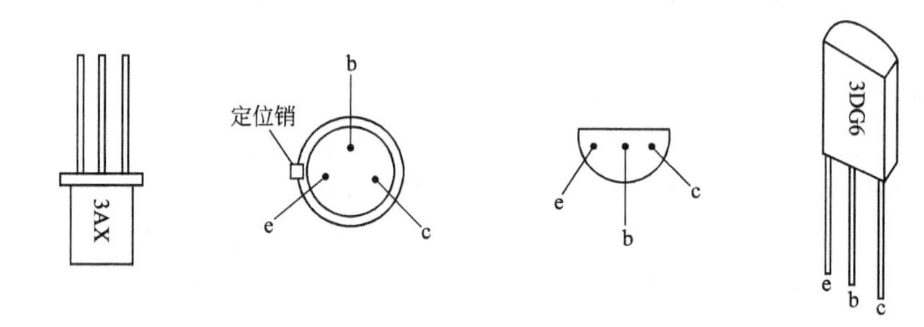

图 5-25　三极管电极的识别

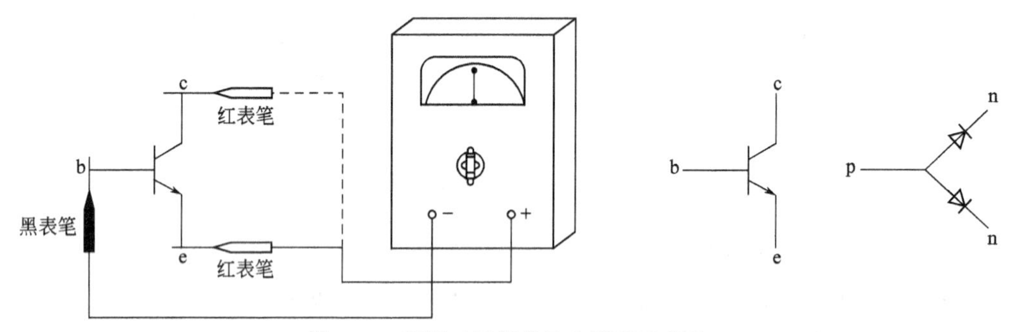

图 5-26　判断三极管基极和管型示意图

（2）判别集电极和发射极。根据三极管的电流放大作用进行判别。如图 5-26 所示，当未接上 R_b时，无 I_b，则 $I_c=I_{ceo}$很小，测得 c、e 间电阻很大；当接上 R_b，则有 I_b，而 $I_c=\beta I_b+I_{ceo}$。因此，I_c显然要比前面无 R_b时增大，而测得 c、e 间电阻比未接 R_b时要小。如果黑红表笔换接，三极管成反向运用，则 β 小。无论 R_b接与不接，c、e 间电阻均较大，因此可以判别出集电极和发射极极。例如测得的管型是 NPN 型，符合 β 大的情况下，则与黑表笔相接的是集电极 c，PNP 型红表笔相接是集电极 c。

（3）反向穿透电流是衡量三极管质量的一个重要指标，要求越小越好，按产品指标是在 U_{ce}为某定值下测 I_{ceo}，因此用万用表电阻挡测试时，仅为一参考值。测试方法仍如图 5-27 所示，此时基极应开路。

（4）电流放大系数挡测试 β（hFE 挡）。将万用表调至 hFE 挡，把三极管插入对应的电极插孔，即可读出 β 值。

在掌握上述测试方法后，即可判别二极管和三极管的PN结是否损坏，是否开路或短路，这是在实用上判断管子是否良好所经常采用的简便方法。

（5）用万用表判别三极管的管脚和管型。确定基极b：先假定某极为基极，用万用表电阻挡（R×100或R×1k挡），将黑表笔与假定的基极接触，红表笔与另两个电极接触时，若阻值都很大（或都很小）再对调表笔，阻值都很小（或都很大），基极假设正确；否则阻值一大一小，则原来假定不正确，另换一个电极做基极，直到符合上面结果为止。

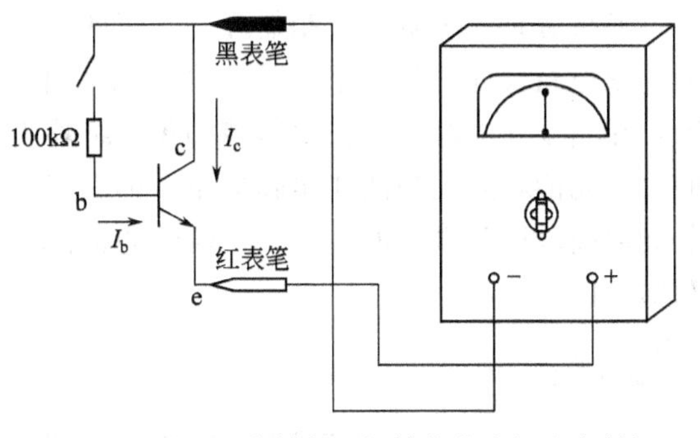

图5-27　用万用表判断三极管的集电极和发射极

判断类型：找出基极后，将黑表笔接触基极b，红表笔接触另两个电极，若阻值均小，说明是NPN型，若阻值均大，说明是PNP型。

判别发射极e和集电被c，基极接入$R_b=100k\Omega$电阻（可用人体电阻代替R_b及开关），与黑表笔接触，若电压极性正确，表针摆动的幅度就大。测得的电阻就小（即I_c大）。NPN管黑表笔接的是集电极，PNP管红表笔接的是集电极。反之，电压极性不正确时，表针摆动的幅度就小，测得的电阻就大（即I_c小），对换表笔重测。

上述判断集电极与发射极的方法，可以估计出管子β的大小，也可以用万用表的hFE挡，将三极管的引脚插入万用表的对应电极插孔，读取测量β值即可。

NPN型三极管基极b开路时，黑表笔接c极，红表笔接e极，用万用表电阻挡测得电阻太小说明I_{ceo}较大，测出电阻为零，管子已击穿，若阻值不稳，则说明穿透电流随着管子通电发热而逐渐加大，管子的性能不稳定。由此分析三极管的质量。

目前有些型号的万用表具有测量三极管hFE的刻度线及其测试插座，在测量三极管hFE的同时可以很方便地判别三极管的管脚和管型。将万用表调零后，量程开关拨到hFE位置，两表笔分开，把被测三极管插入测试插座，可从hFE刻度线上读出管子的放大倍数，同时根据测试插座的显示可直接辨别出管脚和管型。

要求每位同学必须按上述方法进行。考核标准为百分制。每部分考核标准见表5-6。

表5-6　考核标准表

考核项目	考核要求	配分	评分标准	实际得分
三极管外观的识别	掌握利用型号和外形识别三极管类型和电极的方法	40	不能根据型号正确判断三极管类型扣5分	
		40	不能根据外形正确判断电极每处扣2分	
安全文明	符合有关规定	20	损坏工具,扣3分 损坏器件,扣2分 场地不整洁,扣2分 有危险动作,扣3分	

任务小结

三极管是一种电流控制器件，它有两个 PN 结，即发射结和集电结。三极管在发射结正偏、集电结反偏的条件下，具有电流放大作用；在发射结和集电结均反偏时，处于截止状态，相当于开关断开；在发射结和集电结均为正偏时，处于饱和状态，相当于开关闭三极管的放大功能和开关功能在实际电路中都有广泛地应用。乙，三极管的特性曲线反映了三极管各极之间电压和电流的关系。三极管的输出特性曲线可以分为三个区域，即放大区、截止区和饱和区。

自我测评

1. 能否用万用表测量大功率三极管？测量时用哪一挡较为合适？
2. 为什么用万用表不同的电阻挡测二极管的正向或反向电阻时，测得的阻值不同？
3. 能否用双手将表笔测试端与管脚捏住进行测量？这将会发生什么问题？
4. 为何不能用 R×1 或 R×100k 挡测试小功率管？

项目六

直流稳压电路的接线、调试及故障分析

任务一　整流电路、滤波电路接线、调试及分析

任务描述

交流电经整流电路后可以变成直流电，经滤波电路后可以减小波形脉动幅度，比较抽象难懂。通过示波器，对比输入、输出波形，可以直观地看到经整流环节、滤波环节后波形的变化情况。

任务目标

一、知识目标

① 分析整流、滤波电路输入输出电压的波形及数量关系；

② 分析各种滤波电路的特点及对整流波形的影响。

二、能力目标

① 会进行整流、滤波电路的接线及测试；

② 会用示波器和万用表测试单相半波和单相全波整流电路的波形。

三、职业素养目标

通过整流、滤波电路的接线及测试，使学生具备相关理论和技能素养，形成严格按照操作规程进行操作的良好职业素养。

相关知识

一、整流电路

整流是把交流电转变为直流电的过程，利用二极管的单向导电性可实现这一过程，整流

电路一般可分为半波、全波、桥式整流电路。

（一）单相半波整流电路组成及工作原理

单相半波整流电路是最简单的一种整流电路，如图 6-1 所示，由电源变压器、二极管 VD 和负载电阻 R_L 等组成。

当交流电网电压加在变压器原绕组时，设其副绕组电压有效值为 U_2，则其瞬时值 $u_2=\sqrt{2}U_2\sin\omega t$。

在 u_2 的正半周，A 点为正，B 点为负，二极管外加正向电压，因而处于导通状态。电流从 A 点流出，经过二极管 VD 和负载电阻 R_L 流入 B 点，$u_o=u_2=\sqrt{2}U_2\sin\omega t$。

在 u_2 的负半周，B 点为正，A 点为负，二极管外加反向电压，因而处于截止状态，$u_o=0$。负载电阻 R_L 的电压和电流都具有单一方向脉动的特性。图 6-2 所示为变压器副边电压 u_2、输出电压 u_o 和二极管端电压 u_D 的波形。

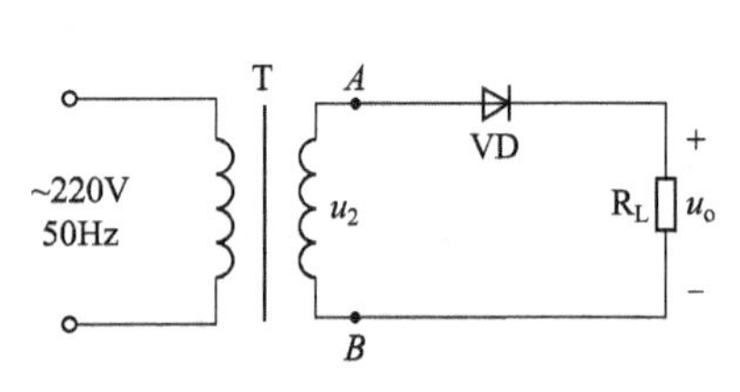

图 6-1 单相半波整流电路

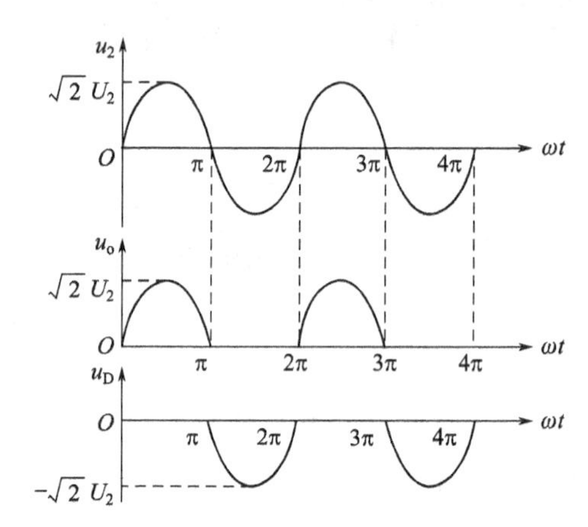

图 6-2 半波整流电路的波形图

分析整流电路工作原理时，应研究变压器副边电压极性不同时二极管的工作状态，从而得出输出电压的波形，也就弄清了整流原理。整流电路的波形分析是其定量分析的基础。

（二）单相桥式整流电路组成及工作原理

为了克服单相半波整流电路的缺点，在实用电路中多采用单相全波整流电路，最常用的是单相桥式整流电路。

单相桥式整流电路由四只二极管组成，其构成原则就是要在变压器副边电压 u_2 的整个周期内，负载上的电压和电流方向始终不变。若要达到这一目的，就要在 u_2 的正、负半周内正确引导流向负载的电流，使其方向不变。设变压器副边两端分别为 A 和 B，则 A 为"+"、B 为"−"时应有电流流出 A 点，A 为"−"、B 为"+"时应有电流流入 A 点；相反，A 为"+"、B 为"−"时应有电流流入 B 点，A 为"−"、B 为"+"时应有电流流出 B 点；因而 A 点和 B 点均应分别接两只二极管，以引导电流。图 6-3 为单相桥式整流电路。

在 u_2 正半周时，二极管 VD_1、VD_3 导通，电流由 A 点流出，经 VD_1、R_L、VD_3 流入 B 点，负载电阻 R_L 上的电压等于变压器副边电压，即 $u_o=u_2$，VD_2、VD_4 承受的反向电压为 $-u_2$。在 u_2 负半周时，二极管 VD_2、VD_4 导通，电流由 B 点流出，经 VD_2、R_L、VD_4 流入 A 点，负载电阻 R_L 上的电压等于 $-u_2$，即 $u_o=-u_2$，VD_1、VD_3 承受的反向电压为 u_2。

这样，由于 VD_1、VD_3 和 VD_2、VD_4 两对二极管交替导通，致使负载电阻 R_L 上在 u_2 的整个周期内都有电流流过，而且方向不变，故在 R_L 上获得了极性不变的脉动直流电压。图 6-4 所示为单相桥式整流电路各部分电压和电流的波形。

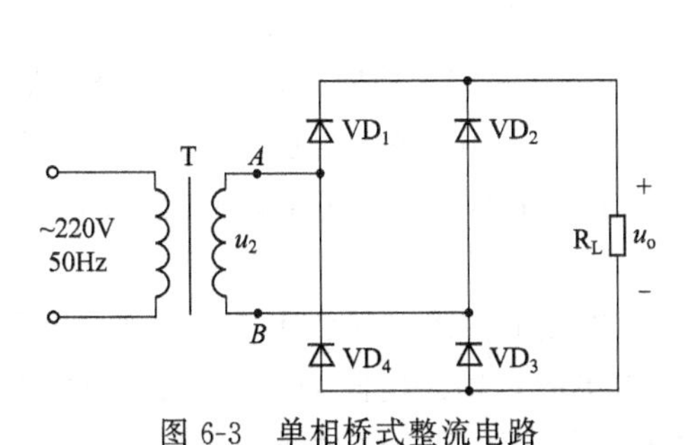

图 6-3 单相桥式整流电路

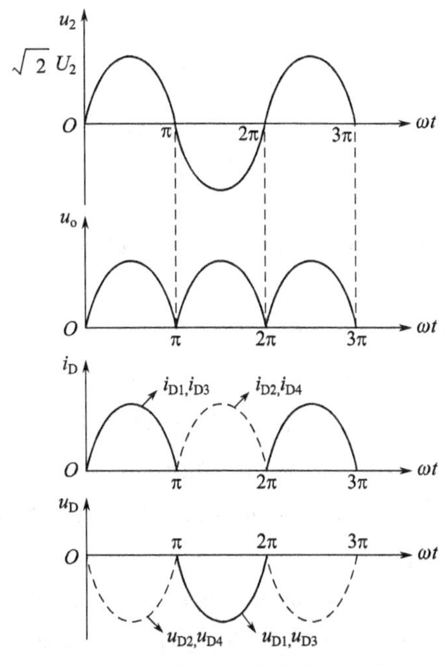

图 6-4 单相桥式整流电路的波形图

根据 u_o的波形可知，输出电压的平均值

$$U_o=\frac{2\sqrt{2}U_2}{\pi}\approx 0.9U_2$$

输出电流的平均值（即负载电阻中的电流平均值）

$$I_0=\frac{U_o}{R_L}\approx\frac{0.9U_2}{R_L}$$

桥式整流电路的脉动系数 $S\approx0.67$，与半波整流电路相比，输出电压的脉动减小很多。

二、滤波电路

整流电路的输出电压虽然是单一方向的，但是脉动较大，不能适应大多数电子线路及设备的需要。因此，一般在整流后，还需利用滤波电路将脉动的直流电压变为平滑的直流电压。

（一）电容滤波电路

电容滤波电路是最常见也是最简单的滤波电路，在整流电路的输出端并联一个电容即构成电容滤波电路，如图 6-5 所示。滤波电容容量较大，因此一般均采用电解电容，在接线时要注意电解电容的正、负极。电容滤波电路利用电容的充、放电作用，使输出电压趋于平滑。

当变压器副边电压 u_2处于正半周并且数值大于电容两端电压 u_C时，二极管 VD1、VD3 导通，电流一路流经负载电阻 R_L，另一路对电容 C 充电。在理想情况下，变压器副边无损耗，二极管导通电压为零，所以电容两端电压 u_C（u_o）与 u_2相等，见图 6-5(b) 中曲线的 ab 段。当 u_2 上升到峰值后开始下降，电容通过负载电阻 R_L放电，其电压 u_C也开始下降，趋势与 u_2基本相同，见图 6-5(b) 中曲线的 bc 段。但是由于电容按指数规律放电，所以当

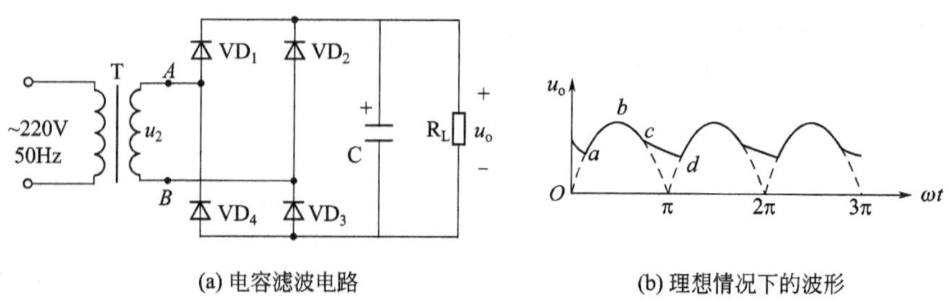

(a) 电容滤波电路　　(b) 理想情况下的波形

图 6-5　单相桥式整流电容滤波电路及稳态时的波形分析

u_2下降到一定数值后，u_C的下降速度小于u_2的下降速度，使u_C大于u_2，从而导致 VD1、VD3 反向偏置而变为截止。此后，电容 C 继续通过 R_L放电，u_C按指数规律缓慢下降，见图 6-5(b) 中曲线的 *cd* 段。

当u_2的负半周幅值变化到恰好大于u_C时，VD2、VD4 因加正向电压而变为导通状态，u_2再次对 C 充电，u_C上升到u_2的峰值后又开始下降；下降到一定数值时 VD2、VD4 变为截止，C 对 R_L放电，u_C按指数规律下降；放电到一定数值时 VD1、VD3 变为导通，重复上述过程。

从图 6-5(b) 所示波形可以看出，经滤波后的输出电压不仅变得平滑，而且平均值也得到提高。

从以上分析可知，电容充电时，回路电阻为整流电路的内阻，即变压器内阻和二极管的导通电阻，其数值很小，因而时间常数很小。电容放电时，回路电阻为 R_L，放电时间常数为 RLC，通常远大于充电的时间常数。因此，滤波效果取决于放电时间。电容越大，负载电阻越大，滤波后输出电压越平滑，并且其平均值越大。输出电压平均值为 $U_O \approx 1.2U_2$。

为了获得较好的滤波效果，在实际电路中，应选择滤波电容的容量满足 $RLC=(3\sim5)T/2$ 的条件。由于采用电解电容，考虑到电网电压的波动范围为±10%，电容的耐压值应大于 $1.1\sqrt{2}\ U_2$。在半波整流电路中，为获得较好的滤波效果，电容容量应选得更大些。

（二）复式滤波电路

当单独使用电容或电感进行滤波，效果仍不理想时，可采用复式滤波电路。电容和电感是基本的滤波元件，利用它们对直流量和交流量呈现不同电抗的特点，只要合理地接入电路都可以达到滤波的目的。图 6-6(a) 所示为 LC 滤波电路，图 6-6(b)、(c) 所示为两种 π 型滤波电路。读者可自行分析它们的工作原理。

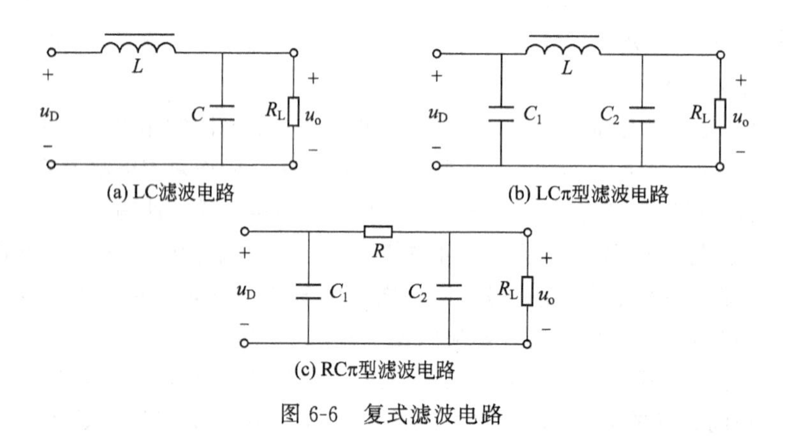

(a) LC滤波电路　　(b) LCπ型滤波电路

(c) RCπ型滤波电路

图 6-6　复式滤波电路

（三）各种滤波电路的比较

表 6-1 中列出了各种滤波电路性能的比较。构成滤波电路的电容及电感应足够大，θ 为二极管的导通角，凡 θ 角小的，整流管的冲击电流大；凡 θ 角大的，整流管的冲击电流小。

表 6-1　各种滤波电路性能的比较

滤波形式	电容滤波	电感滤波	LC 滤波	RC 或 LC π 型滤波
U_L/U_2	1.2	0.9	0.9	1.2
θ	小	大	大	小
适用场合	小电流负载	大电流负载	适应性较强	小电流负载

任务实施

一、任务实施所需要的仪器设备及材料

示波器、万用表、实验线路板、变压器（220V/15V）、二极管 2CZ83F（4 只）、电容器 $C_1=100\text{pF}$、$C_2=100\text{pF}$、电阻 $R_1=330\Omega$、$R_L=1\text{k}\Omega$。

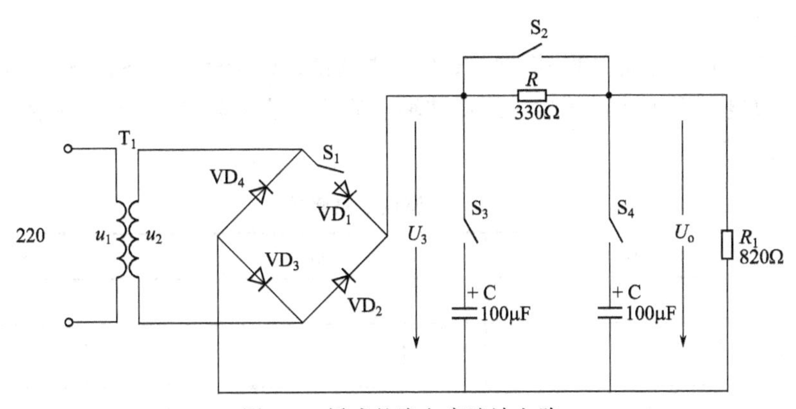

图 6-7　桥式整流电容滤波电路

二、任务内容与步骤

（一）整流电路

1. 单相半波整流电路测试

（1）将实验线路按图 6-7 所示连接，将 S_1 打开，S_2 闭合，S_3、S_4 打开，为单相半波整流，反复检查电路无误，经指导教师同意后通电。

（2）用示波器 y 轴输入端接 R_L 电阻两端，观察半波整流波形，并绘图于表 6-2 中。

（3）用万用表交流电压挡测量 u_1、u_2。用万用表直流电压挡测量 u_3、u_o 值，记入表 6-2 中。

2. 桥式全波整流电路测试

（1）将实验台断电，S_1 闭合，改成全波整流电路，电路接线检查无误，经指导教师同意后通电。

（2）用示波器 y 轴输入端接 R_L 电阻两端，观察全波整流波形，并绘图于表 6-2 中。

（3）用万用表分别测量 u_1、u_2、u_3、u_o 值，记入表 6-2 中。

表 6-2　整流电路测试结果

测量项目	输出波形	U_1	U_2	U_3	U_o
半波					
桥式全波					

（二）滤波电路

1. C 形滤波电路

切断电源后，将桥式整流电路接成 C 形滤波电路，即接通 S_1、S_2，断开 S_4，经指导教师同意后通电，用示波器观察输出波形，绘图于表 6-3 中，并用万用表测出输出电压 u_o，记入表 6-3 中。

2. Γ 形滤波电路

切断电源后，将 C 形滤波电路接成 Γ 形滤波电路，即接通 S_1、S_4，断开 S_2，经指导教师同意后通电，用示波器观察 Γ 形滤波输出波形，绘图与表 6-3 中，并用万用表测出输出电压 u_o，记入表 6-3 中。

3. π 形滤波

切断电源后，将 Γ 形滤波电路接成 π 形滤波电路，即接通 S_1、S_3、S_4，断开 S_2，经指导教师同意后通电，用示波器观察 π 形滤波输出波形，绘图与表 6-3 中，并用万用表测出输出电压 u_o，记入表 6-3 中。

表 6-3　滤波电路测试

滤波类型	C 形	Γ 形	π 形
测量 U_o			
U_o波形图			
U_o值			

要求每位同学必须按上述方法进行。考核标准为百分制。每部分考核标准见表 6-4。

表 6-4　考核标准表

考核项目	考核要求	配分	评分标准	实际得分
单相半波整流实验	正确观察波形，测试电路参数	10	波形测试不正确，每处扣 2 分；参数测试每处不正确，扣 2 分	
桥式全波整流电路实验	正确观察波形，测试电路参数	20	波形测试不正确，每处扣 2 分；参数测试每处不正确，扣 2 分	
C 形滤波电路	正确观察波形，测试输出电压	20	波形测试不正确，扣 10 分 输出电压测试不准确，扣 10 分	
Γ 形滤波电路	正确观察波形，测试输出电压	20	波形测试不正确，扣 10 分 输出电压测试不准确，扣 10 分	

续表

考 核 项 目	考 核 要 求	配分	评 分 标 准	实际得分
π形滤波	正确观察波形，测试输出电压	20	波形测试不正确，扣 10 分 输出电压测试不准确，扣 10 分	
安全文明	符合有关规定	10	损坏工具，扣 3 分 损坏器件，扣 2 分 场地不清洁，扣 2 分 有危险动作，扣 3 分	

任务小结

整流：把交流电变成直流电的过程。二极管单相整流电路：把单相交流电变成直流电的电路。整流原理：利用二极管的单向导电特性，将交流电变成脉动的直流电。

1. 利用二极管的单向导电特性可以组成把交流电变成直流电的整流电路，常见的有半波整流、变压器中心抽头式全波整流和桥式全波整流。

2. 滤波电路的作用是使脉动的直流电压变换为较平滑的直流电压。常见的滤波器有电容滤波器、电感滤波器和复式滤波器。

3. 稳压电路的作用是保持输出电压的稳定，不受电网电压和负载变化的影响。最简单的稳压电路是带有稳压管的稳压电路。

自我测评

一、填空题

1. 整流是将________转变为________；滤波是将________转变为________电容滤波器适用于________的场合。

2. 设整流电路输入交流电压有效值为 U_2，则单相半波整流滤波电路的输出直流电压 U_o=________。

3. 常用的整流电路有________、________和________。

4. 桥式整流电容滤波电路和半波整流电容滤波电路相比，由于电容充放电过程，因此输出电压更为________，输出的直流电压幅度也更________。

二、选择题

1. 整流的目的是（　　）。

A. 将交流变为直流　　B. 将高频变为低频　　C. 将正弦波变为方波

2. 在单相桥式整流电路中，若有一只整流管反接，则（　　）。

A. 输出电压约为 $2U_o$　　B. 变为半波直流　　C. 整流管将因电流过大而烧坏

三、简答题

1. 整流电路的作用是什么？常见的整流电路有哪几种？各有什么特点？对整流管的要求有何不同？

2. 单相桥式整流电路中，若任意一个二极管脱焊会出现什么问题？若任意一个二极管极性接反了会出现什么问题？若两个或三个二极管接反了，会出现什么问题？若四个二极管全部接反了行不行？

3. 滤波电路的作用是什么？常见的滤波电路有哪几种？各有什么特点？

任务二　直流稳压电路的接线、调试及分析

任务描述

各种家用电器、电子设备的运行都需要稳定的直流电源。这些直流电除了少数直接利用干电池和直流发电机外，大多数是采用把交流电（市电）转变为直流电的直流稳压电源。直流稳压电源是供电系统中的高、低压开关的组成部分，为开关控制回路和保护回路提供直流电压，开关的使用维护需要熟悉开关的各个组成部分及其工作原理。熟悉直流稳压电源，需要掌握其组成部分、稳压原理和稳压性能，通过实验，组装稳压电源并进行参数测试，有助于学生的理解和掌握，并锻炼其动手能力和分析问题的能力。

任务目标

一、知识目标

① 掌握稳压二极管的导电特性及主要参数；
② 掌握直流稳压电源的组成及工作原理；
③ 掌握三端稳压器的性能及使用方法。

二、能力目标

① 学会整流、滤波电路的电路连接及波形测试方法；
② 学会直流稳压电源电路的组装与测试方法；
③ 学会根据实验结果分析稳压电源的稳压性能。

三、职业素养目标

通过直流稳压电源电路的接线及测试，培养学生的职业实践能力、安全意识和责任心。

一、稳压二极管

稳压管是特殊半导体二极管，外形如图 6-8 所示，因为具有稳压作用，故称为稳压管。稳压管利用半导体特殊工艺做成，工作于反向击穿状态时具有稳压性能而且不损坏。稳压管电路符号如图 6-9 所示。

（一）稳压管的伏安特性

稳压二极管的伏安特性曲线与硅二极管的伏安特性曲线完全一样，如图 6-10 所示。

从稳压二极管的伏安特性曲线上可以看出，正向特性与普通二极管基本相同；反向特性较陡，当反向电压较低时，反向电流几乎为零，管子处于截止状态，当反向电压增大到击穿电压 U_Z时，反向电流 I_Z急剧增加。在击穿区电流在较大范围内变化时，管子两端电压 U_Z几乎不变，具有恒压特性。使用时，只要反向电流不超过管子允许值 I_{ZM}，管子就不会过热损坏。

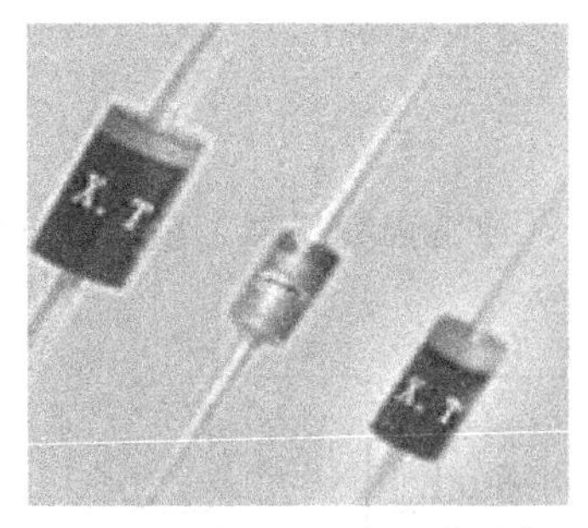
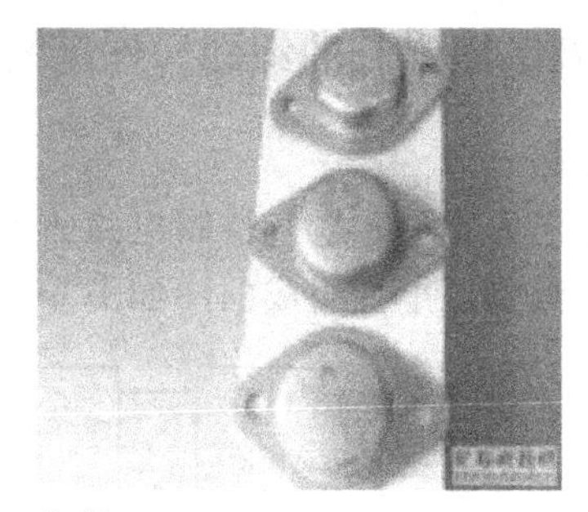

图 6-8　稳压二极管

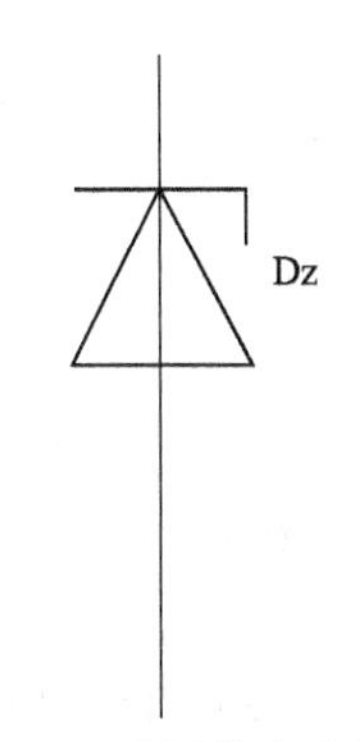

图 6-9　稳压管电路符号

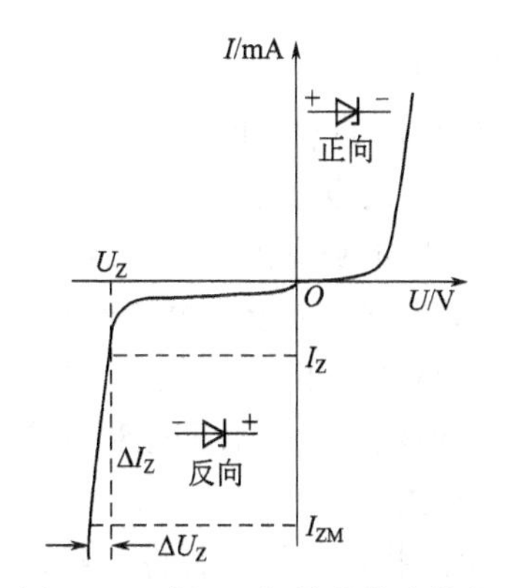

图 6-10　稳压二极管的伏安特性

（二）稳压二极管的主要参数

1. 稳定电压 U_Z

是指在规定的稳压管反向工作电流 I_Z下，所对应的反向工作电压。

2. 动态电阻 r_Z

稳压二极管的动态电阻是指稳压管在正常工作范围内，管子两端电压 U_Z变化量与电流变化量的比值。稳压管反向特性愈陡，动态电阻 r_Z 愈小，反映稳压管的击穿特性愈陡。

3. 最大稳定工作电流 $I_{Z\max}$和最小稳定工作电流 $I_{Z\min}$

$I_{Z\min} < I_Z < I_{Z\max}$ 是稳压管正常工作时的电流范围，如果工作电流 $I_Z > I_{Z\max}$，管子会因过热烧坏；如果工作电流 $I_Z < I_{Z\min}$，管子起不到稳压作用。

（三）注意事项

使用稳压二极管时要注意以下三点：

① 工程上使用的稳压二极管无一例外都是硅管；

② 连接电路时应使稳压管承受反向电压；

③ 稳压管使用时，需串入一只电阻，该电阻称为限流电阻。限流电阻作用：限流作用，以保护稳压管；当输入电压或负载电流变化时，通过该电阻上电压降的变化，取出误差信号以调节稳压管的工作电流，从而起到稳压作用。

二、直流稳压电源的组成、作用及分类

（一）组成

直流稳压电源是设备电气控制电路的组成部分，通常由变压器、整流、滤波和稳压三个环节组成。直流稳压电源组成框图如图 6-11 所示。

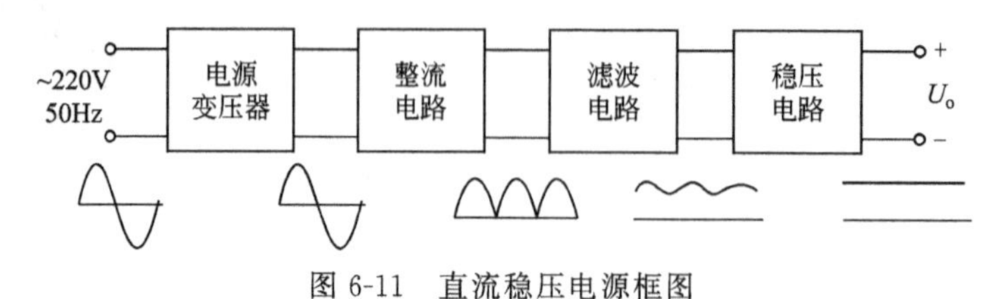

图 6-11 直流稳压电源框图

（二）作用

整流滤波后的输出电压 U_O 虽然脉动较小，但属于不稳定的电压。这是因为：

① 交流电网电压不稳定，允许有±10％波动；

② 整流器本身有内阻，负载变化时，输出电压跟随着变化；

③ 温度变化引起整流滤波器参数变化，输出电压也变化。

稳压电路是利用调整元件（稳压二极管或晶体三极管）调节整流、滤波输出的直流电压，使得电网波动、负载变化和温度变化时保持输出的直流电压稳定。

（三）分类

稳压电路按电压调整元件与负载的连接方式的不同，分为串联型直流稳压电路和并联型直流稳压电路；稳压电路按所用器件可分为分立元件直流稳压电路和集成直流稳压电路。

三、稳压管并联型直流稳压电路原理

稳压管并联型直流稳压电路如图 6-12 所示。因稳压管与负载并联故名并联型稳压电路。

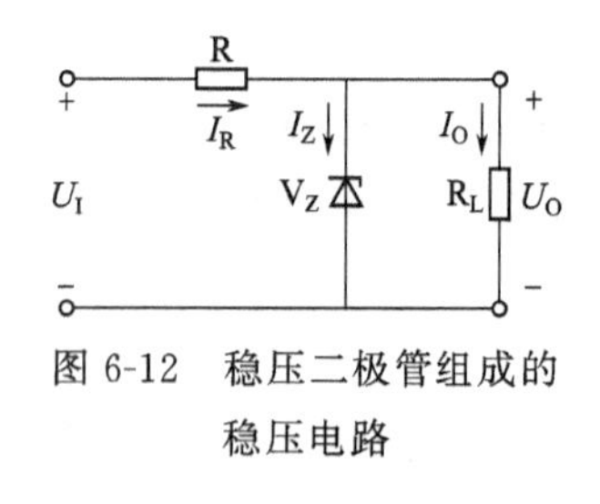

图 6-12 稳压二极管组成的稳压电路

由稳压管特性可知，若能使稳压管始终工作在 $I_{Zmin}<I_Z<I_{Zmax}$ 范围内，则稳压管上的电压 U_Z 基本上是稳定的，而 $U_O=U_Z$。电路中 R 为限流电阻，$I_R=I_Z+I_O$，$U_R=I_{RR}$，它起到限流与调节输出电压的作用。

若负载电阻 R_L 不变而电网电压升高使 UI 增大时，U_O 也会增大，于是 I_Z 增大，I_R 也增大，则电阻 R 两端电压 I_{RR} 增大，以此来抵消 U_I 的增大，使 $U_O=U_I-I_{RR}$ 基本不变。上述过程可表示为：

$$U_I\uparrow\rightarrow U_O\uparrow\rightarrow I_Z\uparrow(I_R\uparrow)\rightarrow I_{RR}\uparrow\rightarrow U_O\downarrow$$

若电网电压不变（即 U_I 不变）而 R_L 变化时 U_O 也可维持基本不变，读者可自行分析。

四、串联型稳压电路原理

稳压管稳压电路虽然简单，但输出电压不能调节，输出电流的变化范围小，稳压精度不高，它只能用于电流较小和负载基本不变的场合。在要求较高时，可采用串联型稳压电路。

串联型稳压电路的框图如图 6-13 所示。其中取样电路的作用是将输出电压的变化取出，并反馈到比较放大器。比较放大器则将取样回来的电压与基准电压比较放大后，去控制调整

管，由调整管调节输出电压，使其得到一个稳定的输出电压。

图 6-14 所示是一种简单的串联型稳压电路。该电路的工作原理如下：若由于电网电压上升或负载电流下降导致 U_O 增大，则 A 点电位升高，经 R_1、R_P、R_2 分压后，B 点电位 U_B 随之升高，相应的 VT_2 管基极电位 U_{B2} 升高，而 U_{E2} 基本不变，则 U_{BE2} 增大，引起 $U_{C2}=U_{B1}$ 下降，从而引起 U_{CE1} 上升，使输出电压 U_O 基本不变，其自动调节过程可描述如下：

$$U_O\uparrow\rightarrow U_{B2}\uparrow\rightarrow U_{BE2}\uparrow\rightarrow U_{C2}\downarrow\rightarrow U_{B1}\downarrow\rightarrow U_{CE1}\uparrow\rightarrow U_O\downarrow$$

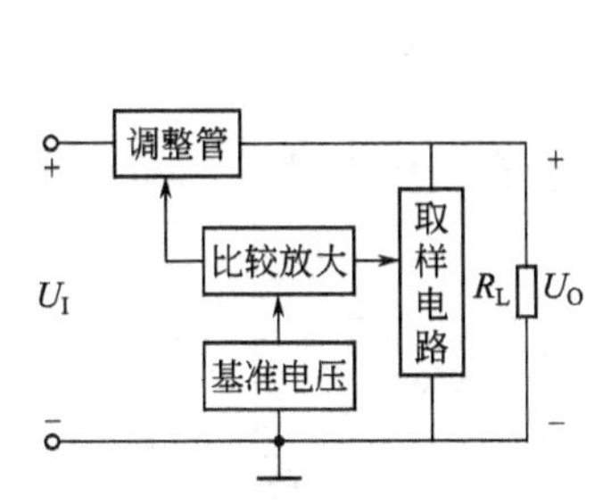

图 6-13 串联型稳压电路结构框图

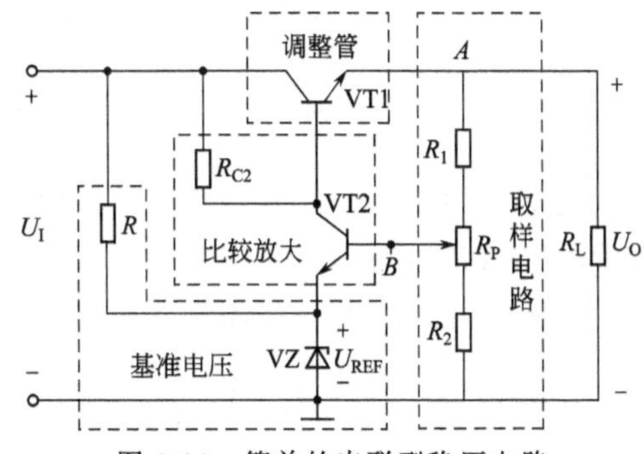

图 6-14 简单的串联型稳压电路

由于该电路中起电压调节作用的调整管与负载串联，故该电路称为串联型稳压电路。

五、三端集成稳压电源

随着半导体集成工艺的提高，直流稳压电路也不断向集成化方向发展。三端集成稳压器由于其性能好、体积小、可靠性高、使用方便、成本低等优点而被广泛应用。

三端集成稳压器内部框图如图 6-15 所示，它由启动电路、基准电压、调整管、比较放大电路、保护电路、取样电路等六大部分组成。可以看出，它实际上是串联型稳压电路集成化的结果。为了保证稳压器输入端接入电压后顺利输出稳定的电压，稳压器内部设有启动电路，以便启动内部电路迅速工作。为了使调整管处于安全工作状态，电路内部设有保护电路。

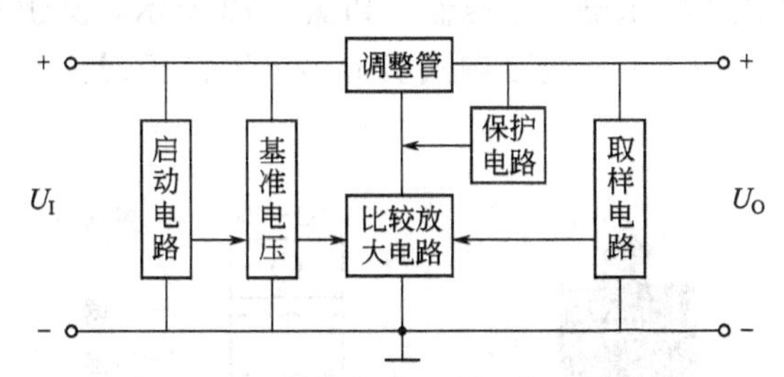

图 6-15 三端集成稳压器内部组成框图

（一）固定式三端集成稳压器

7800 和 7900 系列集成稳压器是目前使用最广泛的一种三端线性集成稳压电路，其特点是输出电压为固定值。7800 和 7900 系列稳压器只有输入、输出及公共地三个端子，使用时不需要外加任何控制电路和器件。该系列稳压器的内部有稳压输出电路、过流保护、芯片过热保护及调整管安全工作区保护等电路，因此工作安全可靠。

7800 系列输出电压为正电压，输出电流可达 1A。除此之外，还有 78L00 系列和 78M00

系列，其输出电流分别可达 0.1A 和 0.5A。按输出电压不同有 7805、7806、7809、7812、7815、7818、7824 等。和 7800 系列对应的有 7900 系列，它的输出为负电压，如 79M12 表示输出电压为－12V。7800 系列的外形及管脚如图 6-16 所示。

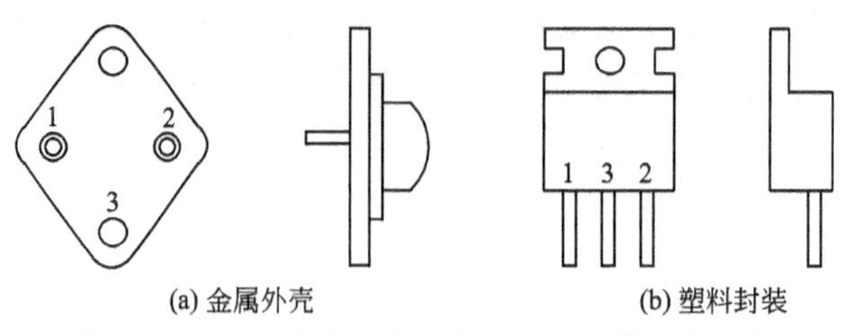
(a) 金属外壳　　(b) 塑料封装

图 6-16　7800 系列三端固定集成稳压器外壳形状

三端线性集成稳压器件可用来十分方便地设计出线性直流稳压电源，7800、7900 系列稳压器的典型应用电路如图 6-17 所示。

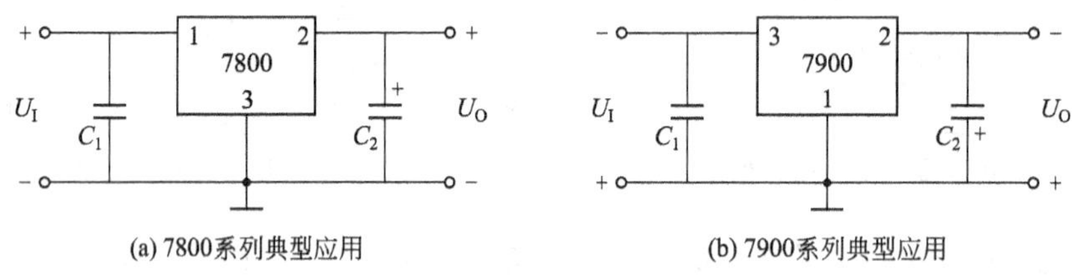

(a) 7800系列典型应用　　(b) 7900系列典型应用

图 6-17　固定式三端稳压器典型应用

图中 U_I是整流滤波电路的输出电压，U_O是稳压器输出电压。值得注意的是：只有输入和输出端之间的电位差大于要求值（一般为 3V），这两种稳压器才能正常工作。例如，7815 的输入电压必须大于 18V 时，稳压器才能输出达 15V 的稳定电压。如果输入与输出端之间电压差低于要求值，输出电压将会随输入电压的波动而波动。电路中接入 C_1、C_2用来实现频率补偿，防止稳压器产生高频自激振荡和抑制电路引入的高频干扰。

（二）可调式三端集成稳压器

三端可调式稳压器，其外形和管脚的编号和三端固定式稳压器相同，但管脚功能有区别：LM317 为三端可调式正输出电压稳压器，如图 6-18 所示，其①脚为输入端，②脚为调整端，③脚为输出端；LM337 为三端可调式负输出电压稳压器，其①脚为调整端，②脚为输入端，③脚为输出端。

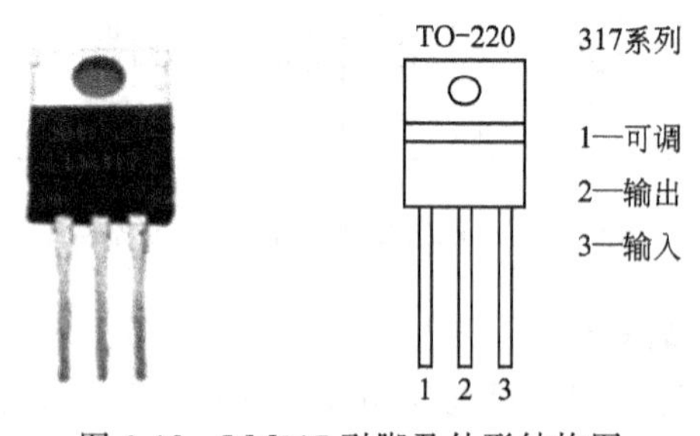

图 6-18　LM317 引脚及外形结构图

图 6-19(a)、(b) 所示分别是用 LM317 和 LM337 设计的直流稳压电源应用线路。

由于 LM317/337 的最小工作电流为 5mA，基准源为 1.205V，因此 R 的取值不得大于

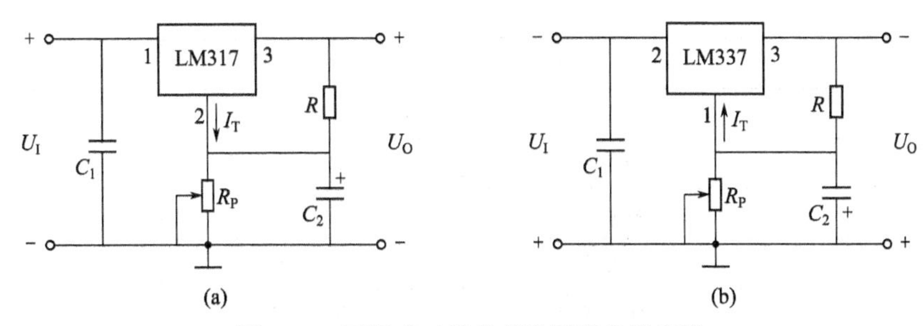

图 6-19 可调式三端集成稳压器典型应用

240Ω，否则当负载开路时将不能保证稳压器正常工作。

一、任务实施需要的仪器及元件

示波器、万用表、实验线路板、二极管、电容器、三极管、可调电阻等。

二、任务内容与实施步骤

（一）按图 6-20 所示正确安装元器件，其中选用的元件见表 6-5。

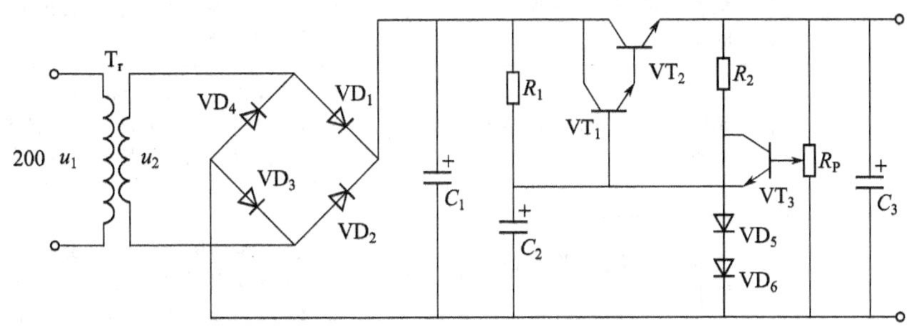

图 6-20 串联稳压电路

（二）认真复查元件是否安装正确，正确无误后，经指导教师同意，接通 220V 电源。

（三）进行调试，将万用表直流电压挡测试电容 C_3 两端，调节 R_P 电阻值，使 C_3 两端电压在 3～6V 之间变动。

（四）带负载调试，输出电压为 3V 的时候接 30Ω 的负载，观察负载电阻接入前后输出电压的变化，小于 0.5V 为合格。

（五）用示波器观察稳压以后输出电压的波形。

表 6-5 直流稳压电路元件选用列表

元件代号	元件名称	型号参数	元件数量
VD_1～VD_4	二极管	IN4001	4
VD_5、VD_6	二极管	IN4148	2
VT_1、VT_2	三极管	9013	2
VT_3	三极管	9013	1

续表

元件代号	元件名称	型号参数	元件数量
R_1	电阻	2kΩ	1
R_2	电阻	680kΩ	1
R_P	微调电位器	1kΩ	2
C_1	电解电容器	470μF/16V	1
C_2	电解电容器	47μF/16V	1
C_3	电解电容器	100μF/16V	1
T	变压器	220V/9V	1
F	熔断丝	0.5A	1
	熔断丝座		2

任务评价

要求每位同学必须按上述方法进行。考核标准为百分制。每部分考核标准见表 6-6。

表 6-6 考核标准表

考核项目	考核要求	配分	评分标准	实际得分
安装前元件检查	检查二极管、三极管等元件的质量	20	元件已损坏而没有检查出来，每处扣 3 分	
元件布置安装	元件布置合理，安装导电性接触良好	20	元件布置不整齐、不匀称、不合理，每只扣 1 分；元件安装接触不好，每只扣 1 分；损坏元件每只扣 2 分	
接线	按电路图接线，并符合工艺要求	30	不按电路图接线扣 20 分；接点不符合要求，每个接点扣 1 分；损伤导线绝缘或线芯，每根扣 5 分	
通电调试	通电调试运行，符号输出电压要求	20	第一次调试运行不符合要求扣 10 分；第二次调试运行不符合要求扣 15 分；第三次调试运行不符合要求扣 20 分	
安全文明	符合有关规定	10	损坏工具，扣 3 分 损坏器件，扣 2 分 场地不清洁，扣 2 分 有危险动作，扣 3 分	

任务小结

1. 直流稳压电源

小功率稳压电源是由电源变压器、整流、滤波和稳压电路等四部分组成。

2. 整流元件及电路

利用二极管的单向导电性，将交流电压变换成单向脉动电压的过程称为整流。整流电路分为半波整流、全波整流及桥式整流。

3. 滤波元件及电路

把整流后的脉动直流变成波形平滑的直流，称为滤波。常见的滤波电路一般由电容、电感和电阻等元器件组成。

4. 稳压元件及电路

整流滤波后的直流电压容易受到电网和负载变化的影响，输出电压不稳定，还需要稳压电路来保证输出电压的稳定。常用的稳压器件是稳压二极管和三端集成稳压器。

5. 开关型稳压电源

开关型稳压电源的调整元件工作在开关状态，即通过调整开关元件的开关时间来实现稳压。它具有体积小、重量轻、功耗小、稳压范围宽等特点。

一、选择题

1. 直流稳压电源中滤波电路的作用是（　　）

A. 将交流变为直流　B. 将高频变为低频　C. 将交、直流混合量中的交流成分滤掉

2. 直流电源中的滤波电路应选用（　　）

A. 高通滤波电路　B. 低通滤波电路　C. 带通滤波电路

3. 工作在反向击穿状态的二极管是（　　）

A. 一般二极管　B. 稳压二极管　C. 开关二极管

二、简答题

1. 如何用万用表来检测整流二极管的正负极，并应注意什么问题？
2. 什么是整流二极管？有哪些主要参数？
3. 整流二极管的选择原则是什么？滤波电容的选择原则是什么？
4. 简述稳压二极管的导电特性。
5. 直流稳压电源由哪几部分组成？各部分的作用是什么？

三、画图题

1. 画出 7800 系列三端集成稳压器的典型接线图，并说明外接元件的作用。
2. 画出 LM317 输出可调式三端集成稳压器典型接线图，并说明外加元件的作用。

项目七

放大电路的简单参数计算、测试、性能调试及应用

任务一　共发射极放大电路的简单参数

任务描述

单管共射放大电路是放大器的主要组成部分，具有放大倍数较大的优点。其放大能力以及静态工作点对放大性能的影响定量计算抽象、复杂，较难掌握。在理论讲解的同时，通过实验，可以直观地观察和测试，有助于加深理解和掌握单管共射放大电路的性能。

任务目标

一、知识目标

① 共发射极放大电路的组成；
② 共发射极放大电路的简单参数计算；
③ 共发射极放大电路的性能分析。

二、能力目标

① 掌握静态工作点的测量和调试方法；
② 掌握放大电路放大倍数的测量方法；
③ 研究静态工作点变化对输出波形和电压放大倍数的影响。

三、职业素养目标

培养学生基本放大电路的调试、测试技能素养以及爱护实验设备、细心操作、通过实验现象分析问题的能力。

一、共发射极放大电路的组成

基本共发射极放大电路如图 7-1 所示。输出信号 u_i 加在基极和发射极之间，输出信号 u_o 取自集电极和发射极之间。其直流通路如图 7-2 所示。

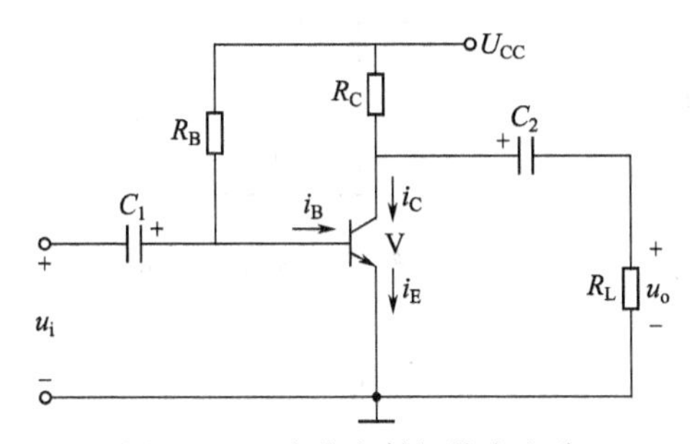

图 7-1 基本共发射极放大电路

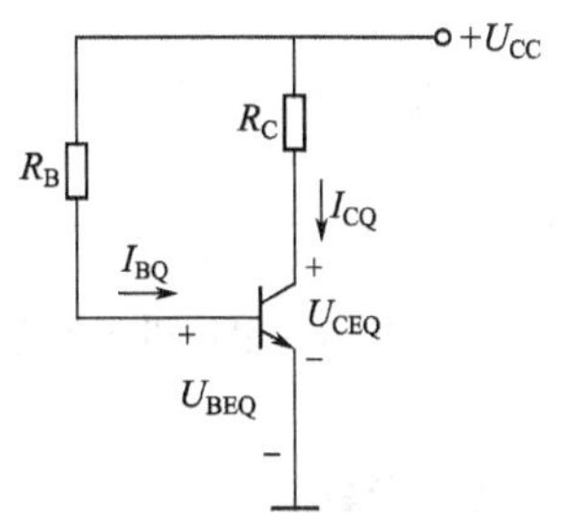

图 7-2 基本共发射极放大电路的直流通路

二、静态分析

当放大电路的输入端未加交流信号时的工作状态称为静态。静态工作时，电路中的电流及电压均为直流。当电路中每个元件参数及电源电压确定后，管子的基极电流、集电极电流及集电极电压在输出特性曲线上对应一个特定的点 Q，该点称为静态工作点。利用估算法确定静态工作点。

基极电流和集电极电流为

$$I_B = \frac{U_{CC} - U_{BE}}{R_B}$$

$$I_C = \beta I_B$$

$$U_{CE} = U_{CC} - R_C I_C$$

这三个式子为计算基本共发射极放大电路静态工作点的常用公式。

三、动态分析

(一) 交流通路

在放大电路的输入端加入交流信号，放大器的工作状态称为动态。下面以输入正弦交流信号给予分析。基本共发射极放大电路的交流通路如图 7-3 所示。在交流通路中，因耦合电容 C_1、C_2 的容量较大，对于交流信号近似看作短路；直流电源 U_{CC} 因内阻很小，其交流压降忽略不计而对“地”视为短路。

从交流通路中知，负载 R_L 与 R_C 并联，其阻值

$$R'_L = R_C // R_L = \frac{R_L \cdot R_C}{R_L + R_C}$$

式中 R'_L——集电极等效负载电阻。

故

$$u_o = u_{ce} = -i_c R'_L$$

(二) 放大电路的微变等效电路分析法

放大电路的微变等效电路，就是把非线性元件三极管组成的放大电路近似等效为一个线性电路，这样就可以按处理线性电路那样来分析三极管放大电路。基本共发射极放大电路的微变等效电路如图 7-4 所示。下面根据微变等效电路分析放大电路的动态性能指标。

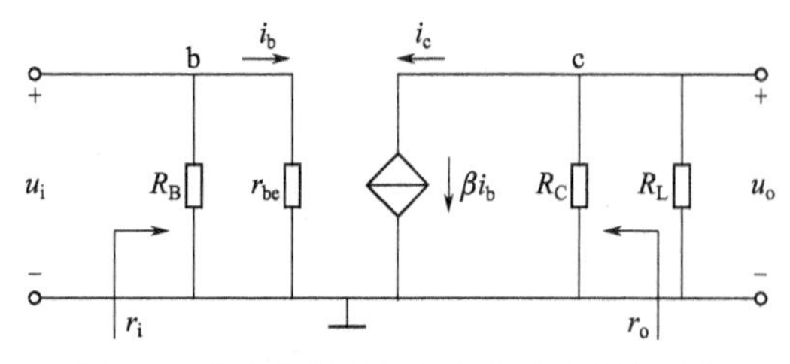

图 7-3 基本共发射极放大电路的交流通路

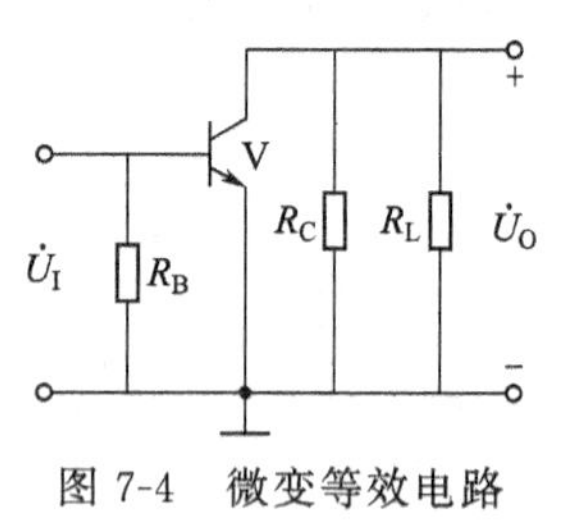

图 7-4 微变等效电路

1. 电压放大倍数

设放大电路输入电压为正弦小信号，电压放大倍数为

$$\dot{A}_u=\frac{\dot{U}_o}{\dot{U}_i}=-\beta \quad A_v=\frac{V_o}{V_i}$$

式中，$r_{be}=300\Omega+(1+\beta)\dfrac{26}{I_{EQ}}$

负号表示输出电压 $\dot{U}_o$ 与输入电压 $\dot{U}_i$ 的相位相反。

当放大电路输出端开路（空载）时，其放大倍数为 $\dot{A}_u=-\beta\dfrac{R_C}{r_{be}}$ 。

因为 $R_L'<R_C$ ，所以放大电路带负载后放大倍数有所下降。

2. 输入电阻

放大电路的输入端通常与信号源（或前级电路）相连，输出端一般与负载（或后级电路）相连。对于信号源来说，放大电路的输入端就是信号源的负载，这个负载可用一个电阻来等效，即放大电路的输入电阻，用 R_i 表示，即

$$R_i=\frac{\dot{U}_i}{\dot{I}_i}=R_B // r_{be}$$

通常 $R_B \gg r_{be}$ 　　　　故 $R_i \approx r_{be}$

输入电阻对交流信号而言是一个动态电阻，它的大小会影响到实际加在放大电路输入端的信号值。对于信号源是电压源来说，R_i 将与信号源内阻 R_S 串联，放大电路实际输入电压 $\dot{U}_i=\dfrac{R_i}{R_S+R_i}\dot{U}_s$ ，显然要使实际输入电压尽可能大，电路输入电阻 R_i 越大越好。因此。R_i 是衡量放大电路对输入电压衰减程度的重要指标。

3. 输出电阻

放大电路对负载而言（或后级电路）相当一个信号源，其信号源的内阻就是放大电路的输出电阻，当放大电路开路时，从输出端往内看到的电阻，即

$$R_o=\frac{U_o}{I_o}=R_C$$

设空载时输出电压为$\dot{U}_o'$，带负载时输出电压为$\dot{U}_o$，则

$$\dot{U}_o=\frac{R_L}{R_o+R_L}\dot{U}_o'$$

当R_o越小，实际的输出越大，负载对电路的影响程度越小，换句话说，放大电路带负载能力越强。

一、任务实施需要的仪器仪表和材料

示波器、晶体管毫伏表、低频信号源、万用表、三极管、电阻、电容。

二、任务内容和实施步骤

(一) 电路图

实验电路图如图 7-5 所示。

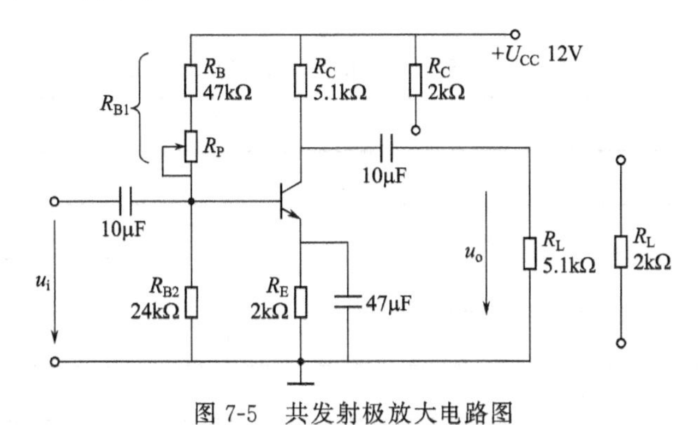

图 7-5　共发射极放大电路图

(二) 步骤

1. 连接单管放大电路

(1) 用万用表检验电路中三极管的极性及好坏。

(2) 用万用表测量稳压电源直流电压U_{CC}。

(3) 按图 7-5 连接线路，$R_C=5.1\text{k}\Omega$，R_L为$5.1\text{k}\Omega$，$u_i=0$。

(4) 将接好的线路仔细检查，并经指导教师检查无误后通电。

2. 静态调试与测量

(1) 接入$U_{CC}=+12\text{V}$电源后，调整可变电阻R_P，用万用表直流电压挡测量三极管发射极对地直流电位为$U_E=2\text{V}$，并测量U_B、U_C、U_{CE}值，记入表 7-1 中。

(2) 电路断电，断开R_P与基极的接连线，测量基极偏置电阻$R_{B1}=R_P+R_B$。记入表 7-1 中。

表 7-1　静态调试测量与计算

测　量　值					计　算　值	
U_C(V)	U_B(V)	U_{BE}(V)	U_{CE}(V)	R_{B1}(kΩ)	I_B(mA)	I_C(mA)

3. 动态调整与测量

（1）将低频信号发生器调至 $f=1\text{kHz}$，并用毫伏表测量信号发生器输出电压，调至 $U_i=10\text{mV}$，接到放大器输入端，使 R_L 开路，用示波器观察 u_i、u_o 波形，用毫伏表测量 U_i、U_o 值记入表 7-2 中。

表 7-2 电压放大倍数的测量与计算（一）

测 量 值		计 算 值
U_i(mV)	U_o	A_u
10mV		
15 mV		

（2）低频信号发生器频率不变，加大信号电压 $U_i=15\text{mV}$，用示波器观察输出电压波形，用毫伏表测量 U_i、U_o 值记入表 7-2 中。

（3）保持 $U_i=10\text{mV}$，$f=1\text{kHz}$ 不变，放大器接入负载 $R_L=5.1\text{k}\Omega$ 与 $R_L=5.2\text{k}\Omega$，$R_C=5.1\text{k}\Omega$ 与 $R_C=2\text{k}\Omega$，测量两种集电极电阻与两种负载情况下的 U_i、U_o 值，并求出 A_u，计入表 7-3 中。

表 7-3 电压放大倍数的测量与计算（二）

已知参数(kΩ)		测量值(mV)		计 算 值
R_C	R_L	U_i	U_o	A_u
2	5.1			
2	2			
5.1	5.1			
5.1	2			

4. 观察 R_P 及 u_i 幅值变化时对输出波形失真的影响

调节 R_P 及 u_i 幅值，用示波器观察输出波形的饱和失真和截止失真波形，画出波形图，填入表 7-4 中。

表 7-4 输出电压波形图

R_P	输出电压波形	失 真 原 因
调至最大		
调至最小		
合适值		

任务评价

要求每位同学必须按上述方法进行。考核标准为百分制。每部分考核标准见表 7-5。

表 7-5　考核标准表

考核项目	考核要求	配分	评分标准	实际得分
实验电路接线	掌握三极管放大电路的接线方法	10	接线错误，扣 10 分	
静态调试	掌握静态工作点的测法，并能调试出合适的静态工作点	10	参数测试不正确，每个扣 5 分	
动态测试	掌握动态参数的测法	20	使用方法不正确，扣 10 分 导线有损伤，每处扣 1～3 分	
动态调试	掌握放大电路动态性能的调试方法，比较输出电压波形各种失真的原因	30	不能正确调试，每处扣 10 分	
安全文明	符合有关规定	10	损坏工具，扣 3 分 损坏器件，扣 2 分 场地不清洁，扣 2 分 有危险动作，扣 3 分	

任务小结

1. 三极管是一种电流控制器件，它有两个 PN 结，即发射结和集电结。三极管在发射结正偏、集电结反偏的条件下，具有电流放大作用；在发射结和集电结均反偏时，处于截止状态，相当于开关断开；在发射结和集电结均为正偏时，处于饱和状态。三极管的输出特性曲线可以分为三个区域，即放大区、截止区和饱和区。

2. 三极管三电极电流之间的关系：$I_E = I_C + I_B \approx I_c$。

主极管工作在放大状态时有 $I_c \approx \beta I_B$。

3. 三极管的参数 β 表示三极管的电流放大能力，I_{CBO}、I_{CEO}表明三极管的温度稳定性，I_{CM}、P_{CM}、$U_{(BR)CEO}$规定了三极管的安全工作范围。

4. 放大器的主要功能是将输入信号不失真地放大。放大器的核心是三极管。要不失真地放大交流信号，必须给放大器设置合适的静态工作点，以保证三极管始终工作在放大区。

5. 放大器的分析方法主要有近似估算法和图解分析法两种。用近似估算法时应注意：分析静态工作点 I_{BQ}、I_{cQ}、U_{CEQ}时用直流通路；分析动态性能 A_u、R_i、R_o时用交流通路。

6. 为了稳定静态工作点，常采用分压式偏置电路，这种电路能使 I_{BQ}、I_{cQ}和U_{CEQ}与三极管的参数无关。

7. 基本放大器有三种组态，即共发射极、共基极、共集电极，其特点各不相同。

自我测评

1. 如何进行静态测试？

2. 如何进行动态测试？

3. 负载 R_L对放大器输出的动态范围有何影响？对静态工作点有何影响？如何提高放大器电压放大倍数？

任务二　集成运算放大器简单运算电路的原理分析

任务描述

集成运算放大器，简称运放，具有放大倍数大、输入电阻大、输出电阻小的优点。其构成的运算电路定量计算抽象、复杂，较难掌握。在理论讲解的同时，通过实验，可以直观地观察和测试，有助于加深理解和掌握集成运放的性能。

任务目标

一、知识目标

① 掌握运算放大器的性能及特点；

② 掌握运放应用电路的功能。

二、能力目标

① 学会测试集成运算放大器的比例、求和及减法运算关系；

② 能正确分析集成运算放大器的测试结果；

③ 会使用常用电子仪表进行运放的装接、调试。

三、职业素养目标

培养学生集成运放基础知识素养以及集成运放电路的测试技能素养，培养学生分工合作的协作精神和严谨的作风，提高学生综合素质。

相关知识

集成电路是把晶体管、电阻、电容以及连接导线等集中制造在一小块半导体基片上而形成具有电路功能的器件。集成电路的优点是体积小、重量轻、安装方便、功耗小、工作可靠等。

集成电路的类型：以集成度即管子和元件数量可分为一百以下的小规模集成电路，一百至一千之间的中规模集成电路，一千至十万之间的大规模集成电路，十万以上的超大规模集成电路。按所用器件又可分为双极型器件组成的双极型集成电路、单极型器件组成的单极型集成电路、双极型器件和单极型器件兼容组成的集成器件。此外，还有线性集成电路和数字集成电路等。

集成运算放大器是直接耦合的高放大倍数的线性集成电路。集成运算放大器是模拟集成电路的一种，它是用来放大、变换各种模拟信号或进行模拟和数字信号之间互相转换的电路，广泛应用在计算机技术、自动控制、无线电技术和各种电量与非电量转换的电气线路中。

一、集成运算放大器的组成及电路符号

集成电路的外形见图 7-6。国家标准（GB3430-82）规定，集成运放由字母和阿拉伯数

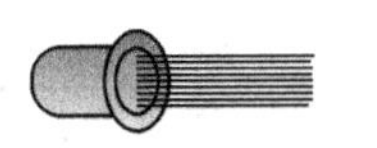
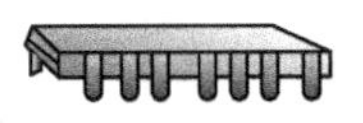
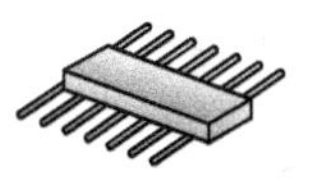

(a) 圆壳式 (b) 双列直插式 (c) 扁平式

图 7-6 集成电路外形

字表示，例如 CF741、CF124 等，其中 C 表示国家标准，F 表示运算放大器，阿拉伯数字表示品种。

国产第二代集成运放 CF741 的接线如图 7-7 所示。双列直插式集成运放的管脚顺序是，管脚向下，标志于左，序号自下而上逆时针方向排列。

集成运算放大器是一个直接耦合的多级放大器，其内部电路主要由输入级、中间放大级、输出级和偏置电路四部分组成，如图 7-8 所示，输入级采用差分放大器电路，以减少零点漂移；中间级由多级放大电路组成，主要担负运算放大器的放大作用，一般为射极输出电路或推挽电路，以提高运算放大器带负载能力。此外，集成运算放大器还有一些辅助电路，如过流保护电路等。

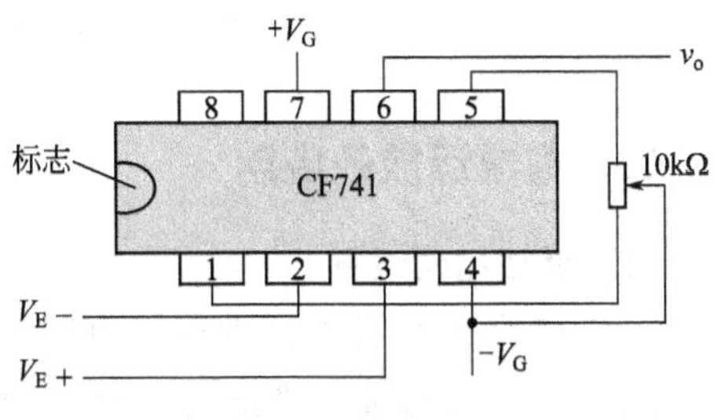

图 7-7 CF741 外接线图

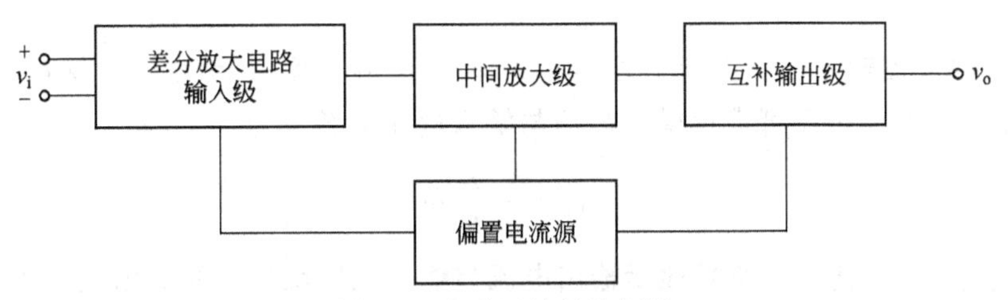

图 7-8 集成运放结构框图

图 7-9(a) 所示为集成运算放大器电路符号，符号“▷”表示信号的传输方向；“∞”表示在理想条件下开环放大倍数为无穷大，两个输入端中，标有“＋”号的称为同相输入端（即信号从该端输入时，输出信号极性与此输入信号的极性相同），标有“－”号的称为反相输入端（即信号从该端输入时，输出信号极性与此输入信号的极性相反）。

集成运算放大器的简化交流等效电路如图 7-9(b) 所示。运算放大器对输入的差模信号 u_d 而言，运算放大器相当于一个电阻，此电阻称为差模输入电阻；运算放大器对其输出端所接入的负载而言，可视为一个很小内阻的电压源，电压源的电压 $u_o = A_d u_d$。

在分析集成运算放大器的应用电路时，为简化分析方法，突出它的主要性能，常把集成运算放大器理想化。理想运算放大器的两个重要特点如下。

（1）虚短，即 $u_+ = u_-$。即两个输入端电位相等，好像短接在一起一样，但实际上又不是短接在一起，所以称“虚短”。

（2）虚断，即 $i_- = i_+ = 0$。即从输入端流入或流出的电流为零，好像输入端与运放器件断开一样，但实际上不是断开，所以称“虚断”。

正确运用上述两个结论，可以使集成运放应用电路的分析过程大大简化。

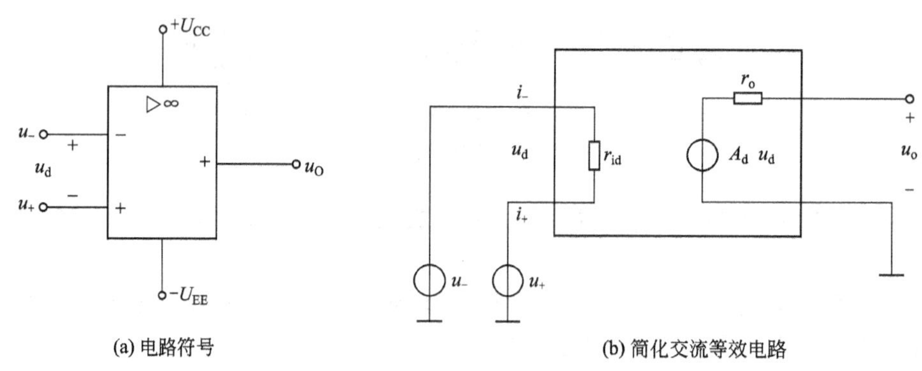

(a) 电路符号　　(b) 简化交流等效电路

图 7-9　集成运算放大器电路符号及等效电路

二、集成运放的应用

(1) 反相比例运算

图 7-10 所示为反相比例运算电路，输入信号 u_i 通过电阻 R_1 加到集成运算放大器的反相输入端，R_f 为跨接在输出端和反相输入端之间的反馈元件，同相端通过电阻 R_2 接地，R_2 称为直流平衡电阻，其作用是使集成运算放大器两输入端的对地直流电阻相等，从而避免运算放大器输入偏置电流在两输入端之间产生附加的差模输入电压，故要求 $R_2=R_1 /\!/ R_f$。

根据运算放大器输入端“虚断”可得，$i_+\approx i_-\approx 0$，因 $u_+\approx 0$，由两输入端“虚短”，可得 $u_-\approx u_+\approx 0$，由图可求得输出电压与输入电压的关系为

$$u_o=-\frac{R_f}{R_1}u_i$$

可见，u_o 与 u_i 成比例，负号表示输出电压与输入电压反相，故称为反相比例运算电路，其比例系数（又称闭环放大倍数）为

$$A_{uf}=\frac{u_o}{u_i}=-\frac{R_f}{R_1}$$

(2) 同相比例运算

图 7-11 所示为同相比例运算电路，输入信号 u_i 通过电阻 R_2 加到集成运算放大器的同相输入端，而输出信号通过反馈电阻 R_f 回送到反相输入端，反相端则通过 R_1 接地。为保持输入端平衡，仍应使 $R_2=R_1 /\!/ R_f$。

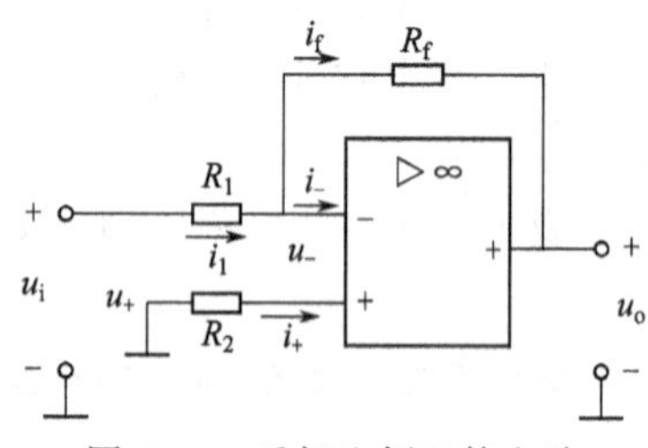

图 7-10　反相比例运算电路

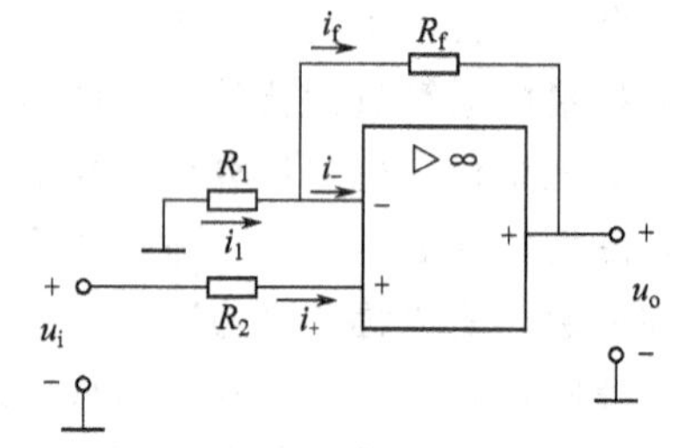

图 7-11　同相比例运算电路

输出电压与输入电压的关系为

$$u_o=\left(1+\frac{R_f}{R_1}\right)u_i$$

可见，输出电压与输入电压同相且成比例，故称为同相比例运算电路，其比例系数为

$$A_{uf}=\frac{u_o}{u_i}=1+\frac{R_f}{R_1}$$

改变 R_f 和 R_1 的大小，就可以调节这个比例关系。

（3）加法运算

加法运算即对多个输入信号进行求和，图 7-12 所示为加法运算电路，该电路实际上是在反相输入放大器的基础上又多加了几个输入端而构成的。电路中，有两个输入信号 u_{i1} 、u_{i2}， 它们分别通过电阻 R_1、R_2 加至运算放大器的反相输入端，R_3 为平衡电阻。

输出电压为

$$u_o=-R_f\left(\frac{u_{i1}}{R_1}+\frac{u_{i2}}{R_2}\right)$$

若 $R_f=R_1=R_2$，则 $u_o=-(u_{i1}+u_{i2})$，说明电路实现了加法运算。式中的“－”号表明输出电压与输入电压反相，且输出电压与几个输入电压之和成比例。如果在图 7-12 中的输出端再接一级反相运算放大器，则可使电路完全符合常规的算术加法运算电路。

（4）减法运算

图 7-13 所示为减法运算电路，输入信号 u_{i1} 和 u_{i2} 分别加至反相输入端和同相输入端。输出电压为

$$u_o=u_{o1}+u_{o2}=-\frac{R_f}{R_1}u_{i1}+\left(1+\frac{R_f}{R_1}\right)\frac{R_3}{R_2+R_3}u_{i2}$$

当 $R_1=R_2$，$R_3=R_f$ 时，则

$$u_o=\frac{R_f}{R_1}(u_{i2}-u_{i1})$$

即输出电压实现了两输入电压的减法运算。这个减法电路实际就是一个差动放大电路。

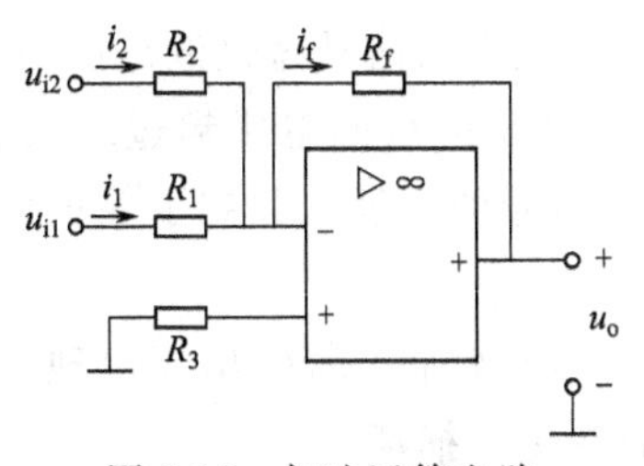

图 7-12　加法运算电路

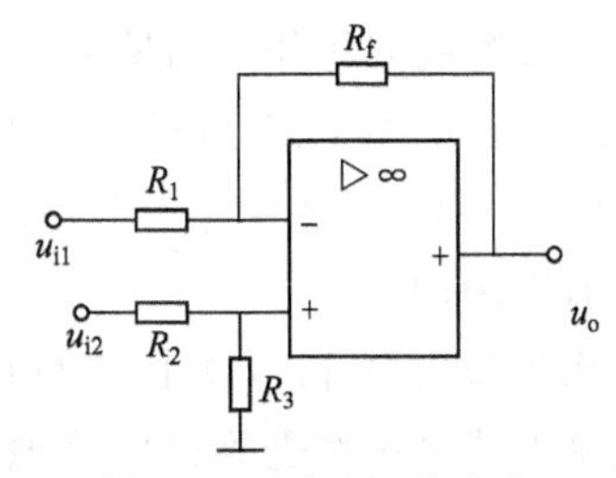

图 7-13　减法运算电路

由于该电路也存在共模电压，要保证一定的运算精度，应选用共模抑制比高的集成运算放大器。差动放大电路除可作为减法运算电路外，还广泛用于自动检测仪器中。

（5）基本电压比较电路（电压比较器）

电压比较器可作为波形变换、波形产生、自动控制系统、模数转换器中的基本单元电路。电压比较器如图 7-14 所示，可以看出 $u_+=U_R$，$u_-=u_i$。

当 $u_i>U_R$ 时，$u_+<u_-$， 此时 $u_o=-U_{OM}$； 当 $u_i<U_R$ 时，$u_+>u_-$， 此时 $u_o=+U_{OM}$。

用来表示比较器输入信号与输出信号关系的图线，称为传输特性曲线，如图 7-15 所示。如果 $U_R=0$，则输入信号过零时，输出信号发生翻转，称为过零电压比较器。

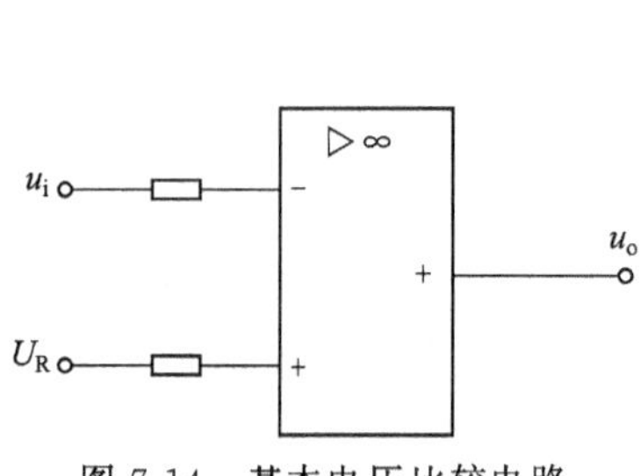

图 7-14　基本电压比较电路

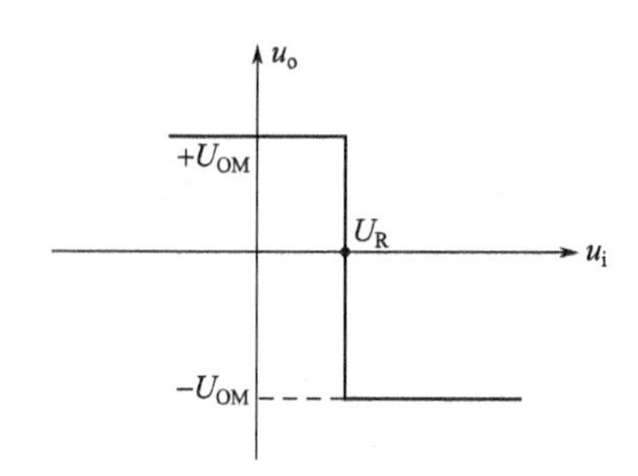

图 7-15　基本电压比较器传输特性

此外，运放组成的微分和积分电路常常用以实现波形变换。例如，微分电路可将方波电压变换为尖脉冲，积分电路可将方波电压变换为三角波电压。

三、集成运放使用常识

1. 零点调整

方法：将输入端短路接地，调整调零电位器，使输出电压为零。

2. 消除自激振荡

方法：加阻容补偿网络。具体参数和接法可查阅使用说明书。目前，由于大部分集成运放内部电路的改进，已不需要外加补偿网络。

3. 保护电路

（1）电源极性的保护

利用二极管的单向导电特性防止由于电源极性接反而造成的损坏，当电源极性错接成上负下正时，两二极管均不导通，等于电源断路，从而起到保护作用。

（2）输入保护

利用二极管的限幅作用对输入信号幅度加以限制，以免输入信号超过额定值损坏集成运放的内部结构，如图 7-16 所示。无论是输入信号的正向电压或负向电压超过二极管导通电压，则 VD_1 或 VD_2 中就会有一个导通，从而限制了输入信号的幅度，起到了保护作用。

（3）输出保护

利用稳压管 VD_1 和 VD_2 接成反向串联电路，如图 7-17 所示。若输出端出现过高电压，集成运放输出端电压将受到稳压管稳压值的限制，从而避免了损坏。

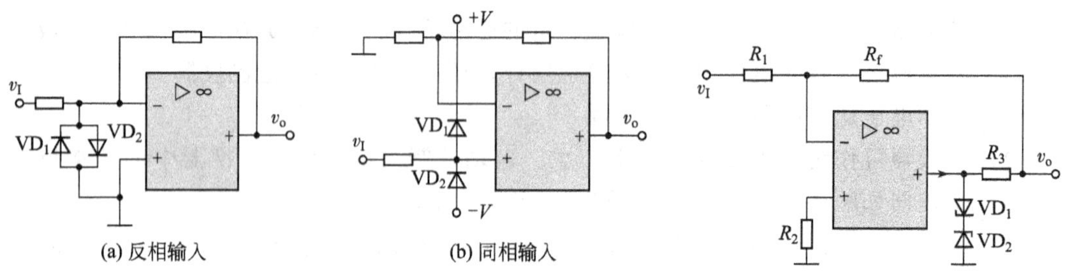

图 7-16　输入保护电路

图 7-17　输出端过压保护电路

一、任务实施需要的仪器、元器件

万用表、集成运算放大器 μA741、电阻若干。

二、任务内容与实施步骤

(一) 电压跟随器的测试

集成运算放大器型号为 μA741，引脚排列如图 7-18 所示。它是八脚双列直插式组件，2 脚是反相输入端，3 脚是同相输入端，6 脚是输出端，7 脚是正电源端，4 脚是负电源端，1 脚和 5 为失调调零端，1 脚和 5 脚之间可以接入一只几十千欧的电位器，并将滑动触头接到负电源端，8 脚为空脚。

将电路按图 7-19 连接。线路无误后通电。按表 7-6 中规定的电压值，由信号源 OUT 经 R_P可调电阻衰减后输入 U_i值，测量 U_o值记入表 7-6 中。

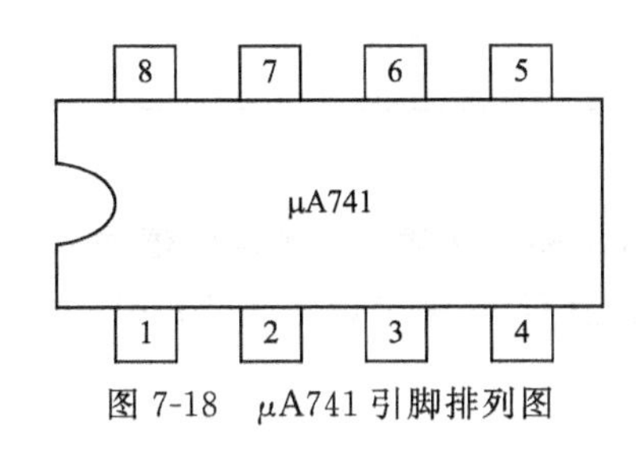

图 7-18　μA741 引脚排列图

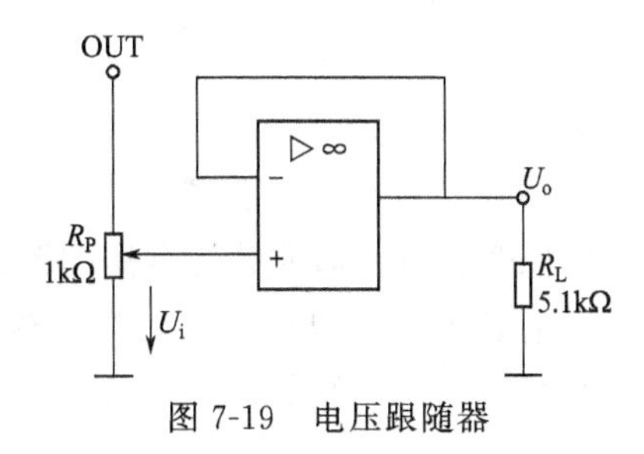

图 7-19　电压跟随器

表 7-6　电压跟随器测量结果

直流输入电压 U_i/V		−2	−1	0.5	2
输出电压 U_o	$R_L=\infty$				
	$R_L=5.1\text{k}\Omega$				

(二) 反相比例运算放大电路的测试

1. 根据图 7-20 和所用运放的管脚排列，确定实际安装接线图。

2. 线路连接确认无误后通电，按表 7-7 中规定的值输入电压 U_i，测量对应的输出电压值 U_o 结果记入表 7-7 中。并与理论计算结果比较，计算公式：$U_o=-(R_f/R_1)U_i$。

表 7-7　反相比例运放的测量

直流输入电压 U_i/V		0.1	0.3	0.2
输出电压 U_o	测量值			
	理论估算值			
比例系数 U_o/ U_i测量值				

(三) 反相求和运算电路的测试

按图 7-21 和所用运放的管脚排列图接成反相输入求和运算放大电路，经检查无误后通电。按表 7-8 输入电压值。经信号源 OUT_1 由 R_{P1} 可调电阻衰减后输入 U_{i1}，再经信号源

OUT_2，由 R_{P2} 可调电阻衰减后输入 U_{i2}。两信号同时输入，测量对应的输出电压值 U_o，结果记入表 7-8 中。并与理论计算结果比较，计算公式：$U_o = -R_F/R_1(U_{i1}+U_{i2})$。

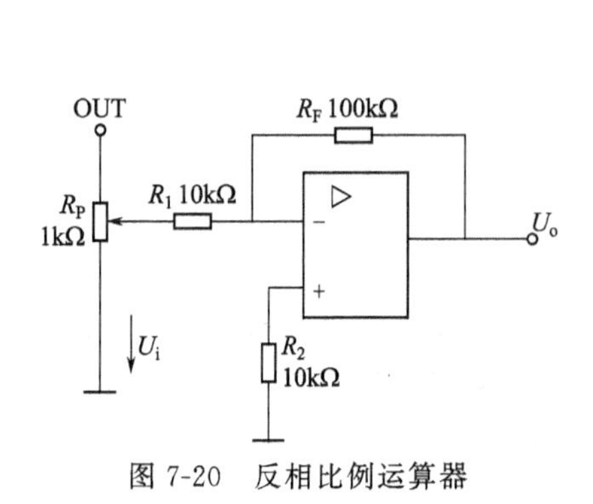

图 7-20 反相比例运算器

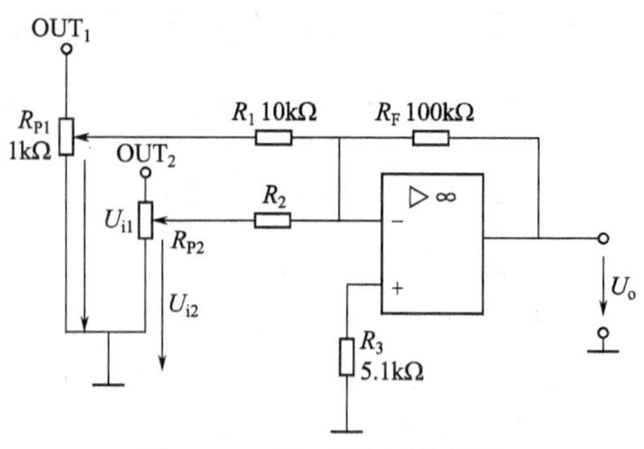

图 7-21 反相求和运算电路

表 7-8 反相求和运放的测量

U_{i1}(V)	0.3	0.2	0.1
U_{i2}(V)	0.4	0.4	0.2
U_o(V)			

（四）减法运算电路的测试

按图 7-22 和所用运放的管脚排列图连接减法运放电路，按表 7-9 规定的值输入电压值。经 R_{P1}、R_{P2} 调节 U_{i1}、U_{i2} 输入，测量对应的输出电压值 U_o，结果记入表 7-9 中。并与理论计算结果比较，计算公式：$U_o = R_F/R_1(U_{i1}-U_{i2})$。

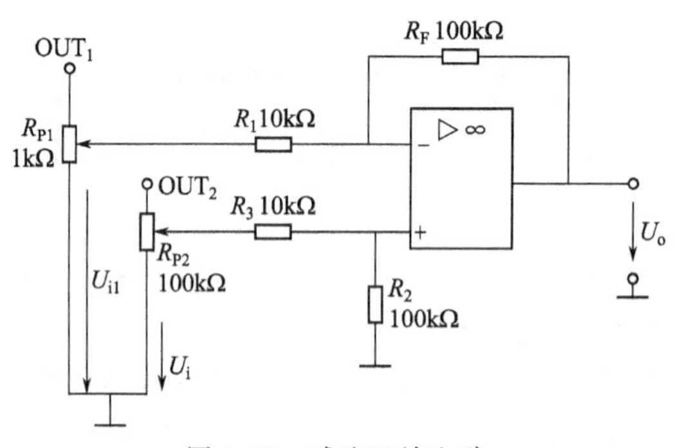

图 7-22 减法运放电路

表 7-9 减法运放的测量

U_{i1}/V	0.3	0.2	0.2	0.3
U_{i2}/V	0.4	0.4	0.1	0.1
U_o/V				

任务评价

要求每位同学必须按上述方法进行。考核标准为百分制。每部分考核标准见表 7-10。

表 7-10　考核标准表

考核项目	考核要求	配分	评分标准	实际得分
电压跟随器测试	掌握运放的接线方法及电压跟随器测试方法	10	接线错误，扣5分 测量结果误差大，扣2分	
反相比例运算电路测试	掌握运放的接线方法及电压跟随器测试方法	10	接线错误，扣5分 测量结果误差大，扣2分	
反相加法运算电路测试	掌握运放的接线方法及电压跟随器测试方法	20	接线错误，扣5分 测量结果误差大，扣2分	
减法运算电路测试	掌握运放的接线方法及电压跟随器测试方法	30	接线错误，扣5分；测量结果误差大，扣2分	
安全文明	符合有关规定	10	损坏工具，扣3分 损坏器件，扣2分 场地不清洁，扣2分 有危险动作，扣3分	

任务小结

1. 集成运放电路是具有高放大倍数的多级直接耦合放大器。它一般由输入级、中间级、输出级和偏置电路四部分组成。为了抑制零漂和提高共模抑制比，常采用差动放大电路作为输入级；中间级为电压增益级；互补对称电压跟随电路常用于输出级。集成运算放大器是一种直接耦合的高放大倍数的线性集成电路，分析运放时应以理想特性为基础。

2. 集成运算放大器除基本运算外还有其他应用，如电压跟随器、反相器等。

3. 使用集成运放应适当设置各种保护电路。

4. 集成运放有线性应用和非线性应用两大类，在线性应用时可利用"虚短"和"虚断"进行分析；在非线性应用时，"虚短"不再成立，而"虚断"的概念仍然可以利用，输出电压只有两种状态：$+U_{om}$和$-U_{om}$。

5. 集成运放工作在线性区域的标志是电路中引入有负反馈（一般是深度负反馈），加法器和减法器是集成运放的线性应用电路；工作在非线性区的主要标志是电路中没有负反馈（开环）或引入正反馈，单门限电压比较器和双门限电压比较器是集成运放的非线性应用电路。

6. 集成运算放大器有反相比例运算和同相比例运算两种基本电路。其中反相比例运算电路是一种电压并联负反馈电路，信号从反相输入端输入，输出电压和输入信号电压成正比例，信号从同相输入端输入，输出电压和输入信号电压成正比例，且相位相同。这两种电路实质上是集成运放的线性应用电路。

自我测评

1. 直接耦合放大器有什么特殊问题，应如何解决？

2. 解释什么是共模信号、差模信号、共模放大倍数、差模放大倍数和共模抑制比。

3. 集成运放工作在线性区时有什么特点？工作在非线性区时有什么特点？

4. 什么叫"虚短"、"虚地"、"虚断"？在什么情况下存在"虚地"？

5. 在实验结果中，输出电压为什么与理论值有一定的误差？原因是什么？如何减少这些误差？

6. 解释为什么运算放大器的输出电压与它的电压放大倍数无关。

任务三 制作简易助听器

任务描述

实际应用中有许多需要对信号进行放大的时候，如无线电设备接收端的信号非常微弱，根本无法使负载工作。助听器可以把微弱的声音信号变为电信号进行放大，再用耳机或扬声器进行放音，听觉不灵敏者或老年性耳聋者使用可提高听觉；青少年学习外语时对着话筒小声默读，声音经放大后再用耳机聆听，这样既可增强记忆力，又可矫正自己的发音。这些都需要放大元件进行信号的放大，三极管是电子电路中最基本的放大元件。

任务目标

一、知识目标

① 掌握三极管共射放大电路的构成、静态分析和动态分析。
② 掌握分压偏置式共射放大器工作原理和分析方法。
③ 了解声电与电声元件工作原理。
④ 了解共集、共基放大电路的构成和特点，多级放大器工作原理，参数及连接方式。
⑤ 了解场效应晶体管分类与晶体管的比较方法。

二、技能目标

① 能够用万用表判断三极管的极性和质量优劣。
② 能够设计、搭接、调试简单的信号放大电路。
③ 能够掌握驻极体话筒和喇叭的检测。

三、职业素养目标

培养学生基本放大电路的调试、测试技能素养以及爱护实验设备、细心操作、通过实验现象分析问题的能力。

相关知识

一、放大器概述

放大器是把微弱的电信号放大为较强电信号的电路，其基本特征是功率放大。扩音机是一种常见的放大器，如图 7-23 所示。

声音先经过话筒转换成随声音强弱变化的电信号；再送入电压放大器和功率放大器进行

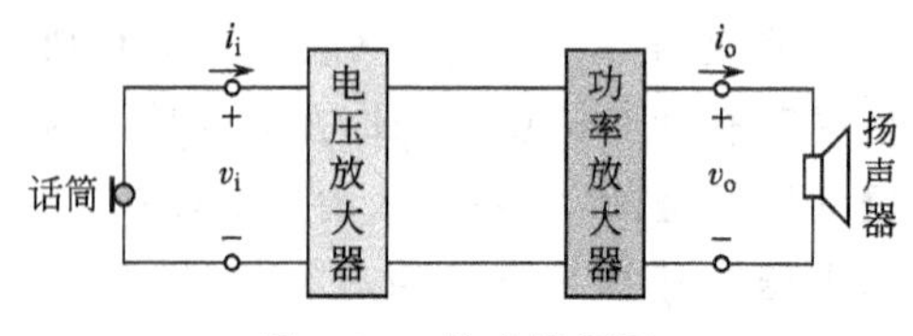

图 7-23 扩音机框图

放大；最后通过扬声器把放大的电信号还原成比原来响亮得多的声音。

二、放大器的放大倍数

放大器的框图如图 7-24 所示。左边是输入端，外接信号源，v_i、i_i分别为输入电压和输入电流；右边是输出端，外接负载，v_o、i_o分别为输出电压和输出电流。

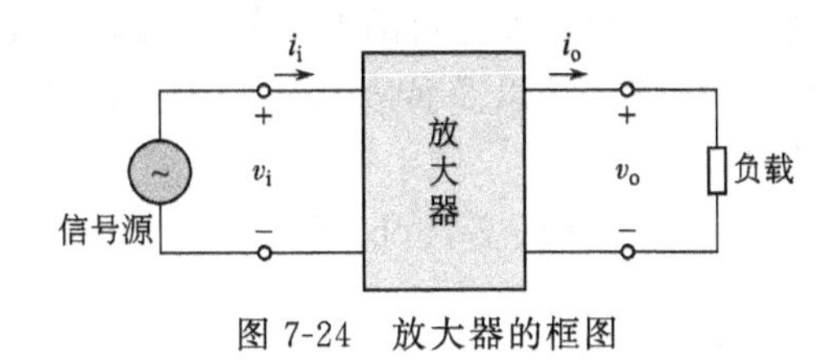

图 7-24　放大器的框图

(一) 放大倍数的分类

1. 电压放大倍数

$$A_v=\frac{V_o}{V_i}$$

2. 电流放大倍数

$$A_i=\frac{I_o}{I_i}$$

3. 功率放大倍数

$$A_P=\frac{P_o}{P_i}$$

三者关系为

$$A_P=\frac{P_o}{P_i}=\frac{I_oV_o}{I_iV_i}=A_i\cdot A_v$$

(二) 放大器的增益

增益 G：用对数表示放大倍数，单位为分贝（dB）。

1. 功率增益

$$G_P=10\lg A_P(\text{dB})$$

2. 电压增益

$$G_v=20\lg A_v(\text{dB})$$

3. 电流增益

$$G_i=20\lg A_i(\text{dB})$$

增益为正值时，电路是放大器，增益为负值时，电路是衰减器。例如放大器的电压增益为 20dB，则表示信号电压放大了 10 倍。又如，放大器的电压增益为−20dB，这表示信号电压衰减到 1/10，即放大倍数为 0.1。

三、单级低频小信号放大器

单级低频小信号放大器是工作频率在 20Hz 到 20kHz、电压和电流都较小的单管放大电路。图 7-25 所示是单管共发射极放大电路。

(一) 电路的说明

1. 元件作用

G_B——基极电源。通过偏置电阻 R_b，保证发射结正偏。

G_C——集电极电源。通过集电极电阻 R_C，保证集电结反偏。

R_b——偏置电阻。保证由基极电源 G_B 向基极提供一个合适的基极电流。

R_C——集电极电阻。将三极管集电极电流的变化转换为集电极电压的变化。

C_1、C_2——耦合电容。防止信号源以及负载对放大器直流状态的影响；同时保证交流信号顺利地传输。即"隔直通交"。

实际电路通常采用单电源供电，如图 7-25(b)所示。

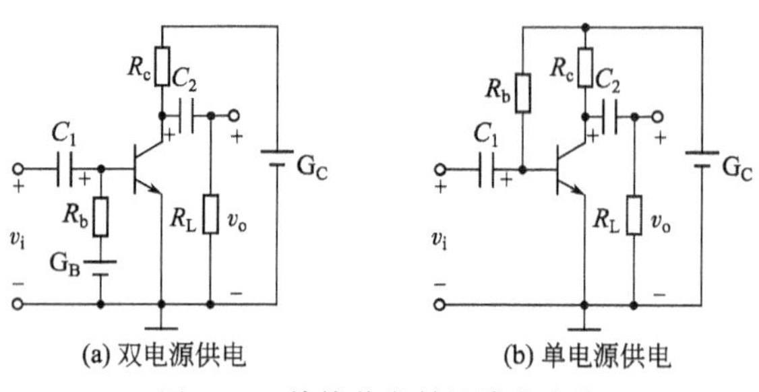

图 7-25 单管共发射极放大电路

2. 电路图的画法

如图 7-26 所示。"⊥"表示接地点，实际使用时，通常与设备的机壳相连。R_L 为负载，如扬声器等。

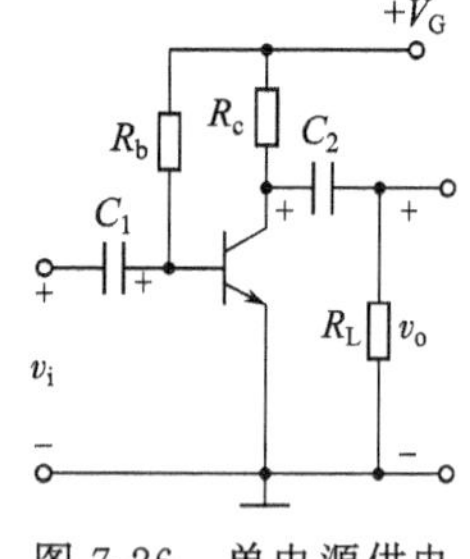

图 7-26 单电源供电放大器的习惯画法

电路中电压和电流符号写法的规定如下：

(1) 直流分量：用大写字母和大写下标的符号，如 I_B 表示基极的直流电流；

(2) 交流分量瞬时值：用小写字母和小写下标的符号，如 i_b 表示基极的交流电流；

(3) 总量瞬时值：是直流分量和交流分量之和，用小写字母和大写下标的符号，如 i_B、I_B、i_b，即表示基极电流的总瞬时值。

(二) 放大器的静态工作点

如图 7-27 所示，静态时晶体管直流电压 V_{BE}、V_{CE} 和对应的 I_B、I_C 值，分别记作 V_{BEQ}、I_{BQ}、V_{CEQ} 和 I_{CQ}。

$$I_{BQ}=\frac{V_G-V_{BEQ}}{R_b}$$

$$I_{CQ}=\beta I_{BQ}$$

$$V_{CEQ}=V_G-I_{CQ}\cdot R_c$$

V_{BEQ}：硅管一般为 0.7V，锗管为 0.3V。

放大器的静态工作点是否合适，对放大器的工作状态影响非常大。若把图 7-27 中的 R_b 除掉，电路如图 7-28 所示，则 $I_{BQ}=0$，当输入端加正弦信号电压 v_i 时，在信号正半周，发射结正偏而导通，输入电流 i_b 随 v_i 变化。在信号负半周，发射结反偏而截止，输入电流 i_b 等于零。即波形产生了失真。

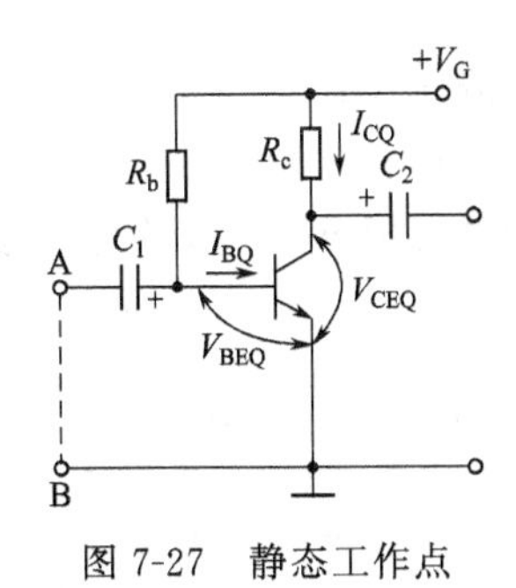

图 7-27 静态工作点

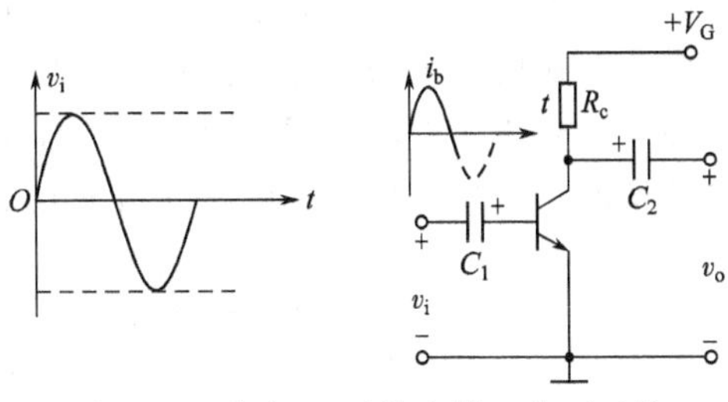

图 7-28 除去 R_b时放大器工作不正常

如果R_b阻值适当，则I_{BQ}不为零且有合适的数值。当输入端有交流信号v_i通过C_1加到晶体管的发射结时，基极电流在直流电流I_{BQ}的基础上随v_i变化，即交流i_b叠加在直流I_{BQ}上，如果I_{BQ}的值大于i_b的幅值，那么基极的总电流始终是单方向的电流，即它只有大小的变化，没有正负极性的变化，这样就不会使发射结反偏而截止，从而避免了输入电流的波形失真。

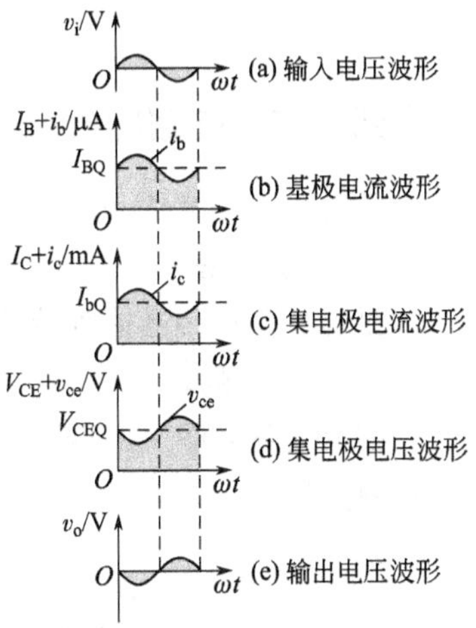

综上可见，一个放大器的静态工作点是否合适，是放大器能否正常工作的重要条件。由电源 G_C 和偏置电阻R_b组成的电路，就是为了提供合适的偏流而设置的，称为偏置电路。

（三）共发射极电路的放大和反相作用

1. 信号放大与反相

交流信号电压v_i作用在晶体管的发射结，引起基极电流的变化，这时基极总电流为$i_B = I_{BQ} = i_b$，波形如图 7-29(b) 所示。由于基极电流对集电极电流的控制作用，集电极电流在静态值I_{CQ}的基础上跟着i_b变化，波形如图 7-29(c) 所示，即$i_C = I_{CQ} = i_c$。

(a) 输入电压波形

(b) 基极电流波形

(c) 集电极电流波形

(d) 集电极电压波形

(e) 输出电压波形

图 7-29 放大器各处电压、电流波形

同样，集电极与发射极电压也是静态电压V_{CEQ}和交流电压v_{ce}两部分合成，即

$$V_{CE} = V_{CEQ} + v_{ce}$$

由于集电极电流i_C流过电阻R_c时，在R_c上产生电压降$i_C R_c$，则集电极与发射极间总的电压应为

$$v_{CE} = V_G - i_C R_c = V_G - (I_{CQ} + i_c)R_c = V_G - I_{CQ}R_c - i_c R_c = V_{CEQ} - i_c R_c$$

比较以上两式可得

$$v_{ce} = -i_c R_c$$

式中负号表示i_c增加时v_{ce}将减小，即v_{ce}与i_c反相。故v_{CE}的波形如图 7-29(d) 所示。

经耦合电容C_2的“隔直通交”，放大器输出端获得放大后的输出电压，即

$$v_o = v_{ce} = -i_c R_c$$

波形如图 7-29(e) 所示。由图可见，v_o与v_i反相。

从信号放大过程来看，在共射放大电路中，输入电压与输出电压频率相同，相位相反。

2. 直流通路和交流通路画法

直流通路：电容视为开路，电感视为短路，其他不变，见图 7-30。

交流通路：电容和电源视为短路，见图 7-30。

单级放大器的工作特点：

(1) 为了不失真地放大信号，放大器必须设置合适的静态工作点；

(2) 共射极放大器对输入的信号电压具有放大和倒相作用；

(3) 在交流放大器中同时存在着直流分量和交流分量两种成分。直流分量反映的是直流通路的情况；交流分量反映的是交流通路的情况。

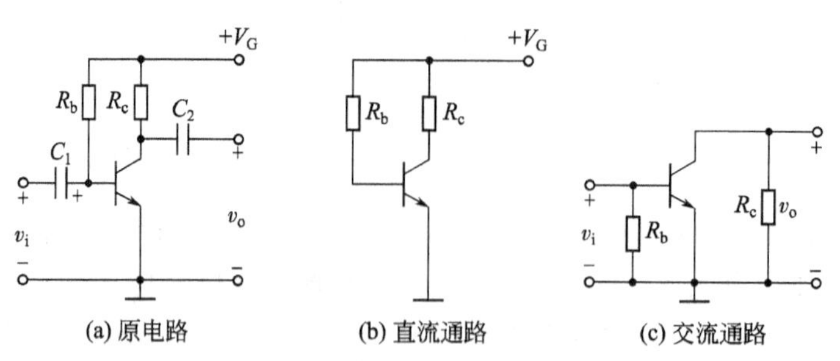

图 7-30　直流、交流通路画法

四、放大电路的分析方法

通常采用图解法和估算法对放大电路的基本性能进行分析。

(一) 图解法

图解法是利用晶体管特性曲线，通过作图分析放大器性能。

1. 直流负载线

放大电路如图 7-31(a) 所示，其直流通路如图 7-31(b) 所示。由直流通路得 V_{CE} 和 I_C 关系的方程为

$$V_{CE}=V_G-I_CR_c$$

在图 7-32 晶体管输出特性曲线族上作直线 MN，斜率是 $\frac{1}{R_c}$。由于 R_c 是直流负载电阻，所以直线 MN 称为直流负载线。

如图 7-32 所示，若给定 $I_{BQ}=I_{B3}$，则曲线 I_{B3} 与直线 MN 的交点 Q 即为静态工作点。过 Q 点分别作横轴和纵轴的垂线得对应的 V_{CEQ}、I_{CQ}。由于晶体管输出特性是一组曲线，所以，对应不同的 I_{BQ}，静态工作点 Q 的位置也不同，所对应的 V_{CEQ}、I_{CQ} 也不同。

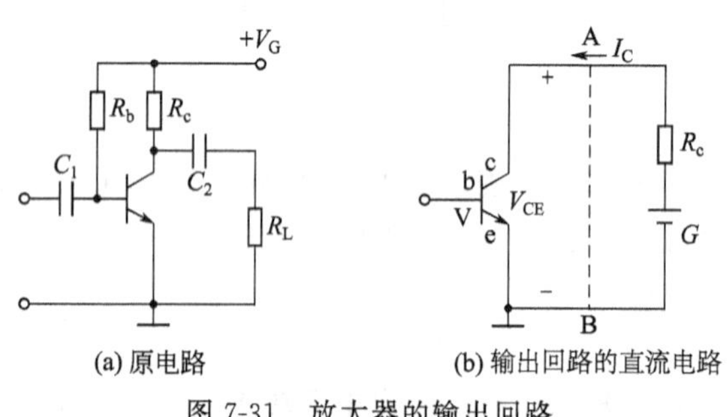

图 7-31　放大器的输出回路

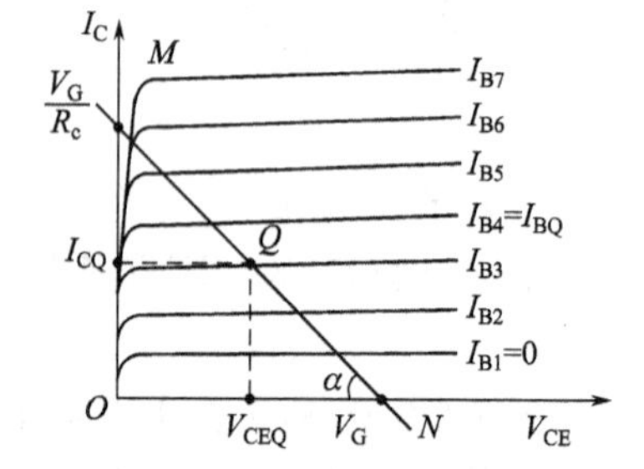

图 7-32　静态工作点的图解分析

2. 交流负载线

放大器交流负载电阻通路如图 7-33 所示。

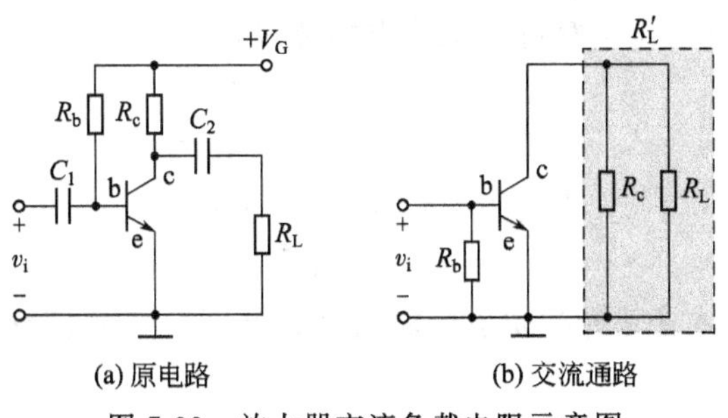

图 7-33　放大器交流负载电阻示意图

由图可见，交流负载电阻为

$$R'_L=\frac{R_cR_L}{R_c+R_L}$$

在图 7-34 上过 Q 点作斜率为 $1/R'_L$ 的直线，得交流负载线 $M'N'$。

根据 i_B 的变化范围 i_{Bmax} 和 i_{Bmin}，得到工作点的变化范围 Q_1、Q_2，可得输出电压的动态范围 $V_{oe\max}-V_{CE\min}$，所以输出电压的幅值 $V_{co}=V_{CE\max}-V_{CEQ}$；若输入信号的幅值为 V_{im}，则放大器的电压放大倍数

$$A_v=\frac{V_{om}}{V_{im}}$$

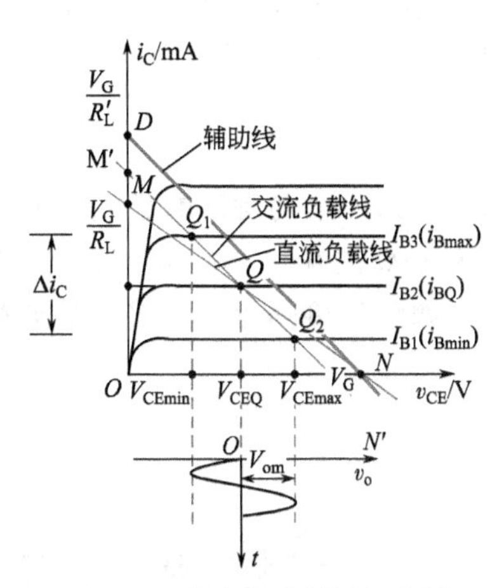

图 7-34　放大倍数的图解分析

如果静态工作点接近于 Q_A，在输入信号的正半周，管子将进入饱和区，输出电压 v_{ce} 波形负半周被部分削除，产生“饱和失真”。

如果静态工作点接近于 Q_B，在输入信号的负半周，管子将进入截止区，输出电压 v_{ce} 波形正半周被部分削除，产生“截止失真”。

非线性失真是由于管子工作状态进入非线性的饱和区和截止区而产生的。为了获得幅度大而不失真的交流输出信号，放大器的静态工作点应设置在负载线的中点 Q 处。

(二) 估算法

估算法是应用数学方程式通过近似计算来分析放大器的性能。

根据图 7-35 和图 7-36 可估算放大器静态工作点。

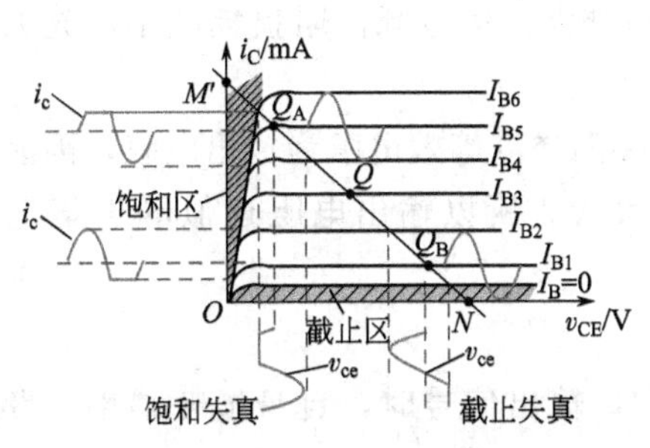

图 7-35　静态工作点引起的非线性失真

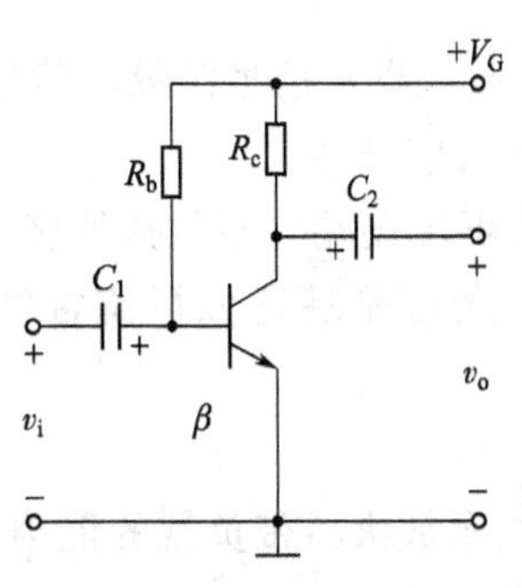

图 7-36　估算静态工作点

由放大器的直流通路得出估算静态工作点的公式：

$$I_{BQ}=\frac{V_G-V_{BEQ}}{R_b}\approx\frac{V_G}{R_b}$$

$$I_{CQ}=\beta I_{BQ}+I_{CEO}\approx\beta I_{BQ}$$

$$V_{CEQ}=V_G-I_{CQ}R_c$$

如图 7-37 所示，晶体管基极和发射极之间交流电压 v_i与相应交流电流 i_b之比，称为晶体管的输入电阻

$$r_{be}=\frac{v_i}{i_b}$$

估算公式为

$$r_{be}=r_{bb}+(1+\beta)\frac{26}{I_E}$$

r_{bb}是晶体管基区电阻，在小电流（I_{EQ}约几毫安）情况下，低频小功率管约为 300 Ω，因此，在低频小信号时

$$r_{be}\approx 300+(1+\beta)\frac{26}{I_E}$$

从式可见，r_{be}与静态电流 I_{EQ}有关，静态工作点不同，r_{be}取值也不同。常用小功率管的 r_{be}约为 1kΩ 左右。

如图 7-38 所示，从放大器输入端看进去的交流等效电阻称为输入电阻。

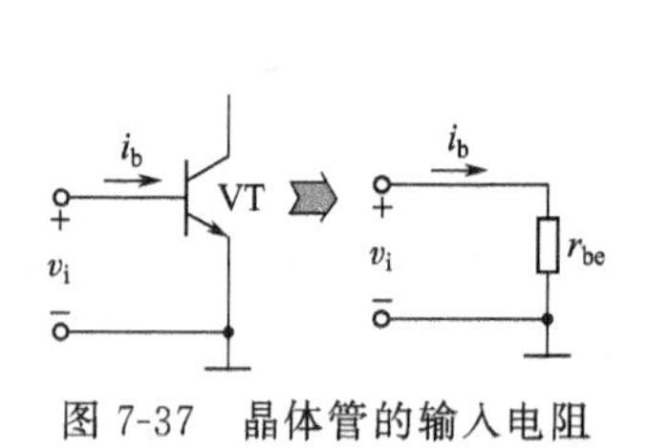

图 7-37 晶体管的输入电阻

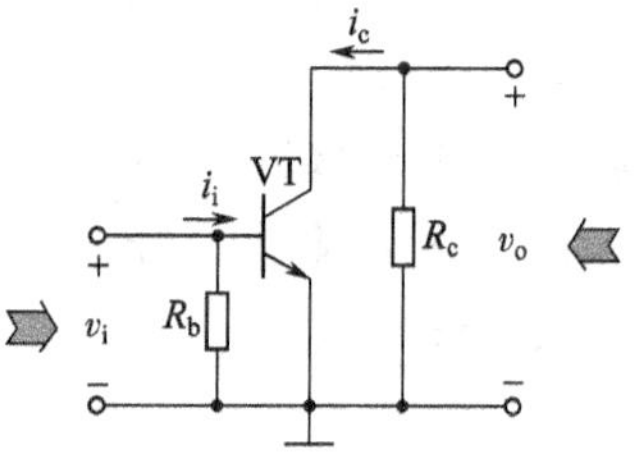

图 7-38 交流通路

$$r_i=\frac{v_i}{i_i}$$

从图中可以看出 $r_i=R_b\,//\,r_{be}$，一般 $R_b\gg r_{be}$，所以

$$r_i\approx r_{be}$$

r_i表示放大器从信号源吸取信号幅度的大小。r_i越大，信号源内阻损耗越小，放大器得到的有效输入信号越大。

从放大器输出端（不包括外接负载电阻）看进去的交流等效电阻为输出电阻，因晶体管输出端在放大区呈现近似恒流特性，其动态电阻很大，所以输出电阻近似等于集电极电阻，即

$$r_o\approx R_c$$

上式中 r_o表示放大器带负载的能力。输出电阻越小，输出信号时，自身损耗越小，带负载的能力越强。

放大器输出端外接负载电阻 R_L 时，等效负载电阻 $R_L'=R_c\,//\,R_L$，$v_o=-i_cR_L'$，故放大

倍数 $A_v=\frac{v_o}{v_i}\approx\frac{-i_cR'_L}{i_br_{be}}=\frac{-\beta i_oR'_L}{i_br_{be}}$，即

$$A_V=-\beta\frac{R'_L}{r_{be}}$$

五、放大器的偏置电路

（一）固定偏置电路

固定式电路如图 7-39 所示。偏置电流 I_{BQ}是通过偏置电阻 R_b由电源 V_G提供，当 $V_G\gg V_{BEQ}$ 时

$$I_{BQ}=\frac{V_G-V_{BEQ}}{R_b}\approx\frac{V_G}{R_b}$$

只要 V_G 和 R_b 为定值，I_{BQ} 就是一个常数，故把这种电路称为固定偏置电路。该电路由于 $I_{CQ}=\beta I_{BQ}+I_{CEQ}$，因此当环境温度升高时，虽然 I_{BQ} 为常数，但 β 和 I_{CEQ} 的增大会导致 I_{CQ} 的上升。可见，电路的温度稳定性较差。只能用在环境温度变化不大，要求不高的场合。

（二）分压式稳定工作点偏置电路

分压式偏置电路如图 7-40 所示，这种电路特点是静态工作点比较稳定。其基极电压 V_{BQ} 由 R_{b1} 和 R_{b2} 分压后得到，即 $V_{BQ}=\frac{R_{b2}}{R_{b1}+R_{b2}}V_G$。当环境温度上升时，$I_{CQ}$ 增加，导致 I_{EQ} 的增加，使 $V_{EQ}=I_{EQ}\cdot R_e$ 增大。由于 $V_{BEQ}=V_{BQ}-V_{EQ}$，使得 V_{BEQ} 减小，于是基极偏流 I_{BQ} 减小，使集电极电流 I_{CQ} 的增加受到限制，从而达到稳定静态工作点的目的。稳定工作点的过程表示如下：

$$T\uparrow\rightarrow I_{CQ}\uparrow\rightarrow I_{EQ}\uparrow\rightarrow V_{EQ}\uparrow$$
$$I_{CQ}\downarrow\leftarrow I_{BQ}\downarrow\leftarrow V_{BEQ}\downarrow\hookleftarrow$$

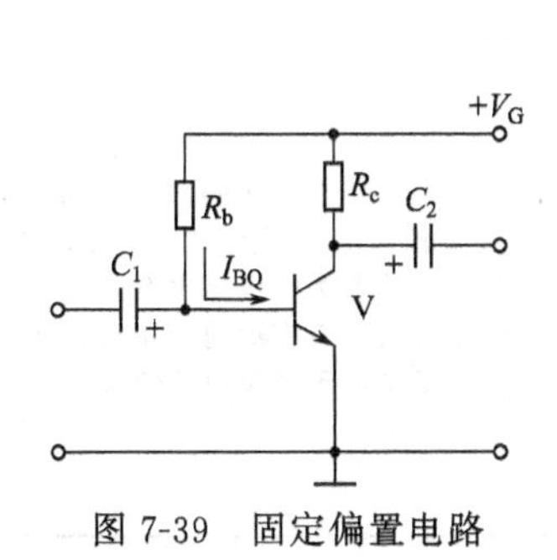

图 7-39　固定偏置电路

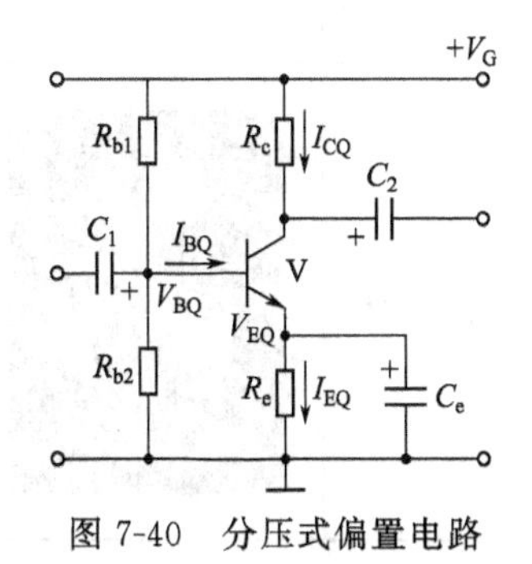

图 7-40　分压式偏置电路

六、声电与电声元件

1. 电声元件的分类、外形图、发声原理

电声元件的分类、外形图、发声原理见表 7-11。

表 7-11 电声元件的分类、外形、发声原理

分　类	外 形 图	发声原理及特性
电磁式扬声器		声源讯号电流通过线圈后会把用软铁材料制成的舌簧磁化，磁化了的可振动舌簧与磁体相互吸引或排斥，产生驱动力，使振膜振动而发音
电动式扬声器		这种扬声器采用通电导体作线圈，当线圈中输入一个音频电流讯号时，线圈相当于一个载流导体。如果将它放在固定磁场里，根据载流导体在磁场中会受到力的作用而运动的原理，线圈会受到一个大小与音频电流成正比、方向随音频电流变化而变化的力。这样，线圈就会在磁场作用下产生振动，并带动振膜振动，振膜前后的空气也随之振动，这样就将电讯号转换成声波向四周辐射。这种扬声器应用最广泛
压电蜂鸣器		压电陶瓷片主要的特性是具有压电效应，利用其特性，可以制成压电陶瓷喇叭及各种蜂鸣器。由于压电陶瓷喇叭的频率特性较差，目前应用较少；而蜂鸣器则被广泛应用于门铃、报警及小型智能化电子装置中作发声器件
动圈式传声器		动圈式传声器的音圈处在磁铁的磁场中，当声波作用在音膜使其产生振动时，音膜便带动音圈相应振动，使音圈切割磁力线产生感应电压，从而完成声—电转换。由于音圈的阻抗很低，阻抗匹配变压器的作用就是用来改变传声器的阻抗，以便与放大器的输入阻抗相匹配。动圈式传声器的输出阻抗分高阻和低阻两种，高阻抗的输出阻抗一般为 1000～2000Ω，低阻抗的输出阻抗为 200～600Ω。动圈式传声器的频率响应一般为 200～5000Hz，质量高的可达 30～18000Hz。动圈式传声器具有坚固耐用、工作稳定等特点，具有单向指向性，价格低廉，适用于语言、音乐扩音和录音
驻极体电容式传声器		这种传声器的工作原理和电容传声器相同，所不同的是它采用一种聚四氟乙烯材料作为振动膜片。由于这种材料经特殊电处理后，表面被永久地驻有极化电荷，故名为驻极体电容式传声器。其特点是体积小、性能优越、使用方便，被广泛地应用在盒式录音机中作为机内传声器，或在声控设备中用于收集声波信号

2. 常用声电和电声元件检测

万用表黑表笔接话筒的正极端，红表笔接话筒的接地端，向话筒吹气，万用表表针应有偏转，偏转越大说明该话筒灵敏度越高，如果偏转很少，则说明该话筒质量不好。

3. 喇叭性能检测和使用时注意事项

用万用表 R×1Ω 挡，用一表笔接一端，另一表笔断续点触另一端，正常时会发出清脆响量的“哒”声。如果不响，则是线圈断了，用万用表测量电阻值无穷大，如果响声小而尖，则是有擦圈问题，也不能用。扬声器得到的功率不要超过它的额定功率，否则，将烧毁

音圈，或将音圈振散。电磁式和压电陶瓷式扬声器工作电压不要超过 30V，并且在焊接过程中焊接时间不宜过长，否则也容易烧坏喇叭。

七、多级放大电路

小信号放大电路的输入信号一般为毫伏甚至微伏量级，功率在 1 毫瓦以下。为了推动负载工作，输入信号必须经多级放大后，使其在输出端能获得一定幅度的电压和足够的功率。多级放大电路的框图如图 7-41 所示。它通常包括输入级、中间级、推动级和输出级几个部分。

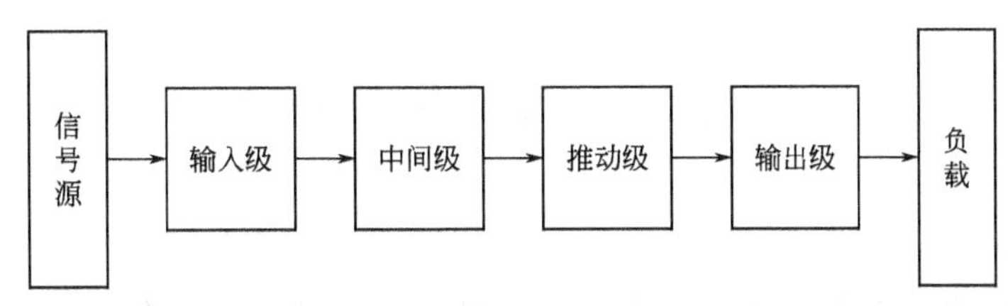

图 7-41　多级放大电路的框图

多级放大电路主要有阻容耦合、直接耦合、变压器耦合、光电耦合、直接耦合等耦合方式。

八、场效应晶体管

场效应管是一种电压控制型的半导体器件，它具有输入电阻高、噪声低、受温度和辐射等外界条件的影响较小、耗电省、便于集成等优点，因此得到广泛应用。

场效应管按结构的不同可分为结型和绝缘栅型；按工作性能可分耗尽型和增强型；按所用基片（衬底）材料不同，又可分 P 沟道和 N 沟道两种导电沟道。因此，有结型 P 沟道和 N 沟道，绝缘栅耗尽型 P 沟道和 N 沟道及增强型 P 沟道和 N 沟道六种类型的场效应管。它们都是以半导体的某一种多数载流子（电子或空穴）来实现导电，所以又称为单极型晶体管。在本书中只简单介绍绝缘栅型场效应管。

一、任务实施需要的元器件及材料

面包板、电容、电阻、三极管、耳机塞。

二、任务实施步骤

简易助听器的原理见图 7-42。

1. 元器件识别与检测，对照元件清单清点并检测所给元件。
2. 按原理图要求在电路板上布局。
3. 按原理图进行线路连接。
4. 通电测试。

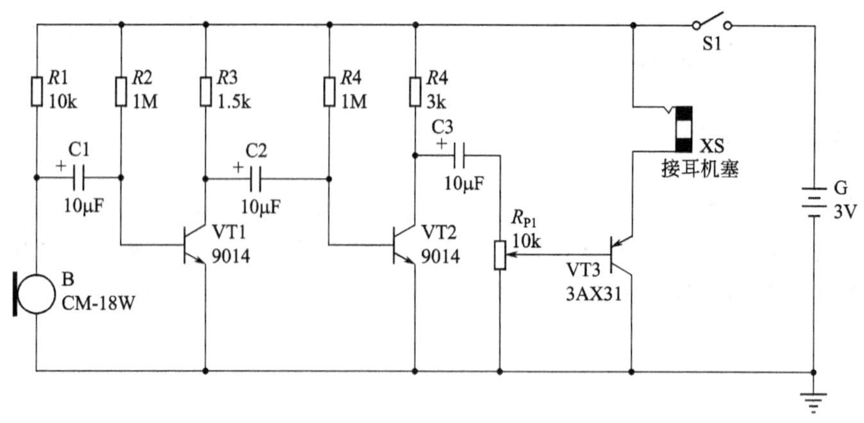

图 7-42　简易助听器原理图

任务评价

要求每位同学必须按上述方法进行。考核标准为百分制。每部分考核标准见表 7-12。

表 7-12　考核标准表

考核项目	考核要求	配分	评分标准	实际得分
安装前元件检查	检查三极管等元件的质量	20	元件已损坏而没有检查出来，每处扣 3 分。	
元件布置安装	元件布置合理，安装导电性接触良好	20	元件布置不整齐、不匀称、不合理，每只扣 1 分；元件安装接触不好，每只扣 1 分；损坏元件每只扣 2 分。	
接线	按电路图接线，并符合工艺要求	30	不按电路图接线扣 20 分；接点不符合要求，每个接点扣 1 分；损伤导线绝缘或线芯，每根扣 5 分。	
通电调试	通电调试运行，符号输出电压要求	20	第一次调试运行不符合要求扣 10 分；第二次调试运行不符合要求扣 15 分；第三次调试运行不符合要求扣 20 分。	
安全文明	符合有关规定	10	损坏工具，扣 3 分； 损坏器件，扣 2 分； 场地不清洁，扣 2 分； 有危险动作，扣 3 分。	

任务小结

1. 三极管是由两个二极管组成的，具有电流分配和电流放大作用。

2. 三极管根据外部条件不同有截止、放大、饱和三种工作状态。

3. 三极管放大电路有共发射极、共基极、共集电极三种连接形式，其放大能力与特性各有不同。

4. 放大器有静态和动态两种工作状态，为了不失真地放大信号，放大器必须设置合适的静态工作点。

5. 用放大器的直流通路可以估算放大器的静态工作点，用交流通路可以估算放大器的交流性能指标。

6. 多级放大器主要有阻容耦合、变压器耦合、光电耦合、直接耦合等方式。

7. 声电和电声元件是实际声和电信号之间转换的电子元器件，应用非常广泛。

8. 场效应管是一种和晶体三极管很相似的一种放大元件，比晶体三极管更简单、成本低，更有利于集成化。

参考文献

1. 王峰，张林. 电工电子技术及应用项目化教程. 天津：南开大学出版社，2010.
2. 谢水英. 电工基础. 北京：机械工业出版社，2013.
3. 邵展图. 电工基础. 北京：中国劳动社会保障出版社，2007.
4. 胡峥. 电子技术基础. 北京：机械工业出版社，2010.
5. 曹海平. 电工电子技能实训教程. 北京：电子工业出版社，2011.
6. 李军. 电工技术及实训. 北京：机械工业出版社，2012.
7. 吴远勤，黄晓华，黄文皓. 电工技术基础与技能. 北京：航空工业出版社，2014.
8. 朱照红，张帆. 电工技能训练. 北京：中国劳动社会保障出版社，2007.
9. 郭赟. 电子技术基础. 北京：中国劳动社会保障出版社，2007.
10. 李西平. 电工电子技术. 北京：中央广播电视大学出版社，2013.
11. 毛路江. 电工基础. 北京：化学工业出版社，2008.
12. 邬金萍. 电工与电子技术实践指导. 北京：北京理工大学出版社，2013.